Werkstoffverhalten und Bauteilbemessung

Herausgegeben von
E. Macherauch

 INFORMATIONSGESELLSCHAFT · VERLAG

ISBN 3-88355-122-8

Vortragstexte einer Fachkonferenz der Deutschen Gesellschaft für Metallkunde e. V. 1986,
unter der Leitung von Prof. Dr. rer. nat. Dr.-Ing. E.h. E. Macherauch, Karlsruhe

Die einzelnen Beiträge der Fachkonferenz wurden in diesem Berichtsband unverändert in der von den Autoren zur Verfügung gestellten Fassung veröffentlicht.

© 1987 by Deutsche Gesellschaft für Metallkunde e. V.,
Adenauerallee 21, D-6370 Oberursel 1
Alle Rechte vorbehalten.
Printed in Germany

Inhaltsverzeichnis

G. Lange, Braunschweig; D. Löhe, Karlsruhe
Bemessungsrelevante Werkstoffwiderstandsgrößen   1

O. Vöhringer, Karlsruhe
Neuere Ergebnisse der Plastizitäts- und Bruchforschung mit
praktischer Relevanz   25

H. Mughrabi, Erlangen
Neuere Ergebnisse der Ermüdungsforschung mit praktischer Relevanz
– Grundlagenaspekte der Wechselverformung   49

P. Mayr, Bremen-Lesum
Fertigungseinflüsse   67

H. Wösle, J. Ruge, Braunschweig
Die ausfallsichere Schweißkonstruktion   89

R. Trumpfheller, Essen
Versagenssichere Bemessung von druckführenden Komponenten   103

A. Beste, Ingolstadt; H. Zenner, Clausthal
Versagenssichere Bemessung von Bauteilen im Kraftfahrzeugbau   113

H. Huth, D. Schütz, Darmstadt
Versagenssichere Bemessung von Bauteilen im Flugzeugbau   127

R. Schreieck und G. König, München
Versagenssichere Bemessung von Bauteilen im Triebwerksbau   135

E. Joannides, A. P. Voskamp, G. E. Hollox, Nieuwegein, Holland
F. Hengerer, Schweinfurt
Ermüdungs- und bruchsichere Auslegung von Wälzlagerkomponenten   151

M. Weck, H. Leube, W. Rautenbach, Aachen
Auslegung der Zahnfuß- und Zahnflankentragfähigkeit von Zahnrädern   165

P. Hora, S. Sailer, Stuttgart
Verbesserung des Bauteilverhaltens durch Weiterentwicklung
der Herstellungstechnik   177

W. Blum, Erlangen
Neuere Ergebnisse der Kriechforschung mit praktischer Relevanz   185

J. Ewald, E. E. Mühle, Mülheim a. d. Ruhr
Versagenssichere Bemessung von Bauteilen im Dampfturbinenbau   209

F. Schubert, Jülich; E. Bodmann, Mannheim
Grundsätze der Auslegung von metallischen Bauteilen des
Hochtemperatur-Reaktors   233

A. Angerbauer, W. Dietz, Bergisch Gladbach
Werkstoffkennwerte und ihre Bedeutung bei Festigkeitsnachweisen
im SNR-Reaktorbau   251

K. H. Zum Gahr, Siegen
Neuere Ergebnisse der Verschleißforschung mit praktischer Relevanz   267

K. H. Matucha, Th. Steffens, Frankfurt
Metallkundliche Aspekte des Verschleißverhaltens von Bauteilen
im Kraftfahrzeugbau   295

R. Heinz, Stuttgart
Bedeutung von Prüfmethoden für die Auslegung verschleißbeanspruchter
Bauteile   309

Bemessungsrelevante Werkstoffwiderstandsgrößen

G. Lange, Institut für Werkstoffkunde, Technische Universität Braunschweig

D. Löhe, Institut für Werkstoffkunde I, Universität Karlsruhe (TH)

1. Einleitung

Die Dimensionierung technischer Bauteile beruht auf dem Vergleich der vorliegenden Beanspruchung und dem Widerstand, den der Werkstoff ihr entgegensetzt. Im folgenden wird eine Übersicht über die wichtigsten Werkstoffwiderstandsgrößen gegeben, die dem Konstrukteur für seine Bemessungsaufgaben zur Verfügung stehen. Auf den Versuch einer umfassenden Darstellung muß wegen der Komplexität des Problems verzichtet werden. So kann auf einige praktisch bedeutsame Fälle wie Instabilitäten, thermische Ermüdung, Überlagerung von Ermüdungs- und Kriechbeanspruchung, Angriff korrosiver Medien usw. nicht eingegangen werden. Einen Teil dieser Probleme behandeln nachfolgende Aufsätze. Weiterführende Angaben zum angesprochenen Themenkreis sind beispielsweise in (1-6) zu finden.

Die grundsätzliche Vorgehensweise beim Vergleich zwischen vorliegender Beanspruchung und maßgebendem Werkstoffwiderstand gibt Bild 1 wieder. Bauteilseitig muß zunächst das höchstbeanspruchte Volumenelement im versagenskritischen Querschnitt ermittelt und die bemessungsrelevante Beanspruchung aus den äußeren Kräften und Momenten, dem Innen- oder Außendruck - ggf. auch aus Eigenspannungen oder Temperaturgradienten - bestimmt werden, wobei das Umgebungsmedium und die Betriebstemperatur zu berücksichtigen sind. Auf der anderen Seite unterzieht man Proben, deren Material dem des Bauteils möglichst gut entspricht, geeigneten Prüfungen, die für den vorliegenden Lastfall spezifische Werkstoffwiderstandsgrößen liefern. Häufig herrschen dabei allerdings idealisierte Bedingungen. Für die Dimensionierung wird aus der maßgeblichen Werkstoffwiderstandsgröße $\bar{R}$ und dem Sicherheitsbeiwert S eine zulässige Beanspruchung B_{zul} berechnet, die von der vorliegenden Belastung B nicht überschritten werden darf.

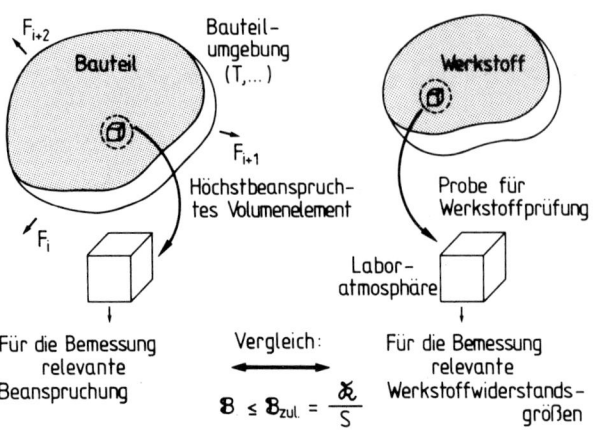

Bild 1: Grundsätzliche Vorgehensweise beim Vergleich zwischen Bauteilbeanspruchung und Werkstoffwiderstand.

2. Einachsige Zugbeanspruchung

Für den einfachsten Fall einer Beanspruchung, d. h. bei einer einzigen Normalspannung, gewinnt man bemessungsrelevante Werkstoffwiderstände aus dem einachsigen Zugversuch, dessen Ergebnis üblicherweise als Nennspannungs-Totaldehnungsdiagramm dargestellt wird. In Bild 2 sind Beispiele für Verfestigungskurven von Aluminium-Legierungen (a), normalisierten Stählen (b), gehärteten Stählen bzw. Grauguß (c) sowie für das abstrahierte, elastisch-ideal plastische Verformungsverhalten hochtemperaturbeanspruchter Metalle (d) angegeben. Wichtigster Kennwert für die Dimensionierung bei statischer Beanspruchung ist die Streckgrenze R_{eS}, d.h., der Werkstoffwiderstand gegen einsetzende plastische Deformation. Sie wird bei unstetigem Übergang des Materials vom elastischen in den plastischen Zustand als obere Streckgrenze R_{eH} und als untere Streckgrenze R_{eL} registriert. Für Werkstoffe mit stetigem Übergang wählt man ersatzweise eine Dehngrenze $R_{p\epsilon p}$, einen Werkstoffwiderstand gegen das Überschreiten einer definierten plastischen Verformung. Üblicherweise verwendet man den Wert $R_{p0,2}$ für eine Dehnung von 0,2 %. Die aus dem Lastmaximum berechnete Zugfestigkeit R_m, die den Widerstand des Materials gegen einsetzenden Bruch charakterisiert, dient in erster Linie der Klassifizierung der Werkstoffe. Für Dimensionierungen ist sie lediglich bei spröden Materialien von Bedeutung.

In der Umformtechnik interessiert häufig die Fließkurve. Sie gibt die Abhängigkeit der tatsächlichen Spannung σ = F/A von der logarithmischen Formänderung φ = ln (A$_O$/A) an (gestrichelte Kurve in Bild 2a). Bei Überschreiten des Lastmaximums muß wegen der einsetzenden Einschnürung außerdem die Dreiachsigkeit des Zugspannungszustandes berücksichtigt werden (punktierte Linie). Aufgrund des geringen erzielbaren Gesamtumformgrades eignet sich der Zugversuch jedoch nur bedingt zur Aufnahme von Fließkurven.

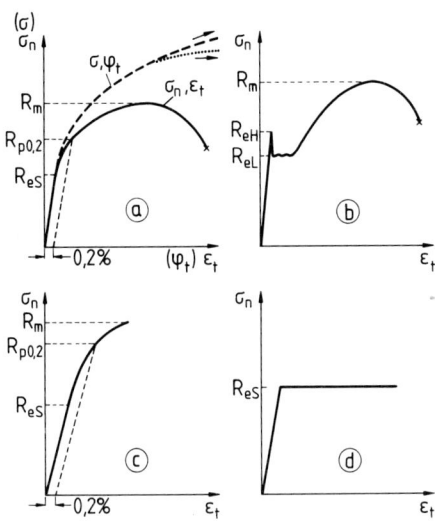

Bild 2: Zugverfestigungskurven, wie sie beispielsweise bei
a) Aluminium-Legierungen,
b) normalisierten Stählen mit niedrigem Kohlenstoffgehalt,
c) gehärtetem Stahl oder Grauguß und d) hochtemperaturbeanspruchten Metallen auftreten.

Der Verlauf des Spannungs-Dehnungsdiagramms hängt in starkem Maße vom Metall, insbesondere von seiner Gitterstruktur, sowie von der Versuchstemperatur und von der Umformgeschwindigkeit ab. Bild 3 zeigt oben schematisch den Temperatureinfluß auf die Verfestigung reiner Metalle. Während sich die Verfestigungskurven kubisch-raumzentrierter (krz), reiner Metalle parallel verschieben, fächern sie bei kubisch-flächenzentrierten (kfz) Metallen auf. Ein ungewöhnliches Verhalten beobachtet man bei bainitisch-austenitischem Gußeisen mit Kugelgraphit (GGG): seine 0,2-Dehngrenze steigt mit wachsender Temperatur an (7) (vgl. Bild 3 unten).

Eine einachsige Belastung wird als zulässig erachtet, wenn die Beanspruchung σ_x und der maßgebliche Werkstoffwiderstand $\hat{R}$ (z.B. die 0,2-Dehngrenze) die Bedingung

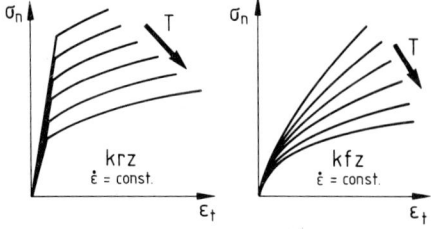

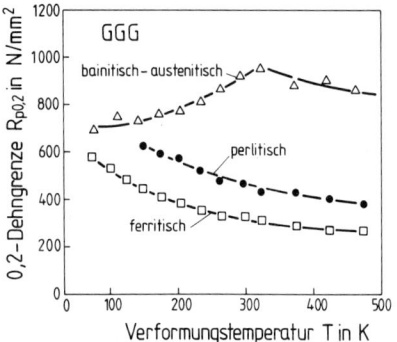

Bild 3: Temperatureinfluß auf die Verfestigungskurven von kubisch-raumzentrierten und kubisch-flächenzentrierten reinen Metallen (oben, schematisch) sowie auf die 0,2-Dehngrenzen von Gußeisen mit Kugelgraphit bei unterschiedlichen Matrixgefügen (7) (unten).

$$\sigma_x \leq \sigma_{zul} = \frac{R}{S} \qquad (1)$$

erfüllen. Der Sicherheitsbeiwert S richtet sich nach dem Lastfall; er liegt häufig zwischen 1,2 und 1,5.

3. <u>Mehrachsige Beanspruchung</u>

Bauteile werden gewöhnlich mehrachsig beansprucht. Maximal können sechs unabhängige Spannungskomponenten auftreten. Um einen Vergleich einer derartigen Beanspruchung mit Werkstoffwiderständen herbeizuführen, werden in der Praxis zwei Vorgehensweisen beschritten. Einerseits wird versucht, den mehrachsigen Beanspruchungszustand bei der Werkstoffprüfung möglichst genau nachzubilden und dabei bemessungsrelevante Werkstoffwiderstände zu bestimmen. Diese Versuche sind auf einige Spezialfälle beschränkt, da keine Prüfmaschinen existieren, die eine unabhängige Variation aller Spannungskomponenten zuließen. (Im Planungsstadium scheidet naturgemäß auch die Bauteilprüfung aus.)

Andererseits kann man versuchen, den mehrachsigen Spannungszustand so zu beschreiben, daß ein Vergleich mit Werkstoffwiderständen aus einfachen Prüfverfahren möglich wird. Diese Aufgabe löst das Vergleichsspannungskonzept. Es basiert auf einer kritischen "Wirkung" des mehrachsigen Zustandes, die das Versagen des höchstbelasteten Volumenelementes auslöst. Als "Wirkungen" werden überwiegend in

Betracht gezogen: die größte auftretende Normalspannung, die größte Schubspannung oder die Gestaltänderungsenergie. Die jeweilige Vergleichsspannung σ_V eines mehrachsigen Spannungszustandes entspricht dann einer einachsig gedachten Hauptnormalspannung, die die gleiche Wirkung wie der mehrachsige Spannungszustand erzeugt. Die Berechnungsformeln für die Vergleichsspannungen nach der Normalspannungs-, der Schubspannungs- und der Gestaltänderungsenergiehypothese sind in Bild 4 zusammengestellt, wobei der mehrachsige Spannungszustand zunächst in das schubspannungsfreie Hauptachsensystem transformiert worden ist. Für die Dimensionierung gilt analog zu Gleichung (1) die Beziehung

$$\sigma_V(i) \leq \sigma_{zul} = \frac{R}{S} \quad (2)$$

R stellt wiederum den maßgeblichen, im einachsigen Zugversuch bestimmten Werkstoffwiderstand dar.

Für eine gegebene mehrachsige Beanspruchung liefern die genannten Hypothesen meist unterschiedliche Vergleichsspannungen. Bild 5 zeigt dies anschaulich für den ebenen Spannungszustand anhand der für verschiedene Werte von σ_2/σ_1 gültigen Mohr-Kreise. Die Vergleichsspannungen nach Normal- bzw. nach Schubspannungshypothese unterscheiden sich beispielsweise um den Faktor 2, wenn man den Fall reiner Torsion betrachtet ($\sigma_2 = -\sigma_1$, $\sigma_3 = 0$). Der Konstrukteur muß daher ein mit

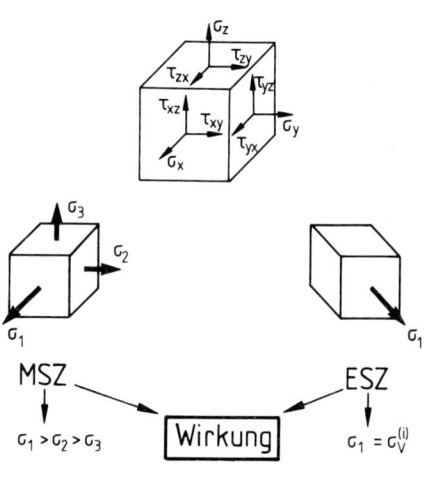

MSZ ESZ

$\sigma_1 > \sigma_2 > \sigma_3$ | Wirkung | $\sigma_1 = \sigma_V^{(i)}$

max. Normalspannung

$\sigma_1 = \sigma_{max}^{MSZ} = \sigma_{max}^{ESZ} = \sigma_V^{(N)}$

max. Schubspannung (Tresca)

$\frac{1}{2}(\sigma_1 - \sigma_3) = \tau_{max}^{MSZ} = \tau_{max}^{ESZ} = \frac{1}{2}\sigma_V^{(S)}$

Gestaltänderungsenergie (v. Mises)

$\frac{1+\nu}{6E}[(\sigma_1-\sigma_2)^2 + (\sigma_2-\sigma_3)^2 + (\sigma_3-\sigma_1)^2] =$

$= U_G^{MSZ} = U_G^{ESZ} = \frac{1+\nu}{3E}(\sigma_V^{(G)})^2$

<u>Bild 4</u>: Spannungskomponenten und Vergleichsspannungen bei mehrachsiger Beanspruchung.

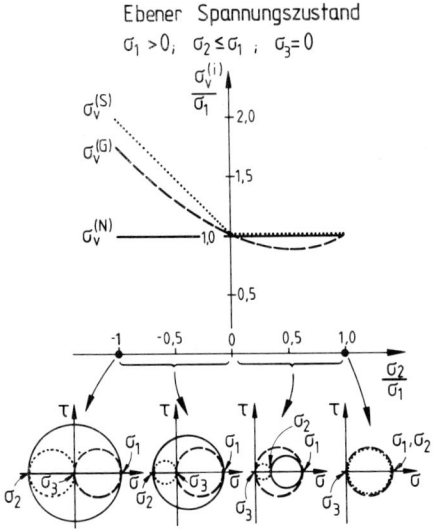

Bild 5: Vergleichsspannungen und Mohr-Kreise des ebenen Spannungszustands.

dem Beanspruchungszustand und mit dem Materialverhalten kompatibles Kriterium wählen.

4. Torsionsbeanspruchung

Torsionsversuche dienen in erster Linie zur Aufnahme von Fließkurven, da sich Umformgrade (Abscherungen) bis zu mehreren tausend Prozent erzielen lassen (vgl. Bild 6a). Die Verdrillung erzeugt den bereits erwähnten ebenen Spannungszustand mit $\sigma_2 = -\sigma_1$, wobei parallel und senkrecht zur Achse eines tordierten Stabes reine Schubspannungen der Größe $\tau_{max} = \sigma_1$ wirken. Je nach Fließkriterium müssen diese Spannungen unterschiedliche Werte erreichen, bevor sich das Material plastisch zu verformen beginnt: Während die experimentell besser bestätigte Gestaltänderungsenergiehypothese $\tau_{max} = 0,58 \, R_{eS}$ fordert, soll das Fließen nach der Schubspannungshypothese definitionsgemäß bereits bei $\tau_{max} = 0,5 \, R_{eS}$ einsetzen.

Andererseits läßt sich die Torsionsbeanspruchung eines Bauteils auch mit einem Werkstoffwiderstand vergleichen, den der Verdrehversuch direkt liefert, beispielsweise die 0,4-Schergrenze $R^*_{T\,0,4}$ (vgl. Bild 6b). Bei Torsion können somit beide in Abschn. 3 angesprochenen Vorgehensweisen angewendet werden. Für kleine Verformungen, beispielsweise für den Versagensfall "einsetzende plastische Deformation" führen sie zu weitgehend übereinstimmenden Ergebnissen. Das Verhältnis von Schergrenze und Streckgrenze bestätigt dabei die Erwartungen aufgrund der Gestaltänderungsenergiehypothese: $R_{TeS} = 0,58 \, R_{eS}$ (vgl. Bild 6c).

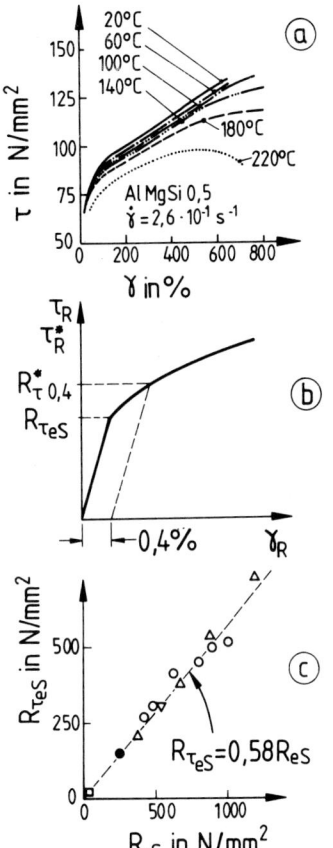

Bild 6: Torsionsbeanspruchung: a) Torsionsverfestigungskurven von AlMgSi 0,5 (8); b) Werkstoffwiderstände aus Torsionsverfestigungskurven; c) Zusammenhang zwischen Schergrenze und Streckgrenze für metallische Werkstoffe bzw. Werkstoffzustände (9-11).

Die beiden beschriebenen, grundsätzlich verschiedenen Vergleichsverfahren trifft man in komplexerer Form bei der Behandlung einer Reihe anderer Beanspruchungsfälle wieder, beispielsweise bei gekerbten Bauteilen.

5. Zugbeanspruchung gekerbter Proben

In gekerbten Bauteilen bilden sich auch bei einfachen Belastungen mehrachsige Spannungszustände aus. Beispielsweise liegt im Kerbgrund eines axial belasteten, umlaufend gekerbten Zylinders ein zweiachsiger, im Stabinneren ein dreiachsiger Zugspannungszustand vor (vgl. Bild 7a). Die Kerbe wird durch die Formzahl α_K, d.h., durch das Verhältnis der Längsspannung im Kerbgrund $\hat{\sigma}_1$ und der Nennspannung im Kerbquerschnitt $\sigma_{n,K}$ charakterisiert:

$$\alpha_K = \frac{\hat{\sigma}_1}{\sigma_{n,K}} = \hat{\sigma}_1 \frac{A_K}{F} . \quad (3)$$

Legt man die Schubspannungshypothese zugrunde und betrachtet das Versagenskriterium "einsetzende plastische Deformation", so beträgt im gleichsinnig-zweiachsig beanspruchten Kerbgrund die maximal auftretende Schubspannung $\tau_{max} = 0,5\ \hat{\sigma}_1$. Für die Dimensionierung gilt

$$\sigma_V^{(S)} = \hat{\sigma}_1 = \alpha_K \cdot \sigma_{n,K} \leq \sigma_{zul} = \frac{R_{eS}}{S} \quad (4)$$

d.h., daß lediglich die Formzahl und

die Nennspannung im Kerbquerschnitt bekannt sein müssen. Um die Gestaltänderungsenergiehypothese anwenden zu können, die sich für einen duktilen Werkstoff im vorliegenden Fall empfiehlt, benötigt man zusätzlich die Umfangsspannung $\hat{\sigma}_2$ im Kerbgrund. Der Ausschluß plastischer Verformungen im Kerbgrund führt zu einer geringen Beanspruchung in kerbfernen Bereichen. Um das Bauteil insgesamt günstiger auszulasten, dimensioniert man gegen "Überschreiten einer bestimmten plastischen Deformation" im Kerbgrund. Die genaue Berechnung gestaltet sich jedoch wesentlich aufwendiger als nach Gleichung (4). Die zunehmende Lastverlagerung auf innere Querschnittsbereiche, die Verfestigung und die Ortsabhängigkeit des Spannungszustandes müssen berücksichtigt werden.

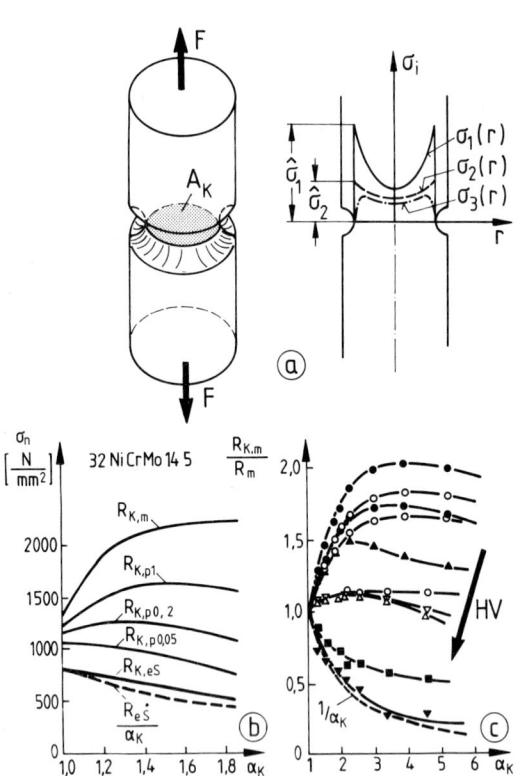

Bild 7: Zugbeanspruchung von Kerbproben: a) Verlauf der Spannungskomponenten im Kerbquerschnitt; b) Kerbstreckgrenzen, Kerbdehngrenzen und Kerbzugfestigkeiten von 32 NiCrMo 14 5 als Funktion der Formzahl α_K (12); c) reduzierte Kerbzugfestigkeiten von Werkstoffen unterschiedlicher Härte als Funktion der Formzahl α_K (2).

Eine andere Möglichkeit bietet der Zugversuch an einer bauteilähnlich gekerbten Probe. Man trägt die Nennspannung im Kerbquerschnitt $\sigma_{n,K}$ über der mit Meßstreifen im Kerbgrund registrierten Kerbgrunddehnung $\varepsilon_{K,t}$ auf. Aus der so gewonnenen Kerbverfestigungskurve kann man Werkstoffwiderstände wie Kerbstreckgrenzen, Kerbdehngrenzen und Kerbzugfestigkeiten entnehmen, die die o.g. Einflüsse beinhalten (vgl. Bild 7b). Zum Vergleich wurden die nach der Schubspannungshypothese zu erwartenden Kerbstreckgrenzen gestrichelt eingezeichnet. Die gemessenen Kerbstreckgrenzen sind etwas größer, fallen aber wie erwartet mit ansteigender Formzahl α_K ab. Die mit wachsender plastischer Verformung zunehmende Steigung der Werkstoffwiderstandskurven beruht auf der verstärkten Lastverlagerung in den Kernbereich des Stabes, erhöhter Verfestigung kerbnaher Probenbereiche und Ausbreitung der plastischen Verformung von zweiachsig-gleichsinnig in dreiachsig-gleichsinnig beanspruchte Werkstoffbereiche. Der Anstieg der Kerbzugfestigkeit mit wachsender Formzahl α_K setzt ein hinreichend duktiles Werkstoffverhalten voraus. Zur Veranschaulichung sind in Bild 7c die reduzierten Kerbzugfestigkeiten verschiedener Stähle bzw. Stahlzustände als Funktion der Formzahl aufgetragen (2). Als reziprokes Maß für die Duktilität dient die Härte. Mit nachlassender Zähigkeit nähern sich die Kurven der Funktion

$$\frac{R_{K,m}}{R_m} = \frac{1}{\alpha_K} \qquad (5)$$

an, da der Bruch zunehmend normalspannungskontrolliert abläuft (s. auch Gleichung (3)).

Für hohe Formzahlen α_K nimmt die Kerbzugfestigkeit aller in Bild 7 angegebenen Werkstoffe ab. Sehr scharfe Kerben setzen daher auch die Tragfähigkeit von Bauteilen aus duktilem Material herab und müssen daher vermieden werden. Vielfach läßt sich jedoch nicht ausschließen, daß sich während der Bauteilfertigung oder während des Betriebs Risse bilden, die als Grenzfall sehr scharfer Kerben aufgefaßt werden können. Dann wird der Werkstoffwiderstand gegen instabile Ausbreitung der Risse bemessungsrelevant.

6. Beanspruchung angerissener Bauteile

Bild 8 zeigt links einen durchgehenden Anriß der Länge 2a in einem Bauteil der Dicke B unter Querzugbelastung. Ebenfalls angegeben ist der Spannungszustand eines Volumenelementes in der rißbeeinflußten Zone, wobei die Spannung in z-Richtung nur bei hinreichender Bauteildicke auftritt. Das Verhältnis der lokalen Beanspruchung an der Rißspitze und dem dort vorliegenden Rißwiderstand des Werkstoffes entscheidet, ob der Riß verharrt oder sich stabil bzw. instabil ausbreitet.

Als erster Schritt muß aus den äußeren Kräften unter Beachtung von Riß- und Bauteilgeometrie die lokale Beanspruchung an der Rißspitze abgeleitet werden. Bei hinreichend kleiner plastischer Deformation im Falle des Rißwachstums eignet sich dafür der Spannungsintensitätsfaktor

$$K = \sqrt{\pi a} \; Y. \tag{6}$$

Der Geometriefaktor Y berücksichtigt die Bauteilabmessungen und die Rißanordnung. (Ist die Voraussetzung geringer plastischer

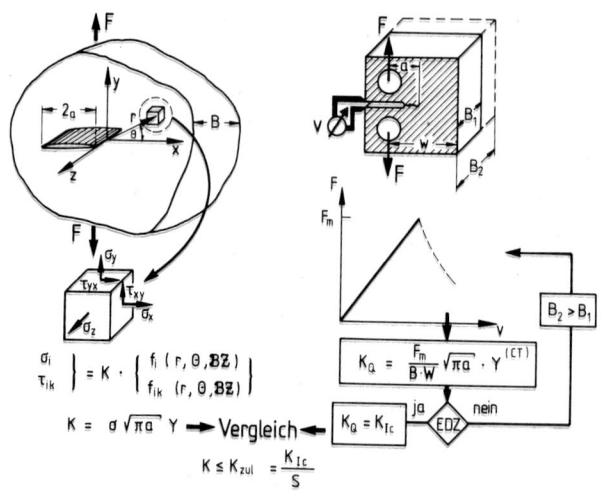

Bild 8: Vergleich zwischen Beanspruchung und Werkstoffwiderstand angerissener Bauteile. Links: Spannungskomponenten vor der Rißspitze; rechts: Ermittlung der Rißzähigkeit K_{Ic} an Kompaktzugproben.

Verformung nicht erfüllt, müssen anstelle von K andere Werte herangezogen werden, beispielsweise das J-Integral).

Alle lokalen Spannungen lassen sich als Produkte aus der Spannungsintensität K und den Funktionen f_i bzw. f_{ik} darstelllen, die die Ortskoordinaten r und θ als Parameter enthalten. Darüber hinaus hängen sie vom Beanspruchungszustand BZ ab, wobei man zwischen ebenem Spannungs- und ebenem Dehnungszustand unterscheidet.

Werkstoffwiderstände gegen instabile Rißausbreitung gewinnt man in Form kritischer, d.h. rißvorantreibender Spannungsintensitäten. Zu diesem Zweck wird beispielsweise an einer Compact-Tension-Probe (CT-Probe) der Verlauf der Kraft F in Abhängigkeit von der Rißöffnung v registriert. Bild 8 (rechts) gibt diesen Zusammenhang für einen sehr spröden Werkstoff wieder. Der aus der maximalen Last F_m berechnete kritische K-Wert muß jedoch wegen des Probengrößeneinflusses nicht dem tatsächlich gesuchten, werkstoffspezifischen Minimalwert entsprechen. Diese als Rißzähigkeit K_{IC} bezeichnete, minimale kritische Spannungsintensität setzt einen ebenen Dehnungszustand im Probekörper voraus. In diesem Falle bildet sich an der Rißspitze eine kleinere plastisch Zone als beim ebenen Spannungszustand aus, so daß die Rißausbreitung weniger Energie erfordert. War die genannte Bedingung nicht erfüllt, muß der Rißöffnungsversuch mit einer Probe größerer Dicke wiederholt werden. Die Abmessungen der plastischen Zone und damit die Rißzähigkeit nehmen ebenfalls ab, wenn man die Streckgrenze eines gegebenen Werkstoffes erhöht. Bild 9a veranschaulicht diese Zusammenhänge am Beispiel von Stählen in unterschiedlichen Wärmebehandlungszuständen. Ferritische Gußeisensorten gleicher chemischer Zusammensetzung, jedoch unterschiedlicher Festigkeit aufgrund unterschiedlicher Graphitausbildung, zeigen dagegen entgegengesetztes Verhalten (vgl. Bild 9b).

7. Kriechbeanspruchung

Überschreitet die Betriebstemperatur eines Bauteils etwa 40 % der absoluten Schmelz- bzw. Liquidustemperatur seines Werkstoffes, so erfolgt auch unter statischer Last - ungeachtet deren Höhe - eine

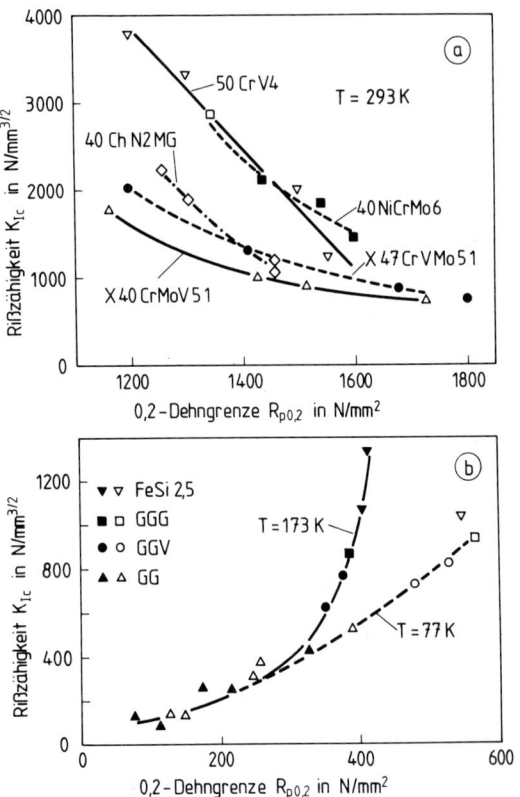

Bild 9: Rißzähigkeit als Funktion der 0,2-Dehngrenze: a) unterschiedlich wärmebehandelte Stähle (12); b) ferritische Gußeisen mit unterschiedlicher Graphitausbildung sowie graphitfreie Basislegierung FeSi 2,5 (14).

nicht mehr vernachlässigbare, zeitabhängige plastische Verformung, das sogenannte Kriechen. Bemessungsrelevant werden daher Werkstoffwiderstände gegen das Überschreiten bestimmter bleibender Deformationen oder gegen Bruch innerhalb einer vorgegebenen Beanspruchungsdauer bei der vorliegenden Temperatur.

Derartige Kenngrößen ermittelt man in Kriech- oder Zeitstandversuchen, wobei temperierte Proben einer konstanten Kraft, seltener einer gleichbleibenden Effektivspannung, ausgesetzt werden. Registriert wird der zeitliche Anstieg der Probendehnung, den man als Kriechkurve bezeichnet (Bild 10 oben). Bei gleicher Temperatur unterschiedlich belastete Proben liefern eine Schar von Kriechkurven, aus der sich das Zeitstanddiagramm ableiten läßt. Das Schaubild enthält Zeitdehngrenzkurven und die Zeitbruchlinie, die für eine gewählte Spannung den Zeitraum angeben, bis eine bestimmte plastische Dehnung erreicht wird bzw. bis der Bruch eintritt (Bild 10 unten).

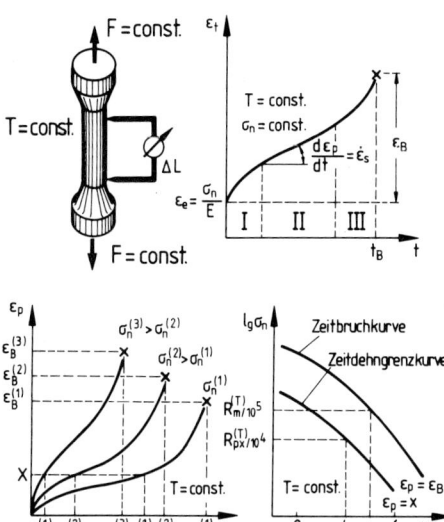

Bild 10: Kriechbeanspruchung. Oben: Kriechbeanspruchte Zugprobe und ermittelte Kriechkurve. Unten: Schar von Kriechkurven mit unterschiedlichen Nennspannungen und daraus bestimmtes Zeitstanddiagramm (schematisch).

Da für jede Temperatur ein eigenes Zeitstandschaubild erforderlich ist, müssen erhebliche Datenmengen gesammelt werden. Zur Vereinfachung, insbesondere zum besseren Vergleich verschiedener Werkstoffe, hat man die Temperatur mit der Belastungsdauer verknüpft, beispielsweise in Form des Larson-Miller-Parameters

$$P_{LM} = T(\text{const.} + \log t_B). \tag{7}$$

Bild 11 zeigt ein entsprechendes Diagramm für eine Reihe von Superlegierungen.

Die Ableitung eines derartigen Parameters setzt allerdings einen einzigen geschwindigkeitsbestimmenden Kriechprozeß voraus, für den sich Zusammenhänge zwischen Spannung, Kriechgeschwindigkeit und Bruchzeit angeben lassen. Einen Anhalt für die Temperatur- und Spannungsbereiche, in denen die verschiedenen Kriechprozesse jeweils dominieren und bestimmte Verformungsgeschwindigkeiten bewirken, liefern die von Ashby (15) eingeführten "Deformations maps" (vgl. Bild 12).

Mehrachsige Kriechbeanspruchungen lassen sich, wie in Abschnitt 3 erläutert, auf einachsige Vergleichsspannungen zurückführen. Bei kerbbedingter Mehrachsigkeit kann man Werkstoffwiderstandsgrößen aus Kerbkriechversuchen für die Bemessungsaufgaben heranziehen.

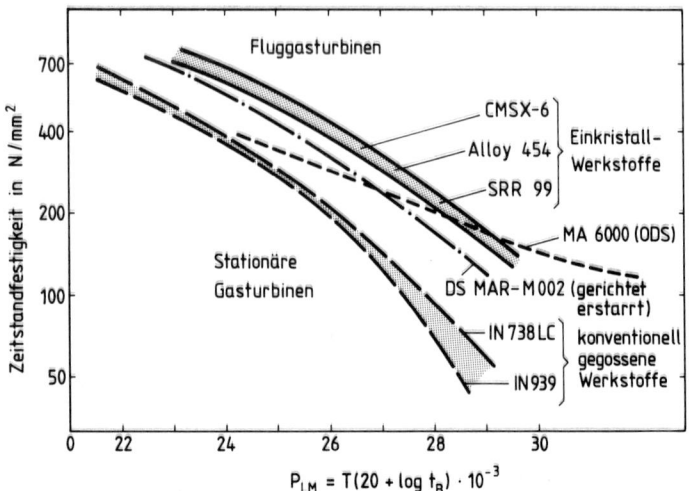

Bild 11: Zeitstandfestigkeit von Superlegierungen für Gasturbinen als Funktion des Larson-Miller Parameters P_{LM}. (Die Vorlage zu Bild 11 wurde freundlicherweise von Fa. BBC, Baden, zur Verfügung gestellt.)

Schwierigkeiten bereitet die Beurteilung rißbehafteter Bauteile unter Kriechbeanspruchung. Hier versucht man analog zur Fließbruchmechanik, geeignete Materialwiderstände gegen Kriechrißwachstum zu definieren.

Konsekutive Kriechbeanspruchung bei unterschiedlichen Temperaturen bewertet man meist durch einen Vergleich von Beanspruchungsdauer und Bruchzeit als prozentuale Schädigung für das jeweilige Temperaturniveau. Der partielle Verbrauch an Lebensdauer in den einzelnen Teilschritten wird anschließend mit Hilfe einer geeigneten Hypothese kumuliert.

8. Ermüdungsbeanspruchung

Im Gegensatz zu den bisher betrachteten Fällen unterliegen zahlreiche Bauteile einer komplexen zeitabhängigen Beanspruchung.

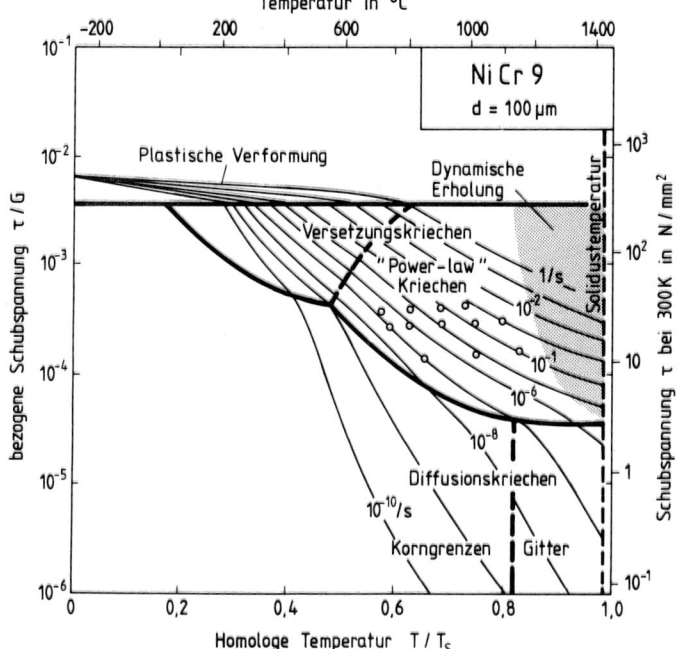

Bild 12: Karte der Verformungsmechanismen, die bei Beanspruchung von NiCr 9 bei Vorgabe von Temperatur und Spannung dominant sind (15).

Bild 13 zeigt den regellosen Verlauf der Hauptdehnungen und Hauptspannungen in einem gefährdeten Bauteilabschnitt, der mit Dehnmeßstreifen bestückt worden war.

Die Beurteilungsmöglichkeiten für derartige Belastungsverläufe bewegen sich zwischen zwei Grenzfällen, dem Nachfahrversuch und dem Wöhlerversuch. Während man im Nachfahrversuch das Bauteil oder ein charakteristisches Element dem gemessenen Beanspruchungs-Zeit-Verlauf unmittelbar unterwirft, wird beim Wöhlerversuch einem Probestab eine determinierte Beanspruchungs-Zeit-Funktion konstanter Amplitude und gleichbleibender Frequenz aufgeprägt. In Zug-, Druck-, Biege- oder Torsionsversuchen mit sinusförmiger oder dreieckiger Last-Zeit-Funktion wird der Zusammenhang zwischen Bean-

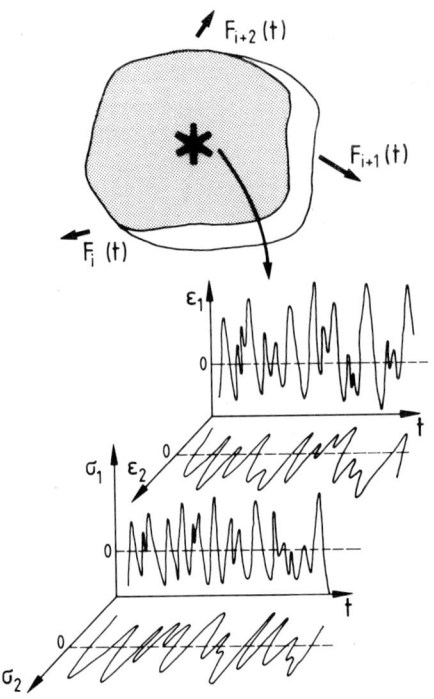

Bild 13: Regellose Beanspruchung an der Oberfläche eines Bauteils.

spruchungsamplitude und Bruchlastspiel erfaßt und als Wöhlerkurve dargestellt.

Entsprechend der gewählten Amplitudenart - Last oder Verformung - erhält man Spannungs- oder Dehnungswöhlerkurven (Bild 14 oben). Ihnen entnimmt man die Werkstoffwiderstände gegen Ermüdungsbruch (Schwingbruch) nach einer vorgegebenen Lastspielzahl, beispielsweise $R_W/10^3$ als Widerstand gegen Ermüdungsbruch nach 10^3 Lastspielen unter Wechselbeanspruchung. Läuft die Wöhlerlinie parallel zur Abszisse aus, so bezeichnet man den zugehörigen Ordinatenwert als die Wechselfestigkeit R_W. Analog wertet man die Dehnungswöhlerkurven aus. Alle derartig ermittelten Kennwerte haben statistischen Charakter; sie gelten für eine bestimmte Überlebens- bzw. Bruchwahrscheinlichkeit.

Zweckmäßige Parameter für Schadensrechnungen gewinnt man vielfach aus der doppelt-logarithmischen Auftragung der Dehnungswöhlerkurven, deren Abschnitte sich durch die Manson-Coffin- bzw. durch die Basquin-Beziehung annähern lassen (vgl. Bild 14 unten). Die in diesen Gleichungen auftretenden Größen ε_f und α sowie σ_f und β kennzeichnen den Werkstoffwiderstand gegen Ermüdungsbruch.

Im allgemeinen Fall überlagert die Wechselbeanspruchung noch eine statische Last. An die Stelle der Wechselfestigkeit R_W tritt dann die Dauerfestigkeit R_D. Ihre Mittelspannungsabhängigkeit stellt man in Dauerfestigkeitschaubildern dar, wobei sich die Auftragungen nach Smith und nach Haigh durchgesetzt haben (Bild 15). Die Diagramme geben die dauerfest ertragenen Ober- und Unterspannungen bzw. die dauerfest ertragenen Spannungsamplituden als Funktion der Mittelspannungen wieder. Um den enormen experimentellen Aufwand für die Bestimmung eines kompletten Schaubildes zu reduzieren, berechnet man Grenzkurven nach dem Ansatz von Goodmann, seltener nach Gerber, Söderberg oder anderen. Die zulässigen Spannungsamplituden werden im Bereich hoher Mittelspannungen durch die Forderung begrenzt, daß sich der Werkstoff nicht plastisch verformen darf.

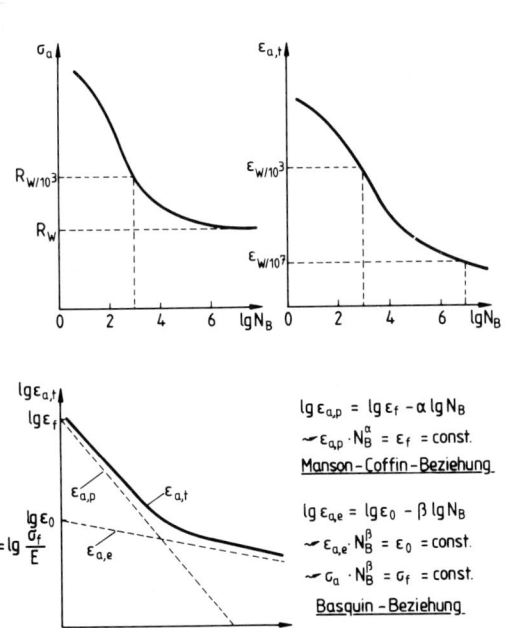

Bild 14: Wöhlerkurven für spannungskontrollierte (oben links) und dehnungskontrollierte (oben rechts) Versuchsführung. Beschreibung der Dehnungswöhlerkurve durch die Beziehungen nach Manson-Coffin und Basquin (unten).

Das Werkstoffverhalten unter mehrachsiger Schwingbeanspruchung wird z.Zt. intensiv erforscht. Neben der Vielfalt an Lastkombinationen müssen spezielle Effekte infolge drehender Hauptachsensysteme oder durch Phasenverschiebungen erfaßt werden. Wie bei statischer Mehrachsigkeit versucht man auch im dynamischen Fall, eine einachsige Vergleichsspannung zu berechnen. Vorgeschlagen wurden u.a. veschiedene Interpretationen der von Mises'schen Fließbedingung, z.B. die Schubspannungsintensitätshypothese (16). Während sich die meisten der bisher vorliegenden Experimente auf Stähle

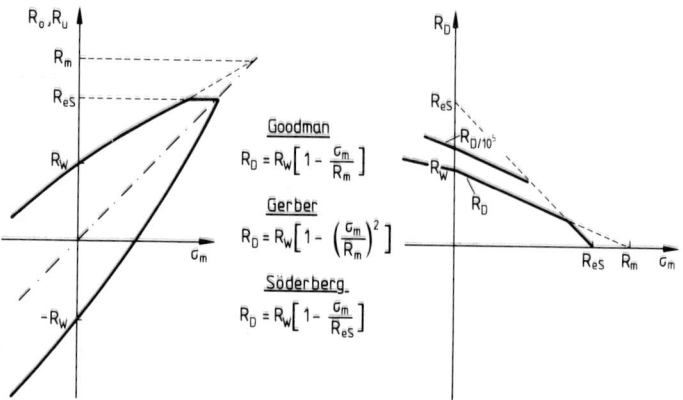

Bild 15: Dauerfestigkeitsschaubilder nach Smith (links) und nach Haigh (rechts) sowie Näherungen für die Dauerfestigkeit als Funktion der Mittelspannung.

beziehen, gibt Bild 16 Ergebnisse verschiedenartiger Überlagerungen von Zug/Druck- und Torsionsspannungen an der Aluminiumlegierung AlZnMgCu 1,5 wieder. Auffällig ist der erhebliche Abfall der Wöhlerkurve bei synchronem Zusammenwirken von Zug-Druck und Torsion ($\delta_T = 0$), wogegen die um 90° phasenverschobene Kombination beider Beanspruchungsarten nur unwesentlich von der Wöhlerlinie für reine Torsion abweicht (17).

Die in diesem Kapitel bislang vorgestellten Konzepte orientieren sich ausschließlich an der Bruchlastspielzahl, ohne die einzelnen Stadien des Ermüdungsprozesses zu berücksichtigen. Moderne Betrachtungsweisen unterscheiden zwischen der anrißfreien Phase und der zum Probenbruch führenden Rißausbreitungsphase. Besondere Aufmerksamkeit wird Ver- und Entfestigungsvorgängen sowie der Bildung von Mikro- und Makrorissen gewidmet (vgl. Bild 17). Die Anrißwöhlerlinie $\sigma_a = f(\lg N_A)$ gewinnt an Bedeutung gegenüber der Bruchwöhlerlinie $\sigma_a = f(\lg N_B)$.

Im anrißfreien Ermüdungsstadium wird das Werkstoffverhalten durch Wechselverformungskurven beschrieben. Sie geben die Entwicklung der plastischen Dehnungsamplitude mit wachsenden Lastspielzahlen

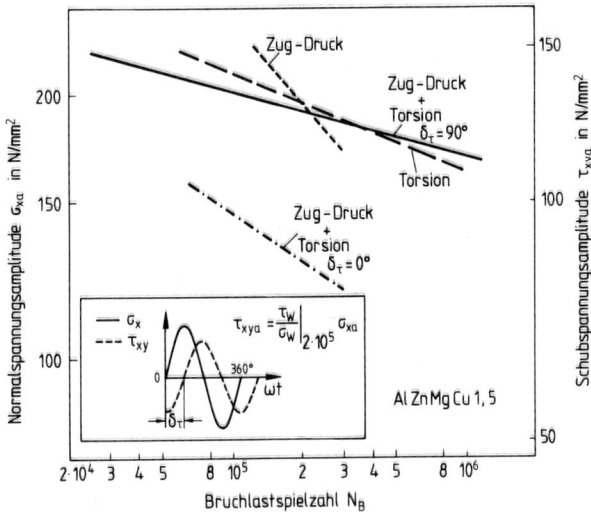

Bild 16: Wöhlerlinien von AlZnMgCu 1,5 für Zug-Druck sowie Torsion und für synchrone ($\delta_T = 90°$) Überlagerung beider Beanspruchungen. Beträge der Normal- und der Schubspannungsamplitude konstant im Verhältnis der Wechselfestigkeiten bei $2 \cdot 10^5$ Lastspielen (17).

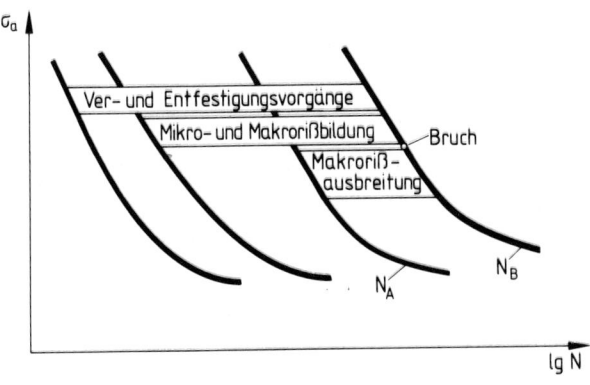

Bild 17: Ermüdungsstadien bei Wechselbeanspruchung.

an, wobei sowohl wechselverfestigendes (vgl. Bild 18 links oben) als auch wechselentfestigendes Verhalten (vgl. Bild 18 rechts unten) beobachtet wird. Aus den Wechselverformungskurven lassen sich die im rechten Teil von Bild 18 gezeigten zyklischen Spannungs-Dehnungs-Kurven ableiten. Zu diesem Zweck trägt man die Spannungs- und die Dehnungsamplituden für den jeweiligen Sättigungszustand (unten) oder für eine bestimmte Lastspielzahl (oben) gegeneinander auf. Die zyklischen Spannungs-Dehnungs-Kurven, die Werkstoffwiderstände gegen Überschreiten bestimmter plastischer Dehnungsamplituden widerspiegeln, sind insbesondere

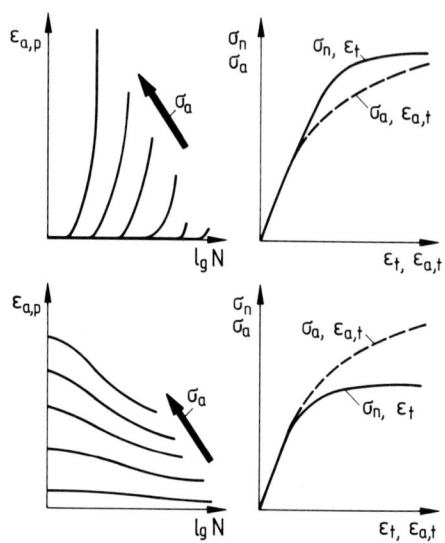

für die Ermittlung von Kerbgrundspannungen nach dem örtlichen Konzept von Bedeutung.

Die Rißausbreitungsphase behandelt man nach bruchmechanischen Gesichtspunkten. Wie aus Bild 19 links hervorgeht, erhöht sich die mittlere Ausbreitungsgeschwindigkeit pro Zyklus mit wachsender Rißlänge und mit steigender Belastung. Analog zum rißbehafteten Bauteil unter monoton zunehmender Last beschreibt man die Beanspruchung vor der Rißspitze durch die Schwingbreite der Spannungsintensität ΔK, die von der aktuellen Rißlänge a, der Differenz von Ober- und Unterspannung $\Delta \sigma$ sowie vom Geometriefaktor Y abhängt:

Bild 18: Wechselverformungskurven (linke Spalte) und zyklische Spannungs-Dehnungs-Kurven (rechte Spalte) für einen wechselentfestigenden Werkstoff wie z.B. vergüteten Stahl (oben) und für einen wechselverfestigenden Werkstoff wie z.B. rekristallisiertes Kupfer (unten).

$$\Delta K = \Delta \sigma \sqrt{\pi a}\, Y \qquad (8)$$
$$= (\sigma_o - \sigma_u) \sqrt{\pi a}\, Y$$

Die Rißausbreitungskurve (Bild 19 rechts) verläuft zwischen zwei Schranken: der Grenzschwingweite der Spannungsintensität ΔK_o, unterhalb der ein Riß verharrt, und der kritischen Spannungsintensität ΔK_c, die eine spontane Rißausbreitung auslöst. Für mittlere Schwingbreiten läßt sich die Ausbreitungsgeschwindigkeit häufig in Form der Paris-Gleichung

$$\frac{da}{dN} = c\, (\Delta K)^m \qquad (9)$$

angeben. Die Foreman-Gleichung berücksichtigt zusätzlich den Mittelspannungseinfluß sowie den progressiven Kurvenverlauf bei Annäherung an den oberen Grenzwert

$$\frac{da}{dN} = \frac{c^* \, (\Delta K)^{m^*}}{(1-x) \, K_C - \Delta K} \quad ; \quad (x = \frac{K_{min}}{K_{max}}) \tag{10}$$

Mit Hilfe der Kennwerte ΔK_O, ΔK_C, c bzw. c^*, m bzw. m^* sowie Y kann die Rißausbreitung in einem Bauteil rechnerisch abgeschätzt werden.

Für die Dimensionierung, d.h. für den Vergleich der regellosen Bauteilbeanspruchung mit Werkstoffwiderständen aus Prüfungen mit einfachen Last-Zeit-Folgen haben sich zwei Vorgehensweisen bewährt: das Nennspannungskollektiv-Formzahl-Wöhlerlinien-Konzept (Nennspannungskonzept) (18) und das Kerbgrundbeanspruchungskonzept (örtliches Konzept) (19). Die wichtigsten Schritte beider Methoden sind in Bild 20 einander gegenübergestellt.

Beim Nennspannungskonzept wird zunächst die regellose Belastung des Bauteils mit Hilfe eines geeigneten Klassierverfahren, z.B. rain flow, zu einem Nennspannungskollektiv aufbereitet. Das Kollektiv ersetzt man durch eine Treppenfunktion. Beanspruchung und Werkstoffwiderstandsgrößen werden im Rahmen einer Schädigungsrechnung verglichen, indem man den einzelnen Treppenstufen mit Hilfe einer Bauteil-Wöhlerlinie partielle Schädigungen zuordnet. Die Bauteil-Wöhlerlinie wird an den Teilen selbst, an sig-

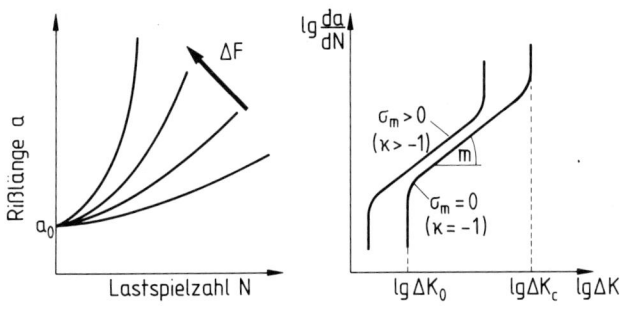

Bild 19: Rißlänge als Funktion der Lastspielzahl bei konstanter Ausgangsrißlänge und unterschiedlichen Schwingweiten der Belastung ΔF (links). Rißausbreitungskurven für mittelspannungsfreie ($x = -1$) und mittelspannungsbehaftete ($x \geq -1$) Schwingbeanspruchung (rechts).

nifikanten Elementen oder an geeigneten Kerbproben aufgenommen, wobei Unterschiede zwischen Bauteil und Probe hinsichtlich Größe, Oberflächenzustand usw. zu berücksichtigen sind. Als Schädigungsmaß bietet sich im einfachsten Fall der Quotient aus der Lastspielzahl auf einer Treppenstufe und der Anrißlastspielzahl für die zugehörige Nennspannungsamplitude an. Gewöhnlich akkumuliert man die Partialschäden nach der Miner-Regel oder ähnlichen Verfahren. Postuliert wird eine Schadenssumme - meist "1" - bei der sich ein Makroriß gebildet hat. Soll das angerissene Bauteil weiterhin in Betrieb bleiben, muß die Ausbreitung des Risses berechnet werden.

Im Gegensatz dazu wird beim Kerbgrundbeanspruchungskonzept aus dem Nennspannungs-Zeit-Verlauf der zeitliche Verlauf der Kerbgrunddehnung bestimmt. Geeignete Näherungsverfahren stehen z.B. in Form der Neuber- oder der

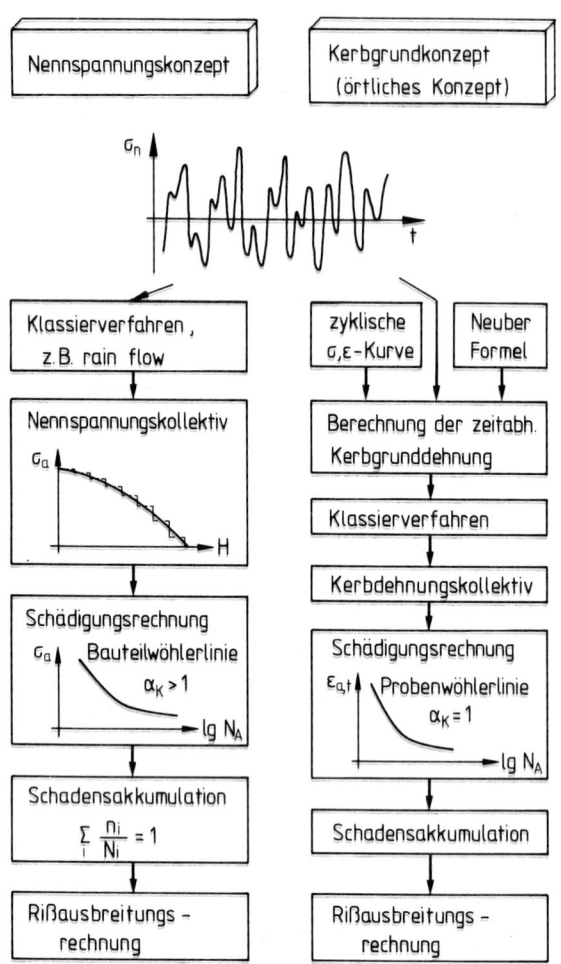

Bild 20: Bewertung regelloser Schwingbeanspruchung mit Hilfe des Nennspannungskollektiv-Formzahl-Wöhlerlinien-Konzeptes (Nennspannungskonzept, linke Spalte) und des Kerbgrundbeanspruchungskonzeptes (örtliches Konzept, rechte Spalte).

Seeger-Formel zur Verfügung. Für die Umrechnung benötigt man die zyklische Spannungs-Dehnungs-Kurve, so daß das Werkstoffverhalten bereits an dieser Stelle in die Betrachtung einfließt. Die weiteren Schritte entsprechen denen des Nennspannungskonzepts: Klassieren, Schädigungsrechnung mit Hilfe des ermittelten Kerbgrund-Dehnungskollektiv, Schadensakkumulation. Da der Kerbeinfluß bereits am Anfang berücksichtigt worden ist, vergleicht man bei der Schädigungsrechnung die Beanspruchung mit dem Werkstoffwiderstand aus der Anrißwöhlerkurve glatter Proben.

Der grundsätzliche Unterschied der beiden Vorgehensweisen besteht darin, daß der kerbbedingte, mehrachsig-inhomogene Belastungszustand beim Nennspannungskonzept auf der Werkstoffwiderstandsseite (Bauteilwöhlerlinie), beim örtlichen Konzept auf der Beanspruchungsseite (Berechnung der Kerbgrundbeanspruchung) erfaßt wird. Beide Verfahren werden weiterentwickelt, vor allem hinsichtlich der Bewertung nichtsynchroner mehrachsiger Beanspruchungen.

9. Literatur

(1) E. Macherauch: "Praktikum in Werkstoffkunde", 6. Aufl., F. Vieweg & Sohn, Braunschweig (1985).
(2) K. Wellinger u. H. Dietmann: "Festigkeitsberechnung", 3. Aufl., A. Kröner, Stuttgart (1976).
(3) H. Leipholz: "Festigkeitslehre für den Konstrukteur", Springer, Berlin-Heidelberg-New York (1969)
(4) K.-H. Schwalbe: "Bruchmechanik metallischer Werkstoffe", Hanser, München (1980).
(5) B. Ilschner (Hrsgb.): "Festigkeit und Verformung bei hoher Temperatur", Deutsche Gesellschaft für Metallkunde, Oberursel (1982).
(6) D. Munz (Hrsgb.): "Ermüdungsverhalten metallischer Werkstoffe", Deutsche Gesellschaft für Metallkunde, Oberursel (1985).
(7) D. Löhe: HTM 41 (1986) 231.
(8) W. Witzel: Aluminium 55 (1979) 595.

(9) M. Ros und A. Eichinger: "Die Bruchgefahr fester Körper bei ruhender - statischer Beanspruchung", 1. Band. EMPA-Bericht Nr. 172, Zürich (1949).

(10) DDR-Standard TGL 19 340, Maschinenbauteile, Dauerschwingfestigkeit.

(11) W. Witzel: Persönliche Mitteilung.

(12) W. Backfisch und E. Macherauch: Arch. Eisenhüttenwes. 50 (1979) 167.

(13) W. Schwarz, R. Gattringer und G. Grohmann, in: "Gefüge und Bruch" (herausgeg. von K.L. Maurer und H. Fischmeister), Gebrüder Borntraeger, Berlin-Stuttgart (1977) 94.

(14) J. Michel: "Zur Bruchmechanik von Eisengußwerkstoffen", Studienarbeit am Institut für Werkstoffkunde I der Universität Karlsruhe (TH) (1980).

(15) H.J. Frost und M.F. Ashby: "Deformation-mechanism maps", Pergamon, Oxford (1982).

(16) H. Zenner und J. Richter: Konstruktion 29 (1977) 11.

(17) G. Lange und D. Rode: "Ermüdungsverhalten anisotroper Al-Legierungen unter mehrachsiger Beanspruchung im Zeitfestigkeitsbereich", Vortrag DGM-Hauptversammlung (1986), Veröffentlichung in Vorbereitung.

(18) "Leitfaden für eine Betriebsfestigkeitsberechnung " (herausgeg. vom Verein Deutscher Eisenhüttenleute), Stahleisen mbH, Düsseldorf (1985).

(19) T. Seeger und P. Heuler: "Ermittlung und Bewertung örtlicher Beanspruchungen zur Lebensdauerabschätzung schwingbelasteter Bauteile" in (6), S. 213.

Neuere Ergebnisse der Plastizitäts- und Bruchforschung mit praktischer Relevanz

O. Vöhringer, Institut für Werkstoffkunde I, Universität Karlsruhe (TH)

1. Einleitung

Der Kenntnisstand über das Verformungs- und Bruchverhalten metallischer Werkstoffe ist durch eine Fülle von Befunden mit sowohl grundlegenden als auch praxisnahen Aussagen gekennzeichnet. Bei den bisherigen Bemühungen standen neben technologischen Verformungs- und Versagensproblemen u. a. Fragen der bei einsinniger, ein- und mehrachsiger Beanspruchung auftretenden Werkstoffreaktionen, ihrer strukturmechanisch quantitativen Erfassung sowie ihrer gezielten Ausnutzung zur Steigerung von Festigkeit und Zähigkeit im Vordergrund des Interesses. Viele, wirtschaftlich vertretbare Qualitätsverbesserungen wurden erreicht und stellen einen guten Beleg für den Nutzen gezielter Forschungen auf diesem Forschungsgebiet dar.

Im folgenden wird auf drei praktisch wichtige Aspekte der Plastizitäts- und Bruchforschung eingegangen. Zunächst werden exemplarisch anhand von mehrphasigen Eisenwerkstoffen, den ferritisch-martensitischen Stählen und dem bainitisch-austenitischen Gußeisen mit Kugelgraphit, neue Werkstoffentwicklungen behandelt, die hohe Festigkeit mit guter Zähigkeit verbinden. Da Konstruktionswerkstoffe unterschiedliche Reaktionen bei Variation der Beanspruchungsart aufzeigen, die bei der Bauteildimensionierung zu berücksichtigen sind, sollen ferner die Spannungs-Differenz-Effekte bei Zug- und Druckbeanspruchung beleuchtet und ihre praktische Relevanz im Zusammenhang mit Versagensschaubildern besprochen werden. Schließlich werden mikrostrukturelle Details und die verschiedenen Stadien des Duktilbruches technischer Werkstoffe anhand von experimentellen Befunden und theoretischen Überlegungen mit ihren Konsequenzen für die Werkstoffoptimierung vorgestellt.

2. Verformungsverhalten mehrphasiger Werkstoffe

Durch gezielte Wärmebehandlung bzw. thermomechanische Behandlung gelingt es immer wieder, konventionelle Werkstoffe erfolgreich auf bestimmte mechanische Eigenschaften hin zu optimieren. Ein typisches Beispiel sind die ferritisch-martensitischen Stähle, die bei 10-40 Vol.-% Martensitanteil unter dem Namen Dualphasenstähle bekannt sind. Es handelt sich um kohlenstoffarme, mikrolegierte Stähle, die durch interkritisches Glühen bzw. kontrolliertes Walzen im Zweiphasengebiet ($\alpha + \gamma$) und anschließendem, hinreichend schnellem Abkühlen in einen Nichtgleichgewichtszustand, bestehend aus Ferrit und Martensit sowie gegebenenfalls kleinen Mengen an Restaustenit und Bainit, überführt werden (vgl. z.B. 1-5). Dabei läßt sich der Martensitanteil bei konstantem Kohlenstoffgehalt durch Erhöhung der zwischen A_1 und A_3 liegenden Glühtemperatur bzw. bei konstanter Glühtemperatur durch Erhöhung des Kohlenstoffgehaltes vergrößern. Im letztgenannten Fall bleibt der gelöste Kohlenstoffgehalt im Martensit konstant, im erstgenannten wird der Martensit kohlenstoffärmer.

Wie sich die Variation des Martensitanteils auf die Spannungs-Dehnungs-Kurven bei zügiger Beanspruchung auswirkt, veranschaulicht Bild 1 für ferritisch-martensitische Stähle mit 1,5 Ma.-% Mn und variablen Kohlenstoffgehalten, die durch einstündiges Glühen bei 760°C erzeugt wurden (6). Die Streckgrenze, Fließspannung und Verfestigung nehmen mit dem Martensitanteil f_M zu. Typisch für diese Verfestigungskurven ist, daß kein Fließbereich mit Lüdersdehnung wie in normalgeglühten Zuständen, sondern ein stetiger Übergang vom elastischen zum elastisch-plastischen Verformungsbereich auftritt. Die Widerstandsgrößen $R_{p0,2}$, $R_{p\varepsilon}$ und R_m weisen in Abhängigkeit vom Martensitanteil f_M sowohl lineare Abhängigkeiten (1,2) als auch gekrümmte Verläufe auf (4-8). Auf die Problematik der Beschreibung dieser Abhängigkeiten mit linearen oder modifizierten Mischungsregeln, die ausführlich in der Literatur (vgl. z.B. 4,7,8) behandelt werden, soll an dieser Stelle nicht eingegangen werden. Dagegen werden die Vorgänge bei der plastischen Verformung dieser mehrphasigen Werkstoffe angesprochen. Dazu ist eine Charakterisierung des auftretenden Gefüges erforder-

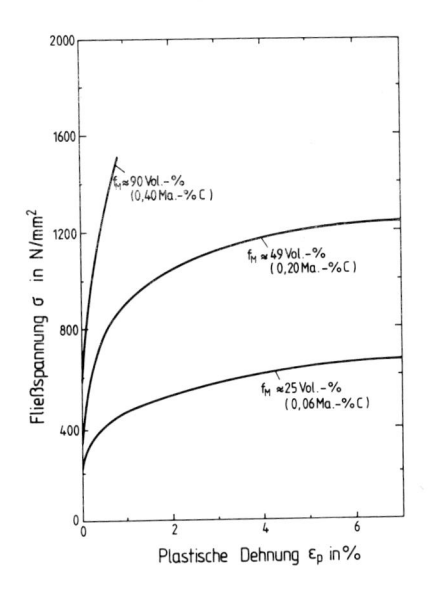

Bild 1: Verfestigungskurven ferritisch-martensitischer Stähle bei verschiedenen Martensitanteilen f_M im abgeschreckten Zustand (6).

lich. Der Martensit liegt entweder als niederkohlenstoffhaltiger Massivmartensit mit hoher Versetzungsdichte ($\rho_t \simeq 10^{12} cm^{-2}$) oder, bei erhöhten Kohlenstoffgehalten (0,5 bis 0,8 Ma.-% C) als Mischmartensit - bestehend aus Massiv- und Plattenmartensit (letzterer ist in sich stark verzwillingt) sowie kleineren Anteilen aus Restaustenit - vor (9). Die hohe Versetzungs- bzw. Zwillingsdichte in beiden Martensitarten ist auf Anpassungsverformungen bei der Martensitbildung, die mit Volumenvergrößerungen von 3 - 4 % verbunden ist, zurückzuführen (9). Diese umwandlungsbedingten Anpassungsverformungen erhöhen auch im Ferrit die Versetzungsdichte ρ_t gegenüber normalisierten Gefügen um mehr als eine Größenordnung, wie aus Bild 2a hervorgeht (10). Dabei steigt ρ_t im Ferrit mit dem Martensitanteil an. Es handelt sich um relativ leicht bewegliche, statistisch angeordnete Versetzungen. Ferner ist damit zu rechnen, daß im Ferrit und Martensit umwandlungsbedingte Eigenspannungen II. Art (Mikroeigenspannungen) vorliegen (7).

Die Überlagerung von Last- und Eigenspannungen bewirkt bei relativ kleinen Lastspannungen, daß in vielen Ferritbereichen des Werkstoffs die oben angesprochenen Versetzungen gleichzeitig bewegt werden. Deshalb ist die Verformung quasihomogen, und es bildet

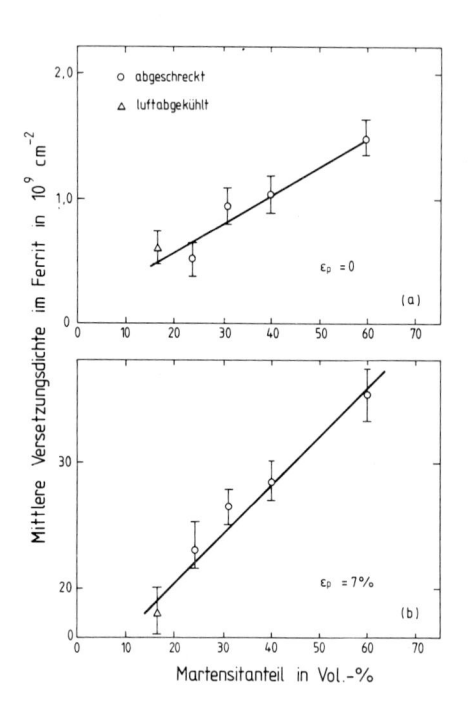

Bild 2: Versetzungsdichte im Ferrit in Abhängigkeit vom Martensitanteil ferritisch-martensitischer Stähle (10).
a) Unverformt.
b) Nach zügiger Verformung auf $\varepsilon_p = 7$ %.

sich kein Lüdersbereich aus. Die umwandlungsbedingten Eigenspannungen werden innerhalb 1 % plastischer Dehnung abgebaut (11). Da dabei der Martensit zunächst nur rein elastisch verformt wird, bauen sich dagegen in ihm verformungsbedingte Rückspannungen, die beim Entlasten zu Verformungsmikroeigenspannungen führen, auf. Ferner werden im Ferrit, insbesondere in Phasengrenzennähe viele "geometrisch notwendige" Versetzungen erzeugt (vgl. Bild 2b), die zusammen mit den Rückspannungen für die hohe Verfestigung des Zweiphasengefüges verantwortlich sind. Bei hinreichender Verfestigung des Ferrits beginnt auch im Martensit plastische Deformation, und zwar umso früher, je weicher der Martensit ist. Da keine Karbide und praktisch keine Einschlüsse vorliegen, setzt Einschnürung, meist verbunden mit Poren- bzw. Hohlraumbildung im Vergleich zu normalgeglühten Zuständen verzögert ein (12). Bei gleicher Zugfestigkeit werden deshalb im ferritisch-martensitischen Zustand größere Gleichmaßdehnungen als bei mikrolegierten Stählen beobachtet (1).

Bei der Interpretation des f_M-Einflusses auf die Widerstandsgrößen muß beachtet werden, daß für Martensitanteile $f_M < 40$ % der Martensit isoliert im Ferrit eingebettet vorliegt (typischer Dualphasenzustand) und das Anwachsen von z.B. $R_{p0,2}$ mit f_M auf die anwachsende Ferritversetzungsdichte, die Ferritlaufwegverkürzung und die Erhöhung der Rückspannungen zurückzuführen ist (4). Es liegt eine typische Phasenverfestigung vor. Für $f_M \geq 50$ % existieren zusammenhängende Martensitbereiche, deren relativ hohe Eigenhärte wesentlich den Widerstand gegen Überschreiten von 0,2 % plastischer Dehnung bzw. die Fließspannung bestimmen. Der Einschnürungsbeginn wird durch Poren- bzw. Rißbildung im Martensit, in manchen Fällen auch durch Grenzflächenablösungen in Ferrit-Martensit-Phasengrenzen hervorgerufen. Die Gleichmaßdehnung nimmt dabei mit wachsendem f_M bzw. steigender Zugfestigkeit (7,12,13) ab.

Weitere Möglichkeiten zur Festigkeitssteigerung sind beispielsweise durch Mischkristallverfestigung mit Mn- und Si-Zusätzen sowie durch Verkleinerung des Ferritkorndurchmessers d_F, was durch thermomechanische Maßnahmen realisiert werden kann, gegeben. Wie Bild 3 für ferritisch-martensitische Zustände zeigt, gehorcht die 0,2-Dehngrenze einer Hall-Petch-Beziehung

$$R_{p0,2} = \sigma_i + k_{0,2}\, d_F^{-1/2} \qquad (1),$$

bei der die Korngrößenempfindlichkeit, charakterisiert durch die Steigung $k_{0,2}$, mit zunehmendem Martensitanteil anwächst (14). Die Zugfestigkeit steigt dabei ebenfalls mit abnehmendem d_F an, im Gegensatz zur Bruchdehnung, die von der Ferritkorngröße praktisch nicht beeinflußt wird (14).

Das in Bild 3 dargestellte Verhalten der 0,2-Dehngrenze in Abhängigkeit von der Korngröße der weicheren Phase wird auch bei anderen Dualphasenwerkstoffen (vergütete Dual-Phasen-Stähle, heterogene CuZn- sowie CuAl-Legierungen) beobachtet (4,8,15,16). Dabei gilt grundsätzlich, daß die Wirksamkeit der zweiten Phase sich erhöht, also $k_{0,2}$ ansteigt, je größer ihre Härte ist.

Die für die Praxis interessanten ferritisch-martensitischen Stäh-

Bild 3: Einfluß der Ferritkorngröße d_F auf die 0,2-Dehngrenze $R_{p0,2}$ ferritisch-martensitischer Stähle bei unterschiedlichen Martensitanteilen f_M (14).

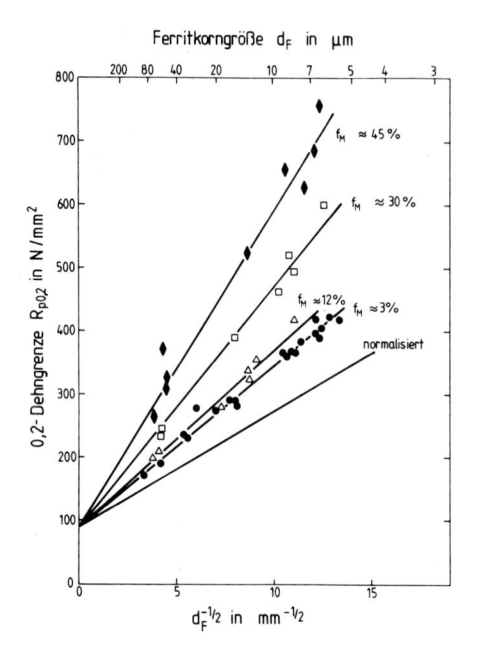

le, die sogenannten Dual-Phasen-Stähle, zeichnen sich also durch hohe Festigkeit, exzellente Gleichmaß- und Bruchdehnung aus, die durch eine gute Verformungsfähigkeit z. B. beim Tiefziehen zum Tragen kommt. Da sie optimale Fertigungs- und Gebrauchseigenschaften kombinieren, könnten sie für den Karosseriebau interessant werden, wenn die erzielte festigkeitsbedingte Gewichtsersparnis die erhöhten Fertigungskosten auffängt (3).

Bainitisch-austenitische Gußeisen mit Kugelgraphit, ein Werkstoff mit ebenfalls exzellenten Gebrauchseigenschaften, wird als GGG 100 in der Praxis bei hochbeanspruchten Maschinenbauteilen eingesetzt (vgl. z.B. 17-19). Ausgehend vom ferritischen oder perlitischen Gußeisen mit Kugelgraphit wird durch hinreichend langes Austenitisieren (z.B. T_A = 900°C, 90 min) und anschließendes isothermes Umwandeln im Salzbad in der Bainitstufe (T_u = 230 ....450°C) ein Gefüge mit Bainit und Graphit sowie mit Restaustenit und eventuell Martensit erzielt. Die Gefügeanteile sind von der Umwandlungstemperatur T_u und der Haltedauer bei T_u = konst. abhängig.

Beispiele für den Einfluß der Umwandlungstemperatur auf die mechanischen Kenngrößen $R_{p0,2}$, R_m und A_g dieses Werkstoffes sind in Bild 4 wiedergegeben (19). Es sind Meßwerte aufgetragen, bei denen die Austenitisierungstemperatur bei 850° und 900°C, die Austenitisierungszeit bei 0,5 und 1 h und die Haltedauer bei T_u bei 2 und 3 h lag. Bei Umwandlungstemperaturen $T_u \gtrsim 250°C$ spielen diese Variationen offenbar nur eine untergeordnete Rolle (19). Zwischen T_u = 250 und 450°C nimmt $R_{p0,2}$ von 1400 auf 750 N/mm² und R_m von 1700 auf 950 N/mm² ab. Dabei steigt die Gleichmaßdehnung von etwa 2 % auf max. 9 % bei 400°C an und fällt bis T_u = 450°C wieder auf etwa 6 % ab. Für $T_u < 250°C$ nehmen $R_{p0,2}$ und R_m jedoch rasch mit kleiner werdender Umwandlungstemperatur ab.

Der Einfluß der Unmwandlungstemperatur auf die Gleichmaßdehnung ist eng verknüpft mit den umwandlungstemperaturbedingten Restaustenitanteilen. Bild 5 gibt dazu den Einfluß von T_u auf den Restaustenitanteil RA bei zweistündigem isothermem Halten und anschließendem Abkühlen auf 20°C wieder (19). Bei T_u = 180°C beträgt RA ≈ 11 Vol.-%, bei 380°C ≈ 33 Vol.-% und bei 450°C ≈ 3 Vol.-%. Bei Variation der Umwandlungstemperatur liegen die Maxima für RA und A_g dicht beieinander. Dieser Restaustenit ist äußerst stabil. Er wird beim Tiefkühlen, sogar auf -196°C, praktisch nicht verringert. Nur ein geringer Anteil wird beim Zugverformen bei 20°C durch "verformungsinduzierte Umwandlung" martensitisch. Beispielsweise nimmt bei T_u = 350°C RA, ausgehend von 26 Vol.-%, beim Verformen bis zur Gleichmaßdehnung A_g ≈ 6 % nur auf 18 Vol.-% ab (19).

Die optimalen mechanischen Eigenschaften des bainitisch-austenitischen Gußeisens mit Kugelgraphit, die bei 20 bis 40 Vol.-% RA erzielt werden, sind im wesentlichen auf die beiden Phasen Bainit und Austenit, deren Verhalten bei der Verformung ähnlich zu bewerten ist wie bei den oben angesprochenen ferritisch-martensitischen Stählen, zurückzuführen. Der Bainit entsteht während der isothermen Umwandlung als oberer Bainit (350 < T_u < 450°C) bzw. unterer Bainit (200 < T < 350°C). Aufgrund der Volumenvergrößerung bei der Umwandlung des Austenits in Bainit treten ähnlich wie bei der Martensitbildung (9) Anpassungsverformungen auf, die zu erhöh-

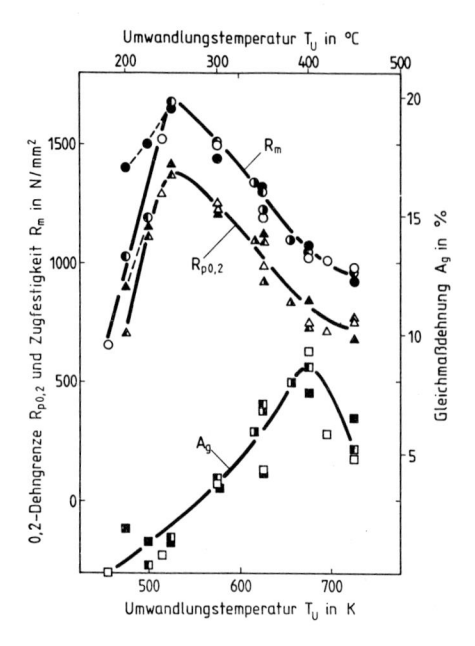

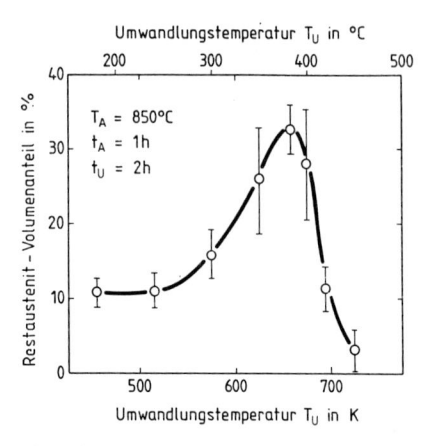

Bild 4: Mechanische Kenngrößen von bainitisch-austenitischem Gußeisen mit Kugelgraphit in Abhängigkeit von der Umwandlungstemperatur T_u (19).

Bild 5: Restaustenitanteil bei bainitisch-austenitischem Gußeisen mit Kugelgraphit in Abhängigkeit von der Umwandlungstemperatur T_u (19).

ten Versetzungsdichten von $\rho_t \approx 10^{10}$ cm^{-2} im Bainit und 10^9 cm^{-2} im verbleibenden Restaustenit führen (20). Die Anwesenheit von Si verzögert ausgeprägt die Karbidbildung (20,21). Erst nach langen Haltezeiten werden über Übergangskarbide feinst verteilte, meist abgerundete Fe_3C-Teilchen gebildet. Deshalb ist dieser Bainit relativ gut verformungsfähig. Er besitzt aber einen hohen Widerstand gegen Versetzungsbewegung aufgrund der Superposition von Widerstandsanteilen der Versetzungs-, Mischkristallsowie Korngrenzenverfestigung und gegebenenfalls der Teilchenverfestigung (9). Bei der Bainitbildung wird der gelöste Kohlenstoff zunächst im verbleibenden Austenit angereichert. So wurden beispielsweise in bainitisch umgewandelten Si-Stählen bis zu

1,8 Ma.-% C im Restaustenit beobachtet (20). Die erhöhte Versetzungsdichte, relativ kleine Kornabmessungen und hohe gelöste Konzentrationen an Kohlenstoff- und Substitutionsatomen bewirken bei im Vergleich zum Bainit weicherem Restaustenit ebenfalls erhöhte Widerstände gegen plastische Verformung. Bei der Verformung des bainitisch-austenitischen Gefüges treten außerdem die oben angesprochenen kompatibilitätsbedingten typischen Phasenverfestigungsmechanismen hinzu, so daß die große Festigkeit und Zähigkeit plausibel erscheint. Dabei ist die relativ gute Stabilität des Restaustenits, sowohl beim Tiefkühlen als auch beim Verformen, auf seinen hohen gelösten Kohlenstoffgehalt und auf seine "mechanische Verfestigung" aufgrund der erhöhten Versetzungsdichte zurückzuführen (9,22).

Die mit abnehmender Umwandlungstemperatur kleiner werdenden Gleichmaßdehnungen A_g werden durch anwachsende Martensitanteile verursacht, die beim Verformen leicht zur Rißbildung neigen und somit den Einschnürungsbeginn initiieren (23). Die für $T_u \gtrsim 400°C$ kleiner werdenden A_g-Werte sind dagegen auf größere, bei der Bainitbildung erzeugte Karbide zurückzuführen. Nach hinreichender Verformung treten dort durch Rißbildung in den Karbiden bzw. durch Grenzflächenablösungen zwischen Karbid und Bainit zusätzliche bruchauslösende Faktoren auf.

3. Verformungsverhalten bei verschiedenen Beanspruchungen (SD-Effekt)

Bei der Zug- bzw. Druckverformung metallischer Werkstoffe treten häufig unterschiedliche Widerstände gegen Überschreiten bestimmter plastischer Verformungen auf. Man spricht von einem Spannungs-Differenz-Effekt (SD-Effekt), der als Differenz der Fließspannungen bei Druck- und Zugbeanspruchung ($\Delta\sigma_{SD} = \sigma^d - \sigma^z$) definiert wird. Der SD-Effekt ist, wie die folgenden Beispiele (vgl. auch Tabelle 1) mit unterschiedlichen Ursachen zeigen, meist positiv (in Tabelle 1 durch nach oben gerichtete Pfeile charakterisiert).

Werkstoffe	Einflußgrößen	$\Delta\sigma_{SD} = \sigma^d - \sigma^z$	Mechanismen
Krz. Metalle (homogen)	$\sigma^*(T,\dot\varepsilon,p)$	↑	von p abhängige therm. Aktivierung von Schraubenversetzungen
Alle Metalle	Vorverformungrichtung, ε_p, f_β	↑↓	Bauschingereffekt
Krz. und hexag. Metalle	Textur, ε_p	↑↓	Anisotropie der Gleitung bzw. Zwillingsbildung
FeC-Martensit (Vergütungsgefüge, Bainit)	c, ε_p	↑	Anisotropie der Fremdatom-Versetzungs-Wechselwirkung (RA, ES, ΔV, ...)
Gehärtete Stähle mit Restaustenit	f_{RA}, ε_p	↑	Anisotropie der verformungsinduzierten RA-Umwandlung
Eigenspannungsbehaftete Werkstoffe	$\sigma_{ES}(x,y,z)$, ε_p	↑↓	Beanspruchungsabhängiger ES-Abbau
Sintermetalle	f_H	↑	Hohlräume (Poren)
Mehrphasige (heterogene) Werkstoffe	ε_p, f_β	↑	Einfluß des hydrostat. Spannungsanteils auf $\Delta V \neq 0$ infolge Mikrorissen, Poren, Hohlräumen

<u>Tabelle 1:</u> Typen von SD-Effekten

Bei der Tieftemperaturverformung texturfreier, quasi-homogener krz. Werkstoffe, insbesondere von α-Eisen wird, wie Bild 6 für normalisierten Ck 45 belegt (24), ein positiver SD-Effekt beobachtet. Er wächst, wie andere Untersuchungen (25-27) zeigen, mit zunehmendem thermischen Fließspannungsanteil, also abnehmender Temperatur an und wird auf die Wirkung des hydrostatischen Spannungsanteils - er ist bei Druckbeanspruchung größer als bei Zugbeanspruchung - auf das Peierlspotential zurückgeführt (25). Die thermische Aktivierung von Schraubenversetzungen über das periodische Gitterpotential erfährt also bei Druckbeanspruchung einen größeren kurzreichenden Widerstand als bei Zugbeanspruchung.

Wird ein Werkstoff druckverformt, entlastet und in Gegenrichtung belastet, also zugverformt, so tritt, wie Bild 6 ebenfalls zeigt, ein SD-Effekt aufgrund des Bauschingereffektes auf. Dieser SD-Effekt ist positiv oder negativ, je nachdem druck- oder zugvorverformt wird.

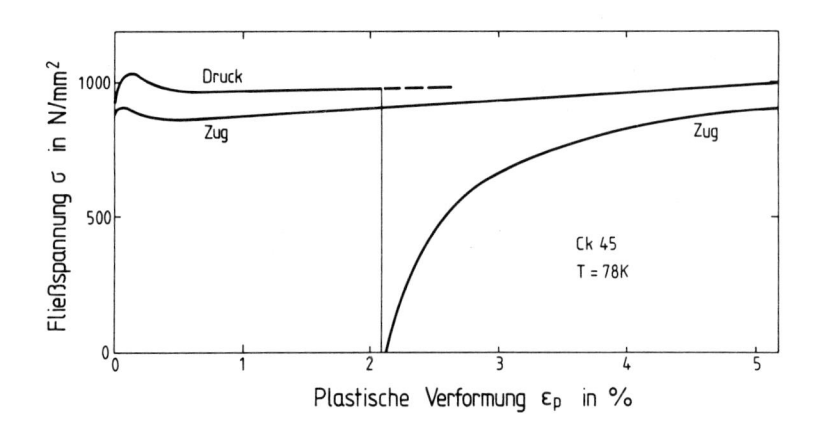

Bild 6: Spannungs-Dehnungskurven von normalisiertem Ck45 bei 78 K nach Zug- bzw. Druckbeanspruchung und nach Umkehr der Verformungsrichtung (24).

Erwähnt sei ferner, ohne auf Mechanismen einzugehen, daß texturbehaftete metallische Werkstoffe ausgeprägte SD-Effekte aufweisen können (vgl. z.B. 28-30).

Niederkohlenstoffhaltige FeC-Martensite zeigen ausgeprägte SD-Effekte, die mit der Verformung und mit dem Kohlenstoffgehalt anwachsen (vgl. z.B. 9, 27). Dabei können relative SD-Effekte bis zu 60 % auftreten. SD-Effekte werden auch bei vergüteten und bei bainitischen Zuständen beobachtet (27). Verschiedene Hypothesen wurden zur Deutung der Phänomene herangezogen (vgl. z.B. 9). Keine liefert eine befriedigende Erklärung. Am ehesten wird noch die Hypothese der Anisotropie der Fremdatom-Versetzungswechselwirkung (31) akzeptiert.

Der SD-Effekt restaustenithaltiger, gehärteter Stähle (vgl. Bild 7) ist überwiegend auf das unterschiedliche Stabilitätsverhalten des Restaustenits bei Zug- und Druckbeanspruchung zurückzuführen (32). Maßgebend ist offenbar eine energetisch günstigere, zugverformungsinduzierte Restaustenitumwandlung in Martensit aufgrund

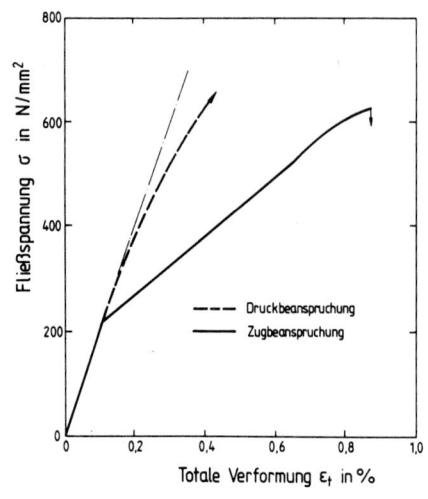

Bild 7: Anfangsteile der σ, ε_t-Kurven bei Zug- bzw. Druckbeanbeanspruchung eines gehärteten Stahles mit 1,26 Ma.-% C und 0,25 Ma.-% Mo (Restaustenitanteil ≈ 55 Vol.-%) (32).

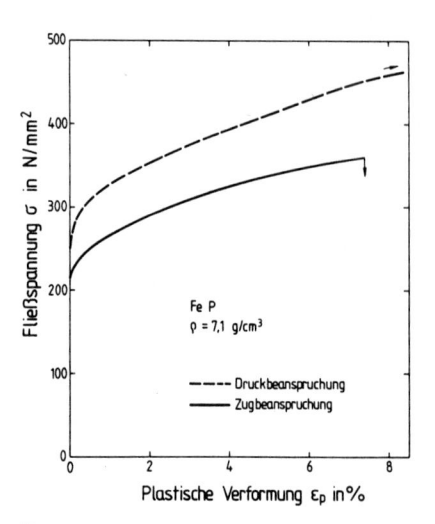

Bild 8: σ, ε_p-Kurven bei Zug- bzw. Druckbeanspruchung einer gesinterten FeP-Legierung mit 7,1 g/cm³ Dichte.

der Volumenvergrößerung bei der Martensitbildung als eine druckverformungsinduzierte. Auch hier ist also der hydrostatische Spannungsanteil für den SD-Effekt mitverantwortlich.

Eigenspannungsbehaftete Werkstoffe zeigen grundsätzlich einen SD-Effekt, der auf das unterschiedliche Abbauverhalten der Eigenspannungen bei Zug- und Druckverformung zurückzuführen ist (11).

Porenbehaftete Werkstoffe, z.B. Sinterwerkstoffe mit Dichten kleiner als die theoretische Dichte, rufen ebenfalls, wie aus Bild 8 für eine FeP-Legierung mit 7,1 g/cm³ Dichte hervorgeht, einen SD-Effekt hervor. Er beträgt im gezeigten Beispiel im gesamten Verformungsintervall etwa 25 %. Für den SD-Effekt sind hier im wesentlichen unterschiedliche Änderungen der Porenvolumina bei Druck- und Zugverformung verantwortlich.

Unterschiedliche Volumenänderungen verursachen auch bei hetero-

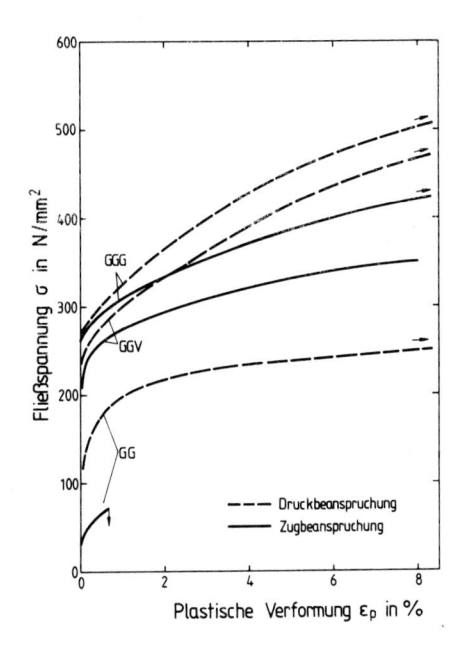

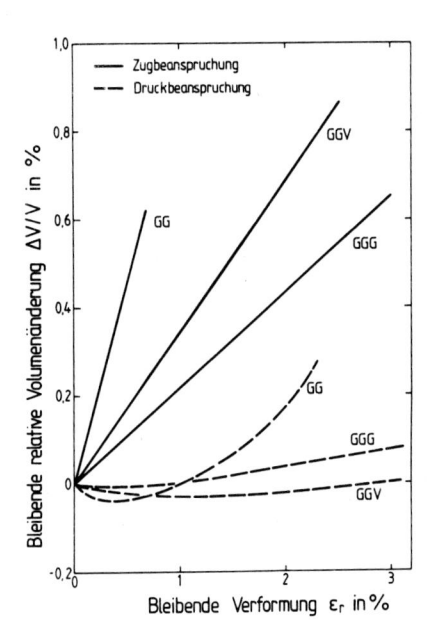

Bild 9: σ, ε_p-Kurven von ferritischem Gußeisen mit Lamellengraphit (GG), Vermiculargraphit (GGV) und Kugelgraphit (GGG) bei Zug- bzw. Druckbeanspruchung (33).

Bild 10: Relative Volumenänderung in Abhängigkeit von der bleibenden Verformung der ferritischem Gußeisen GG, GGV und GGG nach Zug- bzw. Druckbeanspruchung (33).

genen (mehrphasigen) Werkstoffen SD—Effekte. Volumenänderungen können dabei sowohl durch Mikrorißbildung in Phasengrenzen bzw. Partikelbruch als auch durch Poren- und Hohlraumbildung entstehen. Am Beispiel mehrerer ferritischer Gußeisenwerktoffe mit verschiedenen Graphitformen wird dieses Verhalten in Bild 9 veranschaulicht (26,33). Dort sind Verfestigungskurven bei Zug- und Druckbeanspruchung von ferritischen Gußeisen mit Lamellengraphit (GG), mit Vermiculargraphit (GGV) und mit Kugelgraphit (GGG) einander gegenübergestellt. Bei GG beträgt der SD-Effekt etwa einen Faktor 3. Er ist beim Gußeisen mit Vermiculargraphit relativ deutlich und beim Gußeisen mit Kugelgraphit jedoch schwächer ausgeprägt. Bei allen drei Werkstoffzuständen wird der SD-Effekt mit zunehmender Verformung größer.

Verursacht wird der SD-Effekt der ferritischen Gußeisensorten durch unterschiedliche, graphitform- und verformungsabhängige Volumenänderungen, wie aus Bild 10 hervorgeht. Sie nehmen bei Zugbeanspruchung infolge Rißbildung im Graphit und Grenzflächenablösungen an der Grenzfläche Matrix/Graphit beim Übergang von GGG zu GGV und zu GG bei bleibender Verformung ε_r = konst. zu. Dabei wird das "tragende Probenvolumen" verringert und die mittlere Fließspannung kleiner. Beim Druckversuch sind die graphitformabhängigen Volumenänderungen aufgrund des größeren hydrostatischen Druckspannungsanteils wesentlich geringer, so daß die höheren Fließspannungen bei Druckbeanspruchung und die Entstehung der SD-Effekte plausibel erscheinen.

Qualitativ ähnliche SD-Effekte können bei allen mehrphasigen Werkstoffen beobachtet werden, sowie Mikroriß- oder Porenbildung in Phasengrenzen bzw. in spröden Partikeln einsetzt.

Kenntnisse des SD-Effektes können benutzt werden, um rohe Abschätzungen der Versagensschaubilder gegen einsetzende plastische Verformung bzw. gegen Bruch, die für praktische Bauteilauslegungen bei mehrachsiger Beanspruchung wichtig sind, vorzunehmen. Bei zweiachsigem Spannungszustand ergibt sich beispielsweise für Gußeisen mit Lamellengraphit das in Bild 11 dargestellte Verhalten (34,35). Dabei sind die bei zweiachsiger Beanspruchung erhaltenen Meßwerte für die Widerstandsgrößen gegen Überschreiten von 0,2 % plastischer Verformung bzw. gegen Bruch jeweils auf die Zugfestigkeit R_m bezogen. Die offenen Kreise geben Spannungszustände bei Erreichen von 0,2 % plastischer Verformung und die Punkte Bruchspannungszustände wieder. Reine Zug- bzw. Druckbeanspruchungen führen zu den auf den Achsen liegenden Meßdaten. Die gestrichelte Kurve gibt die unter Berücksichtigung der Anisotropie der 0,2-Dehn- und Stauchgrenzen nach der Gestaltänderungsenergie-Hypothese berechnete Grenzkurve für Überschreiten einer plastischen Verformung von 0,2 % an (35). Die Meßwerte stimmen damit überein. Die Bruchvorgänge sind unter ein- und zweiachsiger Zugspannung mit der Normalspannungs-Hypothese verträglich (35). Beim Auftreten je einer anwachsenden Druckspannung treten zunehmend auch schubspannungsgesteuerte Brüche auf. Man erhält also erheblich versagenssicherere Spannungskombinationen, wenn eine oder beide Lastspannungen σ_1 und σ_2 Druckspannungen sind.

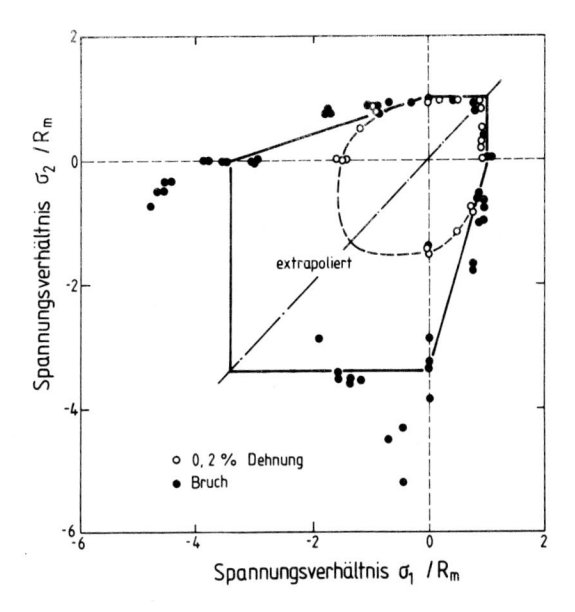

Bild 11: Versagensschaubild für Überschreiten von 0,2 % plastischer Verformung und für Bruch von Gußeisen mit Lamellengraphit (34,35).

Qualitativ ähnliche Versagensschaubilder sind bei den mit SD-Effekten behafteten Werkstoffen (vgl. Tabelle 1), und zwar bei gehärteten Stählen, bei Sinterwerkstoffen und bei mehrphasigen Werkstoffen zu erwarten.

4. Bruchverhalten duktiler Werkstoffe

Das bei Raumtemperatur auftretende Bruchverhalten relativ zäher, technischer Werkstoffe soll abschließend, ohne Einschränkungen hinsichtlich der Festigkeit, beleuchtet und Möglichkeiten der Zähigkeitsverbesserung angesprochen werden. Aus den zahlreichen Brucharten, die bei verschiedenen Temperaturen auftreten können

(36), wird nur eine, die in diesem Zusammenhang von Bedeutung ist, ausgewählt. Dabei wird der Bruch ausgehend von zweiten Phasen bzw. nichtmetallischen Einschlüssen durch Grenzflächenablösungen oder Teilchenbrüche initiiert. Das Bruchgeschehen läßt sich in 3 Stadien einteilen (12):
1) Poren- bzw. Hohlraumbildung an 2.Phasen im Korninnern oder/und in der Phasengrenze.
2) Hohlraumwachstum.
3) Hohlraumverbindung durch Abscheren der Stege und Bruch.

Die den Duktilbruch charakterisierende wahre (logarithmische) Dehnung setzt sich demnach aus zwei Anteilen zusammen. Es gilt

$$\varepsilon_B = \varepsilon_{KH} + \varepsilon_{WH} \qquad (2),$$

mit ε_{KH} = Dehnung bis zum Keimbildungsbeginn und ε_{WH} = Dehnung bis zum Abschluß des Hohlraumwachstums. Die experimentellen Befunde zeigen, daß meist $\varepsilon_{KH} < \varepsilon_{WH}$ ist (12).

Zunächst sollen einige Einflußgrößen des Werkstoffzustandes sowie der Werkstoffbeanspruchung und ihre qualitative Auswirkung auf die Bruchdehnung anhand von Tabelle 2 angesprochen werden. Zur ersten Gruppe von Einflußgrößen gehören der Volumenanteil f_T von Teilchen bzw. Einschlüssen, die Teilchenform - charakterisiert durch das Längen-Breiten-Verhältnis a/b -, der Teilchenradius r - falls sphärische Teilchen vorliegen -, die Grenzflächenfestigkeit R_G sowie die Grenzflächenenergie γ_G zwischen Matrix und 2.Phase, die Konzentration c von segregierten Spurenelementen in Korn- oder Phasengrenzen (z.B. die "Gifte" P, Sb und Sn bei Fe-Fe$_3$C-Werkstoffen) und Anhäufungen von Einschlüssen im Korninnern oder in Korngrenzen. Anwachsende Einflußgrößen liefern sowohl abnehmende (↓) als auch anwachsende ε_B-Werte (↑), wie in Tabelle 2 veranschaulicht ist (12,36-41). Gefügebedingte Verbesserungen der Zähigkeit lassen sich dabei erzielen, wenn f_T möglichst klein, die Teilchen rund sind und mittlere Radien von etwa 1 μm besitzen, R_G und γ_G groß sind, und Segregationselemente sowie Anhäufungen von Einschlüssen vermieden werden.

Die Bruchdehnung wird ferner beanspruchungsbedingt durch die

Mehrachsigkeit beeinflußt (vgl. Tabelle 2). Dabei wird die Mehrachsigkeit durch das Verhältnis σ_m/σ_V definiert, mit

$$\sigma_m = \frac{1}{3}(\sigma_1 + \sigma_2 + \sigma_3)$$

dem hydrostatischen Spannungsanteil und

$$\sigma_V = \frac{1}{\sqrt{2}}\sqrt{(\sigma_1-\sigma_2)^2+(\sigma_2-\sigma_3)^2+(\sigma_3-\sigma_1)^2}\ .$$

	Einflußgrößen	Abkürzung	Auswirkung auf ε_B bei ansteigender Größe
Werkstoffzustand	Volumenanteil (Teilchen, Einschlüsse,....)	f_T	↓
	Teilchenform (Längen/Breiten-Verhältnis)	a/b	↓
	Teilchenradius bei sphärischen Teilchen ($r_K \approx 1\mu m$)	$r > r_K$ $r < r_K$	↓ ↑
	Grenzflächenfestigkeit (Haftfestigkeit)	R_G	↑
	Grenzflächenenergie	γ_G	↑
	Konzentration segreg. Spurenelemente in KG bzw. PG (z.B. P, Sb, Sn in Fe/Fe$_3$C)	c	↓
	Anhäufungen von Einschlüssen im Korninnern bzw. an KG	N_T	↓
Werkstoffbeanspruchg	Mehrachsigkeit z.B.	σ_m/σ_V	↓
	• Kerbzug (Formzahl)	α_K	↓
	• Zug + überlagerter hydrostat. Druck	P	↑

Tabelle 2: Einflußgrößen auf die wahre Bruchdehnung ε_B bei duktiler Matrix.

der von Misesschen Vergleichsspannung. Positive σ_m/σ_V-Werte lassen sich durch Kerbzugbeanspruchungen z.B. bei Erhöhung der Formzahl α_K erzielen, die zu kleineren wahren Bruchdehnungen führen (12). Abnehmende und negative σ_m/σ_V-Werte lassen sich beispielsweise beim Zugversuch durch überlagerten hydrostatischen Druck erreichen (12,42). Dabei werden die Fließspannung und Gleichmaßdehnung relativ wenig, die Reißspannung und wahre Bruchdehnung jedoch ausgeprägt mit zunehmendem p erhöht (42).

Zur Deutung dieser Erscheinungen existiert eine Vielfalt von Modellen. Da die Experimente extrem schwierig sind, liegen jedoch nicht genügend Befunde vor, um die Modellierung hinreichend zu verifizieren. Das wichtigste und über den Werkstoffzustand am ehesten beeinflußbare Stadium ist das der Hohlraumbildung. Die Modellierung geht - ausgehend von Grenzflächenablösungen - sowohl von Energie-, Dehnungs- als auch Spannungskriterien aus (vgl. z.B. 12, 36-41) - im Gegensatz zum Spaltbruch, wo eindeutig ein kritischer Spannungswert für die Mikrorißbildung maßgebend ist (43,44) -. Die Modelle lassen sich grob in zwei Gruppen einteilen, je nach dem Teilchen mit Radien $\gtrless r_k \approx 1$ µm zugrundegelegt werden. Für $r < r_k$ sind versetzungstheoretische, für $r > r_k$ kontinuumsmechanische Modellierungen vorgeschlagen worden, die die experimentellen Befunde zumindest qualitativ beschreiben können (12).

In groben Zügen soll ein Modell angesprochen werden, das erfolgreich bei der Porenbildung von Eisen- Eisenkarbid-Werkstoffen eingesetzt wurde (37-40). Auf ein rundes Teilchen soll neben einer lokalen Lastspannung σ_L eine hydrostatische Spannung $\sigma_m = 1/3 \cdot (\sigma_1+\sigma_2+\sigma_3)$ einwirken. Die Grenzflächenfestigkeit wird erreicht, wenn
$$\sigma_L + \sigma_m = \sigma_{krit} = R_G \qquad (3)$$
wird. Da σ_L mit der lokalen Versetzungsdichte ρ_t durch
$$\sigma_L \sim \sqrt{\rho_t} \qquad (4)$$
und ferner
$$\rho_t \sim \varepsilon \qquad (5)$$
verknüpft sind, wird für $\sigma_{krit} = R_G$ die wahre Dehnung $\varepsilon = \varepsilon_{KH}$, also die Keimbildungsdehnung für Hohlräume erreicht. Dann gilt
$$\sqrt{\varepsilon_{KH}} = A(f_T) \cdot (R_G - \sigma_m) \qquad (6) \, .$$

$A(f_T)$ stellt einen Proportionalitätsfaktor dar, der mit wachsendem Volumenanteil f_T der Teilchen abnimmt. Nach Gl. (6) ist die Wurzel aus der Keimbildungsdehnung linear vom hydrostatischen Spannungsanteil σ_m abhängig. Bild 12 gibt dazu experimentelle Daten, die an weichgeglühtem Ck 45 gewonnen wurden (39,40), wieder, bei denen die geforderte lineare Beziehung gut erfüllt ist. Die Extrapolation auf $\varepsilon_{KH} = 0$ liefert für die Grenzflächenfestigkeit

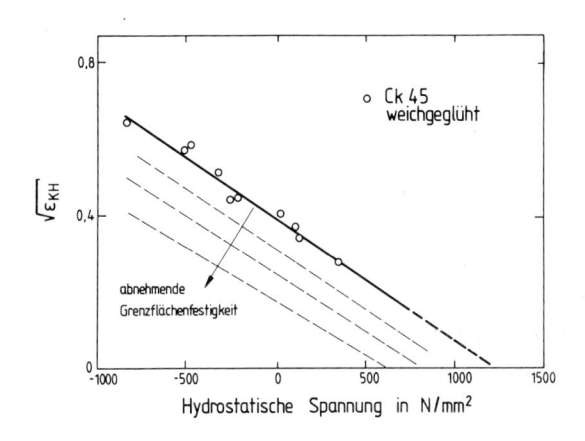

Bild 12: Einfluß der hydrostatischen Spannung auf die Keimbildungsdehnung für Hohlräume ε_{KH} bei dem weichgeglühten Stahl Ck 45 (39,40).

$R_G \simeq 1200$ N/mm^2. Dieser Wert stimmt offenbar befriedigend mit Abschätzungen aus anderen Modellen überein (39,40). Die gestrichelten Linien deuten angenommene Verläufe an, die auftreten würden, wenn R_G beispielsweise durch Spurenelemente herabgesetzt würde. Ebenfalls ε_{KH}-verkleinernd wirkt die Erhöhung des Volumenanteils der Teilchen, verbunden mit einer Abnahme des Steigungsbetrages der Geradengleichung (6).

Im Gegensatz zur Keimbildungsdehnung ε_{KH}, die von allen in Tabelle 2 aufgeführten Einflußgrößen abhängt, ist die für das Hohlraumwachstum maßgebende Dehnung ε_{WH} praktisch nur von der Mehrachsigkeit σ_m/σ_V und aufgrund von Überlappungen der plastischen Zonen mehrerer Teilchen von ihrem Volumenanteil f_T abhängig. Die Modellierungen erfolgen ausschließlich kontinuumsmechanisch (12). Ausgehend von einem kugelförmigen Loch bildet sich ein Ellipsoid, für dessen Wachstum die Abhängigkeit

$$\frac{dr}{r} \sim d\epsilon \cdot \exp\left(\frac{3}{2} \cdot \frac{\sigma_m}{\sigma_V}\right) \qquad (7)$$

angegeben wird (45,46). Das Hohlraumwachstum steigt also exponentiell mit der Mehrachsigkeit an. Sind die Ellipsoide hinreichend groß, so führt Abscheren der Brücken zwischen den Hohlräumen zum Bruch. Die dazu erforderliche wahre Dehnung ϵ_{WH} gehorcht dann der Beziehung (47)

$$\epsilon_{WH} \sim \exp\left(-\frac{3}{2} \cdot \frac{\sigma_m}{\sigma_V}\right) \qquad (8),$$

die die praktischen Erfahrungen richtig beschreibt.

Obwohl in den Stadien 2 und 3 des Bruches etwa 90 % der eingesetzten lokalen Verformungsenergie aufgebraucht wird (12), lassen sich im Dehnungsanteil ϵ_{WH} gefügemäßig kaum Verbesserungen erzielen. Alle Bestrebungen, die Zähigkeit von metallischen Werkstoffen zu verbessern, können also nur über eine Vergrößerung der Keimbildungsdehnung ϵ_{KH} erreicht werden.

Eine neue Entwicklung (48) faßt die Rolle des Spannungszustandes auf verschiedene Bruchmechanismen in sogenannten Bruchkarten ("Versagensschaubilder") zusammen, in denen die Vergleichsspannung σ_V über dem überlagerten Druck p bei einachsiger Beanspruchung aufgetragen wird. Ein Beispiel zeigt Bild 13 für weichgeglühten Ck 45. Die Grenzlinien für Porenbildung, Duktil-, Scher- und Spaltbruch sind aufgrund experimenteller Daten und einfachster Modellierungen eingetragen. Bei p = 0 tritt mit wachsendem σ_V nacheinander die Streckgrenze, Porenbildung, Einschnürungsbeginn und Duktilbruch auf. Bei p $\geq$ 2000 N/mm² löst Scherbruch den Duktilbruch ab und bei p $\leq$ -1500 N/mm² - erzielt durch Kerbzugbeanspruchung mit großer Formzahl α_K - tritt nach der Streckgrenze bzw. sofort Spaltbruch auf. Diese Modifizierung der Versagensschaubilder stellt eine wesentliche Bereicherung dar, da mit den eingezeichneten Grenzlinien auch Informationen über die Versagensmechanismen enthalten sind.

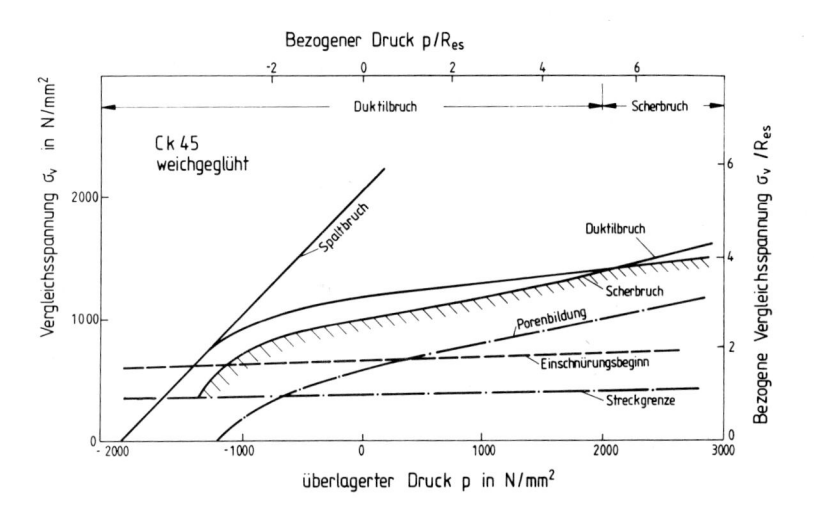

Bild 13: Modifiziertes Versagensschaubild für den weichgeglühten Stahl Ck 45 (48).

5. Literatur:

(1) R.G. Davies: Metallurg. Trans. 9A (1978) 671-679.
(2) R.A. Kot, B.L. Bramfitt (eds.): Fundamentals of Dual-Phase Steels. The Metallurg. Soc. AIME, New York, 1981.
(3) J. Becker, X. Cheng, E. Hornbogen: Z. Werkstofftechnik 12 (1981) 301-308.
(4) P. Uggowitzer, H.P. Stüwe: Z. Metallkde. 73 (1982) 277-285.
(5) D.K. Matlock, F. Zia-Ebrahimi, G. Krauss: In "Deformation, Processing and Structure" (ed. by G. Krauss). ASM, Metals Park, 1984, p. 47-87.
(6) G.R. Speich, R.L. Miller: In (2), p. 279-304.
(7) G.R. Speich: In (2), p. 3-45.
(8) H. Fischmeister, B. Karlsson: Z. Metallkde. 68 (1977) 311-327.
(9) E. Macherauch, O. Vöhringer: Härterei-Techn. Mitt. 41 (1986) 71-91.
(10) A.M. Sherman, R.G. Davies, W.T. Donlon: In (2), p. 85-94.

(11) O. Vöhringer: In "Eigenspannungen - Entstehung - Messung - Bewertung" (herausgeg. von E. Macherauch u. V. Hauk). DGM, Oberursel, 1983, Band I, S. 49-83.

(12) R.H. van Stone, T.B. Cox, J.R. Low, J.A. Psioda: Int. Metals Reviews 30 (1985) 157-179.

(13) A.H. Nakagawa, G. Thomas: Metallurg. Trans. 16A (1985) 831-840.

(14) P.H. Chang, A.G. Preban: Acta metall. 33 (1985) 897-903.

(15) G. Linden: Mater.Sci.Eng. 40 (1979) 5-14.

(16) E. Werner, H.P. Stüwe: Mater.Sci.Eng. 68 (1984/85) 175-182 und Z. Metallkde. 76 (1985) 353-357.

(17) M. Johansson: Trans. AFS 85 (1977) 117-122 und Gießerei-Praxis (1979) Nr. 6, 92-98.

(18) K. Röhrig: Härterei-Techn. Mitt. 39 (1984) 41-48.

(19) D. Löhe: Härterei-Techn. Mitt. 41 (1986) 231-239.

(20) E. Dorazil, J. Svejcar: Arch. Eisenhüttenwesen 50 (1979) 293-298

(21) H.K.D.H. Bhadeshia, D.V.Edmonds: Metal Science 17 (1983) 411-426.

(22) O. Vöhringer: In "Grundlagen der technischen Wärmebehandlung von Stahl" (herausgeg. von J. Grosch). Werkstofftechn. Verlagsgesellschaft, Karlsruhe, 1981, 75-98.

(23) E. Dorazil: Gießerei-Praxis (1979) Nr. 18, 355-366.

(24) B. Scholtes: Dr.-Ing. Dissertation, Universität Karlsruhe, 1980.

(25) M.R. James, A.W. Sleeswyk: Metallurg. Trans. 10A (1979) 407-412.

(26) D. Löhe: Dr.-Ing. Dissertation, Universität Karlsruhe, 1980.

(27) H. Müller, O. Vöhringer: Härterei-Techn. Mitt. 41 (1986) 340-346.

(28) J. Gil-Sevillano, P. van Houtte, E. Aernoudt: Prog. Mater. Sci. 25 (1980) 69-412.

(29) S.S. Hecker, M.G. Stout: In "Deformation, Processing and Structure (ed. by G. Krauss). ASM, Metals Park, 1984, p. 1-46.

(30) C. Tome, G.R. Canova, U.F. Kocks, N. Christodoulou, J.J. Jonas: Acta Met. 32 (1984) 1637-1653.

(31) J.P. Hirth, M. Cohen: Metallurg. Trans. 1 (1970) 3-8.

(32) R.H. Richman, R.W. Landgraf: Metallurg. Trans. 6A (1975) 955-964.

(33) D. Löhe, O. Vöhringer, E. Macherauch: Gießerei-Forschg. 38 (1986) 21-31

(34) M. Ros, A. Eichinger: EMPA-Bericht Nr. 172, Zürich 1949.

(35) E. Macherauch, H. Müller: Der Maschinenschaden 56 (1983) 86-98.

(36) M.F. Ashby, C. Gandhi, D.M.R. Taplin: Acta Met. 27 (1979) 699-729 und 1565-1602.

(37) S.H. Goods, L.M. Brown: Acta Met. 27 (1979) 1-15.

(38) G. LeRoy, J.D. Embury, G. Edwards, M.F. Ashby: Acta Met. 29 (1981) 1509-1522.

(39) D.Teirlinck, M.F. Ashby, J.D. Embury: In "Advances in Fracture Research (ICF 6)" (ed. by S.R. Valluri). Pergamon Press, New York, 1985, Vol. 1, p. 105-125.

(40) J.D. Embury: Metallurg. Trans. 16A (1985) 2191-2200.

(41) J.R. Fisher, J. Gurland: Metal Science 15 (1981) 185-202.

(42) W. Lorrek: Dissertation Techn. Universität Clausthal, 1972.

(43) D.A. Curry: Metal Science 14 (1980) 319-326.

(44) J.F. Knott: In "Advances in Fracture Research (ICF 6)" (ed. by S.R. Valluri). Pergamon Press, New York, 1985, Vol. 1, p. 83-103.

(45) J.R. Rice, M.A. Tracey: J. Mech. Phys. Solids 17 (1969) 201-217.

(46) J.W. Hancock, M.J. Cowling: Metal Science 14 (1980) 293-304.

(47) J.W. Hancock, A.C. Mackenzie: J. Mech. Phys. Solids 24 (1976) 147-169.

(48) M.F. Ashby, J.D. Embury, S.H. Cooksley, D. Teirlinck: Scripta Met. 19 (1985) 385-390.

Neuere Ergebnisse der Ermüdungsforschung mit praktischer Relevanz - Grundlagenaspekte der Wechselverformung

H. Mughrabi, Institut für Werkstoffwissenschaften, Lehrstuhl für Allgemeine Werkstoffeigenschaften, Universität Erlangen-Nürnberg, D-8520 Erlangen

1. Einleitung

Die "Ermüdung" von Werkstoffen unter schwingender Beanspruchung ist eines der Materialprobleme, deren Erforschung sowohl unter dem Gesichtspunkt der praktischen Relevanz als auch aus der Sicht der Grundlagenforschung große Bedeutung zukommt. Während sich die früheren Untersuchungen bis Anfang der fünfziger Jahre vorwiegend auf die Erstellung von Lebensdauerdaten (Wöhler-Kurve) beschränkten, so sind die Untersuchungen der letzten 30 Jahre durch eine wesentlich größere Breite gekennzeichnet, die die ursprüngliche ingenieurmäßige Vorgehensweise einschließt und sich bis zu stark werkstoffkundlich orientierten Untersuchungen der Grundlagen der Materialermüdung erstreckt.

Im vorliegenden Beitrag sollen anhand neuerer Untersuchungen einige Aspekte der werkstoffkundlichen Erforschung der Grundlagen der Materialermüdung dargelegt werden. Die ausgewählten Themen betreffen insbesondere Fragen der experimentellen Verfahren bei der Durchführung von Ermüdungsversuchen im Labor, mikrostrukturelle Betrachtungen und Versuche zum zyklischen Spannungs-Dehnungs-Verhalten (ZSD) und zur Analyse der Form der Hysteresekurve.

2. Ermüdungsversuche bei geregelter plastischer Dehnung und konstanter plastischer Dehngeschwindigkeit

Im Laborversuch wird die zyklische Belastung meist mit konstanter Beanspruchungsamplitude, das heißt mit konstanter Amplitude der Last (Spannung), der Gesamtdehnung oder aber der plastischen Dehnung durchgeführt. Seit der Entdeckung des Manson-Coffin Gesetzes (1,2), das erstmals einen direkten Zusammenhang der (axialen) plastischen Dehnungsamplitude mit der Bruchlastspielzahl herstellte, haben sich Versuche bei konstanter plastischer Dehnungsamplitude $\Delta\varepsilon_{pl}/2$ ($\Delta\varepsilon_{pl}$: plastische Dehnungsschwingbreite, Breite der Hysteresekurve bei der Spannung Null) immer mehr durchgesetzt. Solche Versuche werden üblicherweise in Prüfmaschinen mit geschlossenem Regelkreis (closed loop) durchgeführt. Der zeitliche Belastungsablauf wird durch ein Sollwertsignal vorgegeben. Bei Versuchen mit $\Delta\varepsilon_{pl}$ = const. wird üblicherweise das Istwertsignal der (totalen) Gesamtdehnung ε_t als Rückführsignal dem Soll-Istwert-Vergleich zugeführt und die plastische Dehnung ε_{pl} über einen Grenzwertgeber begrenzt. Das heißt, der Versuch erfolgt in Gesamtdehnungsregelung. Die sich daraus ergebenden Folgerungen für die zeitliche Änderung der plastischen Dehnung, $\dot{\varepsilon}_{pl}$, sollen im folgenden erläutert werden. Diese Betrachtungen sind insbesondere bei Werkstoffen mit stark geschwindigkeitsempfindlichem mechanischem Verhalten, wie vor allem den kubischraumzentrierten (krz) Metallen, von Bedeutung.

Die Größe ε_t setzt sich aus ε_{pl} und der elastischen Dehnung ε_{el} zusammen:

$$\varepsilon_t = \varepsilon_{el} + \varepsilon_{pl} \qquad (1a)$$

Ersetzt man die elastische Dehnung ε_{el} durch σ/E (σ: axiale Spannung, E: Elastizitätsmodul), so gilt für die plastische Dehnung:

$$\varepsilon_{pl} = \varepsilon_t - \sigma/E \qquad (1b)$$

und für die plastische Dehnungsgeschwindigkeit:

$$\dot{\varepsilon}_{pl} = \dot{\varepsilon}_t - \dot{\sigma}/E, \qquad (2a)$$

beziehungsweise, wegen $\dot{\sigma} = \dfrac{d\sigma}{d\varepsilon_{pl}} \cdot \dot{\varepsilon}_{pl}$:

$$\dot{\varepsilon}_{pl} = \dot{\varepsilon}_t E \Big/ \left(E + \dfrac{d\sigma}{d\varepsilon_{pl}}\right). \qquad (2b)$$

Wird nun im einfachsten Fall über eine symmetrische Dreiecksform des Sollwertsignals $\dot{\varepsilon}_t$ = const. vorgegeben, so ist aufgrund von Gl. (2b) sofort ersichtlich, daß $\dot{\varepsilon}_{pl}$ zeitlich nicht konstant ist. Der Grund liegt in dem nichtlinearen Zusammenhang $\sigma = \sigma(\varepsilon_{pl})$. Im Grenzfall $\varepsilon_{pl} \to 0$ gilt $d\sigma/d\varepsilon_{pl} \to \infty$ und $\dot{\varepsilon}_{pl} \to 0$, wohingegen bei großen ε_{pl} die plastische Dehngeschwindigkeit $\dot{\varepsilon}_{pl}$ sich asymptotisch $\dot{\varepsilon}_t$ annähert, da $d\sigma/d\varepsilon_{pl} \ll E$ für $\varepsilon_{pl} \gg \varepsilon_{el}$.

Ein Beispiel für dieses Verhalten zeigt der Aufschrieb eines Wechselverformungsversuches an einer Reinsteisenprobe, die bei Raumtemperatur gesamtdehnungsgeregelt bei $\Delta\varepsilon_{pl} = 1,8\cdot 10^{-3}$ bis in die zyklische Sättigung wechselverformt wurde (Bild 1a). Das der Totaldehnung ε_t entsprechende Signal gibt das zeitlich lineare Sollwertsignal präzise wieder, wohingegen die plastische Dehnung ε_{pl} den durch Gl. (2b) gegebenen zeitlich nichtlinearen Verlauf zeigt.

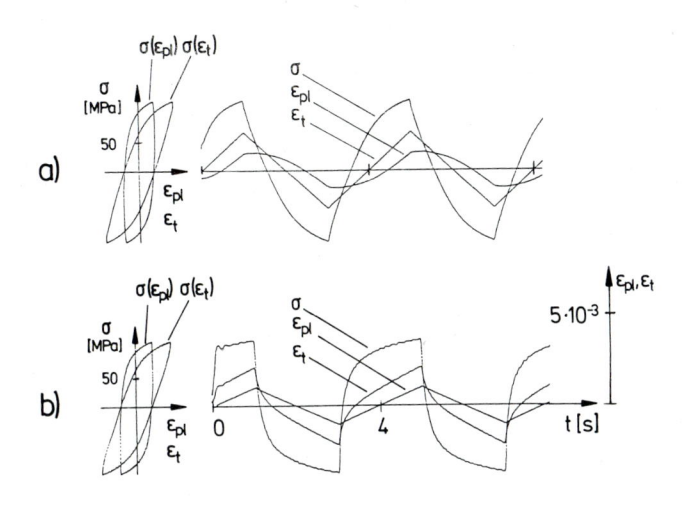

Bild 1: Vergleich der Hysteresekurven und der zeitlichen Verläufe von ε_t, ε_{pl} und σ einer bei Raumtemperatur wechselverformten α-Eisenprobe.
a) geregelte Gesamtdehnung ε_t; $\Delta\varepsilon_{pl}$ = const. und $\dot{\varepsilon}_t$ = const.
b) geregelte plastische Dehnung ε_{pl}; $\Delta\varepsilon_{pl}$ = const., $\dot{\varepsilon}_{pl}$ = const.

Von einem grundsätzlichen Standpunkt aus und im Hinblick auf eine metallphysikalische Beschreibung der Wechselverformung wäre es zweckmäßig und wünschenswert, Versuche bei $\Delta\varepsilon_{pl}$ = const. durchzuführen, in denen $\dot{\varepsilon}_{pl}$ zeitlich konstant ist. Bei vorgegebenem $\Delta\varepsilon_{pl}$ und bei einer Frequenz ν ist dann $\dot{\varepsilon}_{pl}$ durch

$$\dot{\varepsilon}_{pl} = 2\Delta\varepsilon_{pl}\cdot\nu \qquad (3)$$

gegeben. Eine solche Versuchsführung wäre insbesondere bei krz Werkstoffen wie α-Eisen, die ein stark geschwindigkeitsabhängiges Verformungsverhalten aufweisen, anzustreben. Im Prinzip kann diese Versuchsführung dadurch realisiert werden, daß der Versuch in plastischer Dehnungsregelung anstelle der Totaldehnungsregelung gefahren wird. In diesem Fall wäre das Gl. (1b) entsprechende Istwertsignal der plastischen Dehnung als Rückführsignal für den Soll-Istwert-Vergleich zu verwenden. Ein grundsätzliches Problem, das gegen diese Versuchsführung spricht, ist jedoch, daß der elastische Bereich (unendlich) schnell durchfahren werden muß, da hier $d\sigma/d\varepsilon_{pl} \rightarrow \infty$. Anders ausgedrückt bedeutet dies, daß bereits eine kleine Regelabweichung der plastischen Dehnung eine sehr große (unendliche) Änderung der Spannung und somit ein instabiles Regelverhalten bewirkt. Aus diesem Grunde wird die Regelung der plastischen Dehnung allgemein als nicht durchführbar betrachtet und in der Regel nicht praktiziert. In der Praxis erweist sich jedoch, daß zwar Regelschwingungen auftreten, daß diese jedoch nicht zwangsläufig zu einem instabilen Verhalten führen müssen. Aufgrund dieser Erfahrung hat der Verfasser mit seinen Mitarbeitern in der Vergangenheit die plastische Dehnungsregelung konsequent angewandt (3-5).

Die Ergebnisse eines entsprechenden Versuches an derselben Reinsteisenprobe, an der die bereits in Bild 1a dargestellten Messungen durchgeführt wurden, zeigt Bild 1b. Zunächst wurde die Probe in plastischer Dehnungsregelung unter Beibehaltung der in Abb. 1a verwendeten Werte $\Delta\varepsilon_{pl} = 1,8 \cdot 10^{-3}$ und $\nu = 0,25 Hz$ wechselverformt bis erneut Sättigung eingetreten war. Danach wurden die in Abb. 1b gezeigten Verläufe von σ, ε_t und ε_{pl} registriert. Die zuvor erwähnten Regelschwingungen machen sich deutlich im Signal der Spannung bemerkbar, ohne jedoch die Messung nennenswert zu beeinträchtigen. Der zeitliche Verlauf von ε_{pl} ist, wie erwünscht, linear und entspricht der Sollwertvorgabe. Vergleicht man die plastischen Dehngeschwindigkeiten $\dot{\varepsilon}_{pl}$ innerhalb eines Zyklus für die beiden in Abb. 1 dargestellten Versuche, so liegt bei Gesamtdehnungsregelung (Bild 1a) $\dot{\varepsilon}_{pl}$ am Anfang eines Halbzyklus unter- und am Ende eines Halbzyklus oberhalb des zeitlich konstanten Wertes von $\dot{\varepsilon}_{pl} = 0,9 \cdot 10^{-3} s^{-1}$, der sich bei plastischer Dehnungsregelung (Bild 1b) aus Gl. (3) ergibt. Eine Folge dieses in beiden Fällen unterschiedlichen Verhaltens ist, daß die Sättigungsspannung σ_s bei Gesamtdehnungsregelung ca. 7% größer als bei plastischer Dehnungsregelung ist. Dies ist vor allem auf eine Erhöhung der von $\dot{\varepsilon}_{pl}$ und der Temperatur T abhängenden thermischen (effektiven) Spannungskomponente $\sigma^*(\dot{\varepsilon}_{pl}, T)$ im Spannungsmaximum aufgrund der dort herrschenden höheren plastischen Dehngeschwindigkeit $\dot{\varepsilon}_{pl}$ zurückzuführen. Eine genauere Betrachtung, auf die hier verzichtet wird, müßte auch das Verhalten der athermischen Spannungskomponente σ_G einbeziehen, da (6)

$$\sigma = \sigma_G + \sigma^*(\dot{\varepsilon}_{pl}, T). \qquad (4)$$

Bei gegebener Dichte und Anordnung der Versetzungen liegt ein bestimmter Wert von σ_G vor und σ^* stellt sich gemäß $\dot{\varepsilon}_{pl}$ und T ein. Im Falle des kubisch raumzentrierten α-Eisens ist bekannt, daß sich bei Raumtemperatur und gegebenem $\Delta\varepsilon_{pl}$ eine umso höhere athermische Spannung σ_G einstellt, je niedriger $\dot{\varepsilon}_{pl}$ ist, da $\dot{\varepsilon}_{pl}$ sich unmittelbar auf die Versetzungsdichte und -anordnung auswirkt (4,5). Offensichtlich spielt dieser Effekt in dem in Bild 1 gezeigten Beispiel neben dem von σ^* herrührenden eine untergeordnete Rolle.

Bevor wir uns mit weiteren Möglichkeiten der Versuchsführung bei geregelter plastischer Dehnung mit $\Delta\varepsilon_{pl}$ = const. und $\dot{\varepsilon}_{pl}$ = const. beschäftigen, soll noch kurz auf den zeitlich sinusförmigen Belastungsverlauf im Falle geschwindigkeitsempfindlicher Werkstoffe eingegangen werden, da diese Belastungsart sowohl bei Spannungs- als auch bei Dehnungsregelung immer wieder Verwendung findet. Grundsätzlich ist bei geschwindigkeitsempfindlichem Werkstoffverhalten von dieser Versuchsform abzuraten, wenn es auf eine mikrostrukturelle Deutung ankommt. Der Grund liegt darin, sowohl die gesamte wie auch die plastische Dehngeschwindigkeit in der Nähe der Punkte der Spannungsumkehr allmählich auf Null abfallen. Ersteres bedingt eine Spannungsrelaxation, letzteres eine Abnahme der effektiven Spannung σ^*. Beide Effekte zusammen bewirken eine starke Abrundung der Spitzen der Hysteresekurve. Bild 2 zeigt ein Beispiel einer derart "deformierten" Hysteresekurve, wieder dargestellt anhand von Messungen an einer Reinsteisenprobe. Eine sinnvolle Auswertung eines derartigen Versuchs ist schwierig und in der Regel auch nicht sehr nützlich.

Die Versuchsführung der plastischen Dehnungsregelung mit $\Delta\varepsilon_{pl}$ = const. und $\dot{\varepsilon}_{pl}$ = const. bietet neben den geschilderten Vorzügen auch die Möglichkeit, $\dot{\varepsilon}_{pl}$-Wechsel in definierter Weise durchzuführen und die damit verbundenen Spannungssprünge auszuwerten, wie dies bei keiner anderen Versuchsform möglich wäre. Dadurch ist eine detaillierte Analyse der thermisch aktivierten Versetzungsbewegung bei zyklischer Beanspruchung möglich, die z.B. eine Ermittlung der Spannungskomponenten σ_G und σ^* sowie des Aktivierungsvolumens (5,7) gestattet. In Verbindung mit Temperaturwechseln können die für die thermisch aktivierte Versetzungsbewegung maßgeblichen Parameter wie z.B. die Aktivierungsenthalpie oder aber auch, bei Vorliegen einer geeigneten Theorie, alle weiteren relevanten mikroskopischen Größen ermittelt werden (7).

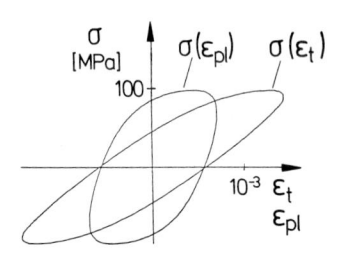

Bild 2: Hysteresekurve einer bei Raumtemperatur in Gesamtdehnungsregelung mit sinusförmigem Sollwertverlauf wechselverformten α-Eisenprobe ($\Delta\varepsilon_{pl} = 1{,}45 \cdot 10^{-3}$).

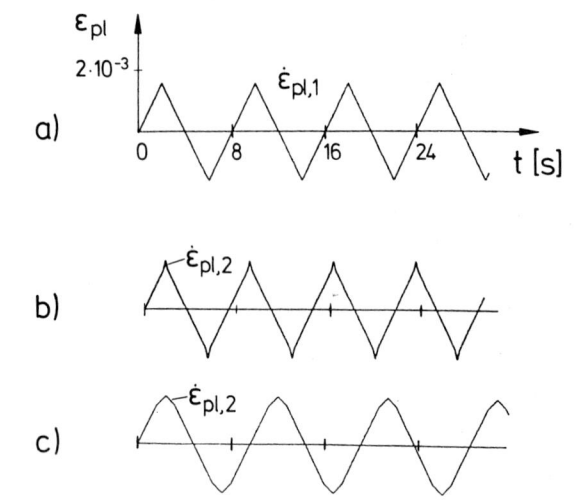

Bild 3: Zeitlicher Verlauf der plastischen Dehnung $\varepsilon_{pl}(t)$ bei Wechselverformung in plastischer Dehnungsregelung ($\Delta\varepsilon_{pl}$ = const.).
a) Grundgeschwindigkeit $\dot{\varepsilon}_{pl,1}$.
b) Geschwindigkeitswechsel von $\dot{\varepsilon}_{pl,1}$ zu $\dot{\varepsilon}_{pl,2} > \dot{\varepsilon}_{pl,1}$.
c) Geschwindigkeitswechsel von $\dot{\varepsilon}_{pl,1}$ zu $\dot{\varepsilon}_{pl,2} < \dot{\varepsilon}_{pl,1}$.

Im einfachsten Fall wird bei $\dot{\varepsilon}_{pl}$-Wechseln ein Zyklus mit veränderter Frequenz bei unverändertem $\Delta\varepsilon_{pl}$ zwischen die Zyklen mit der Grundfrequenz bzw. Grunddehngeschwindigkeit $\dot{\varepsilon}_{pl,1}$ geschaltet. Zweckmäßiger ist es jedoch, den Ge-

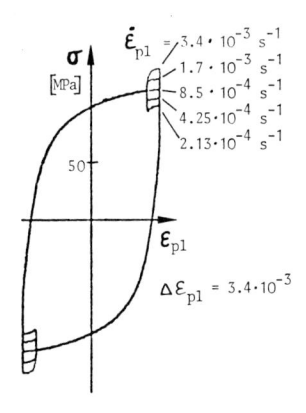

Bild 4: Hysteresekurven mit $\dot{\varepsilon}_{pl}$-Wechsel einer in plastischer Dehnungsregelung bei Raumtemperatur bei der Grundgeschwindigkeit $\dot{\varepsilon}_{pl} = 8,5 \cdot 10^{-4} s^{-1}$ bei $\Delta\varepsilon_{pl} = 3,4 \cdot 10^{-3}$ bis in die Sättigung wechselverformten α-Eisenprobe.

schwindigkeitswechsel nur in einem kleinen Dehnungsintervall in der Nähe der Spitzenspannung durchführen, um die erwähnte Modifikation der Versetzungsdichte und -anordnung durch die Veränderung von $\dot{\varepsilon}_{pl}$ so klein wie möglich zu halten. Um solche $\dot{\varepsilon}_{pl}$-Wechsel bei "konstanter Mikrostruktur" durchzuführen, muß über ein entsprechendes Sollwertsignal ein zeitlicher Verlauf von ε_{pl}, wie in Bild 3 gezeigt, durch plastische Dehnungsregelung angestrebt werden. Bild 3a zeigt den $\varepsilon_{pl}(t)$-Verlauf bei der Grundgeschwindigkeit $\dot{\varepsilon}_{pl,1}$. Die entsprechenden $\varepsilon_{pl}(t)$-Verläufe bei Geschwindigkeitswechseln zu höheren bzw. niedrigeren $\dot{\varepsilon}_{pl,2}$ zeigen die Bilder 3b und 3c.

Einen Eindruck von der Größe der Spannungssprünge, die als Antwort des Werkstoffes auf die $\dot{\varepsilon}_{pl}$-Wechsel registriert werden, vermittelt Bild 4. Hier ist die Hysteresekurve einer α-Eisenprobe, die bei einer Grundgeschwindigkeit $\dot{\varepsilon}_{pl} = 8,5 \cdot 10^{-4} s^{-1}$ bei $\Delta\varepsilon_{pl} = 3,4 \cdot 10^{-3}$ in plastischer Dehnungsregelung bis in die Sättigung wechselverformt und dann $\dot{\varepsilon}_{pl}$-Wechseln unterworfen wurde, dargestellt. Dabei wurde $\dot{\varepsilon}_{pl}$ jeweils um einen Faktor 2 bzw. 4 erhöht oder erniedrigt. Die höchste plastische Dehngeschwindigkeit ist also einen Faktor 16 größer als die niedrigste, der dazu gehörende Spannungssprung entspricht ca. 30%.

Wegen einer metallphysikalischen Auswertung und Deutung sei auf (7) verwiesen. Hier soll lediglich festgehalten werden, daß in Anbetracht der Größe der Effekte bei Versuchen an Werkstoffen mit geschwindigkeitsempfindlichem mechanischen Verhalten die hier geschilderte definierte Versuchsführung ($\Delta\varepsilon_{pl}$ = const., $\dot{\varepsilon}_{pl}$ = const.) angestrebt werden sollte.

3. Versuche zum zyklischen Spannungs-Dehnungs-Verhalten

3.1 Über die zyklische Spannungs-Dehnungskurve und die Gestalt der Hysteresekurve

Die ZSD-Kurve $\sigma_s = \sigma_s(\Delta\varepsilon_{pl}/2)$ beschreibt den Zusammenhang zwischen der Sättigungsspannung σ_s und der plastischen Dehnungsschwingbreite $\Delta\varepsilon_{pl}$. Die Kenntnis der ZSD-Kurve ist von zentraler Bedeutung für die Beschreibung des Wechselverformungs-Verhaltens und ist z.B. bei der empirischen Lebensdauervoraussage (8) oder aber in der modellmäßigen Beschreibung der Rißausbreitung durch zyklische Verformung an der Rißspitze (9) eine wichtige Voraussetzung. Die experimentelle Bestimmung der ZSD-Kurve erfolgt üblicherweise in dehnungsgeregelten Einfach- bzw. Mehrfachamplitudenversuchen (8) oder aber im sogenannten Incremental-Step-Test-Verfahren (8,10). Darauf soll im nächsten Abschnitt näher eingegangen werden.

Im Zusammenhang mit der ZSD-Kurve spielt die Gestalt der mechanischen Hysteresekurve eine wichtige Rolle. Darin spiegelt sich die Art und Verteilung der Hindernisse, die von den Gleitversetzungen während eines Zyklus überwunden werden müssen, wieder. Meist liegt bei Verformung mit Spannungsumkehr kein eindeutiger Zusammenhang zwischen Spannung und Dehnung vor. Letzteres ist z.B. bei der Anwendung des J-Integrals auf die zyklische Beanspruchung eine notwendige Voraussetzung (11). Eine Ausnahme stellt das sogenannte Masing-Verhalten (12) dar. In diesem Fall ergibt sich der Spannungs-Dehnungs-Zusammenhang der Hysteresekurve nach Lastumkehr in einfacher Weise aus der Spannungs-Dehnungs-Kurve der einsinnigen Verformung, die ihrerseits mit der ZSD-Kurve identisch ist. Dabei entspricht die ZSD-Kurve der um einen Faktor 2 verkleinerten Hysteresekurve.

Man kann sich im Masing-Modell (12) leicht klar machen, daß Masing-Verhalten nur dann erwartet werden kann, wenn die Hindernisstruktur sich während eines

Zyklus nur unwesentlich ändert und von der plastischen Dehnungsamplitude näherungsweise unabhängig ist. Dies ist in der Regel, insbesondere bei Werkstoffen, die ausgeprägte zyklische Ver- bzw. Entfestigung zeigen, nicht der Fall. Insofern ist zu erwarten, daß die Gestalt der Hysteresekurve eines Werkstoffes bei gegebener plastischer Dehnungsamplitude eine Abhängigkeit von der mechanischen Vorgeschichte aufweist. Dasselbe gilt demnach auch für das ZSD-Verhalten.

Im folgenden sollen die hier skizzierten Gedanken anhand eines experimentellen Vergleiches der ZSD-Kurven, wie sie nach unterschiedlicher mechanischer Vorgeschichte einmal in Einfach- bzw. Mehrfachamplitudenversuchen und zum anderen im Incremental Step Test erhalten werden, überprüft und illustriert werden. Zur mikrostrukturellen Deutung dieser Untersuchungen werden die Ergebnisse der Analyse der Gestalt der Hysteresekurven sowie der Beobachtung der Versetzungsanordnungen mittels der Transmissions-Elektronenmikroskopie (TEM) hinzugezogen.

3.2 Vergleich des zyklischen Spannungs-Dehnungs-Verhaltens im Incremental Step Test und bei konstanter plastischer Dehnungsamplitude

Im Incremental Step Test wird eine einzige Probe einem Block von ca. 30 Zyklen unterworfen, innerhalb derer die Gesamtdehnungsamplitude zeitlich linear auf einen Maximalwert ansteigt und dann wieder abfällt (8,10). Es wurde berichtet, daß das ZSD-Verhalten innerhalb eines Blockes nach wenigen Blöcken stationär wird, daß sich der Incremental Step Test folglich als rasches Verfahren zur Bestimmung der ZSD-Kurve eignet und daß die so erhaltenen ZSD-Kurven gut übereinstimmen mit denen, die man aus einer größeren Anzahl von Versuchen bei jeweils konstanter plastischer Dehnungsamplitude erhält (10).

Mikrostrukturelle Überlegungen lassen es unwahrscheinlich erscheinen, daß diese Aussage allgemein gilt, da das ZSD-Verhalten selbst bei Metallen mit welliger Gleitung nur bei größeren plastischen Dehnungsamplituden von $\gtrsim 10^{-3}$ (13), nicht jedoch bei kleineren Amplituden unabhängig von der mechanischen Vorgeschichte ist (14). Es erscheint fraglich, ob die zyklische Entfestigung bei fallender Dehnungsamplitude im Incremental Step Test ausreicht, um die bei hohen Amplituden erzeugte Versetzungsverteilung wirksam abzubauen. Vielmehr muß davon ausgegangen werden, daß nach einigen Dehnungsblöcken die im wesentlichen bei höheren Amplituden aufgebaute Versetzungsanordnung nur noch geringfügige Veränderungen erfährt und dann das ZSD-Verhalten in einem Block bestimmt.

Im folgenden sollen die experimentellen Ergebnisse, die an vielkristallinem sauerstoffarmen Kupfer hoher Leitfähigkeit (99.99%, Korngröße ca. 40 μm) gewonnen wurden (15,16), dargestellt werden. Entsprechende Untersuchungen wurden auch an dem rostfreien Stahl X3CrNi18 9 durchgeführt (15,17). Untersuchungen an weiteren Werkstoffen unterschiedlichen Gleitverhaltens sind im Gange (18).

Der Incremental Step Test wurde entsprechend den Ausführungen in Abschnitt 2 dahingehend modifiziert, daß die Versuche bei geregelter plastischer Dehnungsamplitude und bei konstanter plastischer Dehngeschwindigkeit $\dot{\varepsilon}_{pl}$ durchgeführt wurden (15). Der dieser Versuchsführung entsprechende zeitliche Verlauf der plastischen Dehnung ε_{pl} ist in Bild 5 dargestellt. (Für die im folgenden beschriebenen Versuche an Kupfer ist diese Besonderheit der Versuchsführung nicht von großem Belang, da die mechanischen Eigenschaften von Kupfer nur eine geringe Geschwindigkeitsempfindlichkeit aufweisen).

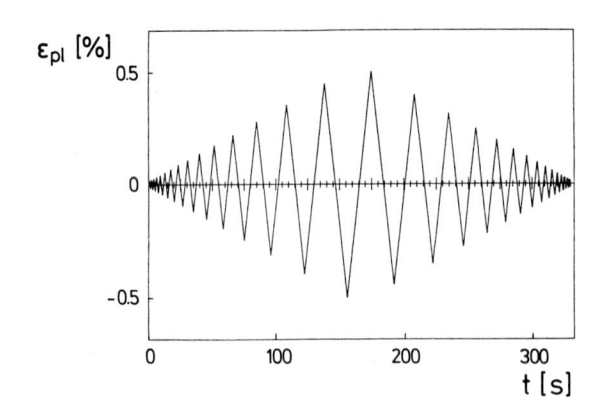

Bild 5: Zeitlicher Verlauf der plastischen Dehnung $\varepsilon_{pl}(t)$ im modifizierten Incremental Step Test (15).

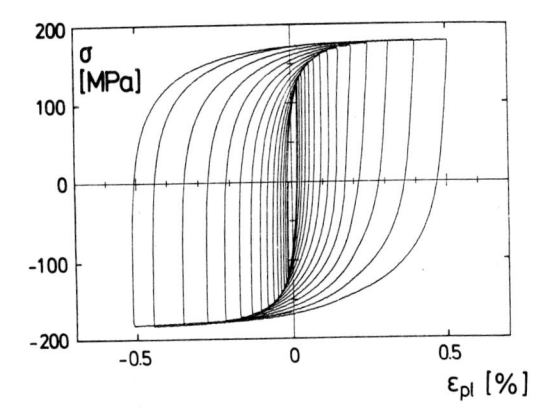

Bild 6: Zyklisches Spannungs-Dehnungsverhalten im Incremental Step Test. Kupfer, Raumtemperatur, 98. Block, fallende Amplitude (15).

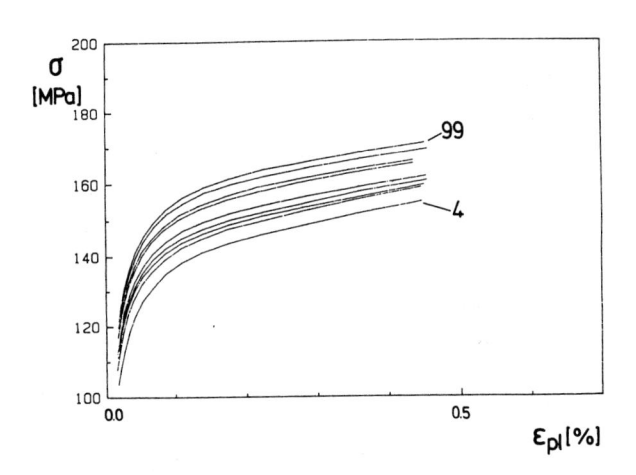

Bild 7: Abhängigkeit der Spitzenspannung σ (Mittelwert aus Zug-Druck-Daten) von ε_{pl} im Incremental Step Test. Die unterste Kurve entspricht dem 4. Block, die oberste dem 99. Block, dazwischen liegen die Kurven des 8., 16., 24., 33., 56., 64. und 83. Blockes (steigende Amplitude). Kupfer, Raumtemperatur (15).

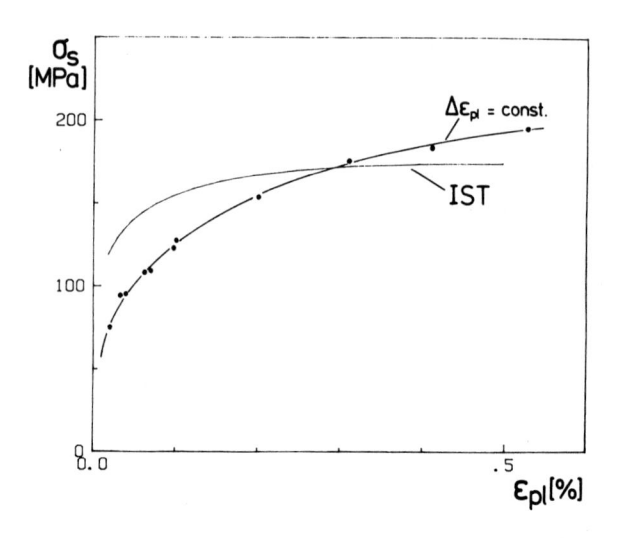

Bild 6 zeigt das ZSD-Verhalten, aufgenommen bei fallender plastischer Dehnungsamplitude im 98. Block. Die entsprechende ZSD-Kurve $\sigma_s = \sigma_s(\Delta\varepsilon_{pl}/2)$ erhält man einfach, indem man die Spitzen der Hysteresekurven verbindet. Einen Satz solcher Kurven $\sigma(\Delta\varepsilon_{pl}/2)$, die nach verschiedenen Blockzahlen erhalten wurden, zeigt Bild 7. Diese Auftragung macht deutlich, daß im vorliegenden Fall ein Sättigungsverhalten innerhalb eines Blockes allenfalls erst nach ca. 100 Blöcken vorliegt.

Bild 8: Vergleich der ZSD-Kurven aus Messungen in Einfach- und Mehrfachamplitudenversuchen ($\Delta\varepsilon_{pl}$ = const.) und im Incremental Step Test (IST). Kupfer, Raumtemperatur (15).

Zum Vergleich wurde die ZSD-Kurve auch anhand mehrerer Einfach- und Mehrfachamplitudenversuche bestimmt. Aus früheren Untersuchungen (19) ist bekannt, daß im Falle des Kupfers Einfach- und Mehrfachamplitudenversuche vergleichbare Ergebnisse liefern, wenn die Wechselverformung bei jeder Amplitude bis zu kumulativen plastischen Dehnungen von ca. 40 erfolgt. Die so erhaltene ZSD-Kurve für $\Delta\varepsilon_{pl}$ = const. ist in Bild 8 dargestellt. Zum Vergleich ist auch die entsprechende ZSD-Kurve aus dem Incremental Step Test (99. Block) aufgetragen. Es ist ersichtlich, daß die im Incremental Step Test ermittelte ZSD-Kurve in charakteristischer Weise von der der Konstant-Amplituden-Versuche abweicht: sie schneidet die letztere bei $\Delta\varepsilon_{pl}/2 \approx 3\cdot 10^{-3}$ und liegt oberhalb dieses Schnittpunktes bei niedrigeren und darunter bei höheren Spannungen. Dieses Ergebnis bestätigt die zuvor geäußerten Vermutungen und kann folgendermaßen gedeutet werden. Im Incremental Step Test bleibt die zyklische Verfestigung bei den höheren Amplituden gegenüber den Konstant-Amplituden-Versuchen zurück. Andererseits wird die im Incremental Step Test bei den höheren Amplituden erzeugte Versetzungsanordnung bei den niedrigen Amplituden nicht entsprechend abgebaut, sodaß im letzteren Fall die Spannung über der entsprechender Versuche bei konstanten niedrigen Dehnungsamplituden liegt.

Untersuchungen der Gestalt der Hysteresekurven fügen sich gut in dieses Bild ein. Hierzu wurde der Incremental Step Test bei verschiedenen plastischen Dehnungsamplituden unterbrochen und jeweils ein Zyklus bei der jeweiligen Amplitude erfaßt. Bringt man die so gewonnenen Hysteresekurven im Punkt minimaler (bzw. maximaler) Spannung zur Deckung, so ergibt sich das in Bild 9a gezeigte Ergebnis: die steigenden (bzw. fallenden) Äste der Hysteresekurven liegen auf einer gemeinsamen Kurve. Dieser Befund entspricht einem nahezu idealen Masing-Verhalten. Im Gegensatz hierzu zeigen die Hysteresekurven, die in den Einfach-Amplituden-Versuchen in der Sättigung bestimmt wurden, deutliche Abweichungen vom Masing-Verhalten (Abb. 9b). Das letztere Ergebnis ist in Übereinstimmung mit früheren Untersuchungen von Abdel Raouf und Mitarbeitern (20).

Die geschilderten Befunde weisen deutlich darauf hin, daß im Incremental Step Test das ZSD-Verhalten im wesentlichen durch eine Versetzungsanordnung bestimmt wird, die für die höheren Amplituden des Dehnungsblockes typisch ist und die sich innerhalb eines Blockes nur unwesentlich ändert. Im Gegensatz hierzu liegt bei Versuchen mit konstanter plastischer Dehnungsamplitude immer eine für die jeweilige Amplitude charakteristische Versetzungsanordnung vor (19). Diese Vorstellung wird durch entsprechende TEM-Untersuchungen bestätigt. Bild 10a zeigt die Versetzungsanordnung einer bei $\Delta\varepsilon_{pl} = 4\cdot 10^{-4}$ bis in die Sättigung ermüdeten Probe in einem Schnitt parallel zur Spannungsachse. Man erkennt die für bei niedrigen Amplituden ermüdeten kfz Metalle typischen Stufenversetzungsbündel (Adern) der sogenannten Matrixstruktur sowie ein sogenanntes persistentes Gleitband mit der Leiterstruktur, vgl. z.B. (19). Im Vergleich dazu zeigt Bild 10b die Versetzungsanordnung in einer Probe aus einem Incremental Step Test, der nach Erreichen der "Sättigung" bei $\Delta\varepsilon_{pl} = 4\cdot 10^{-4}$

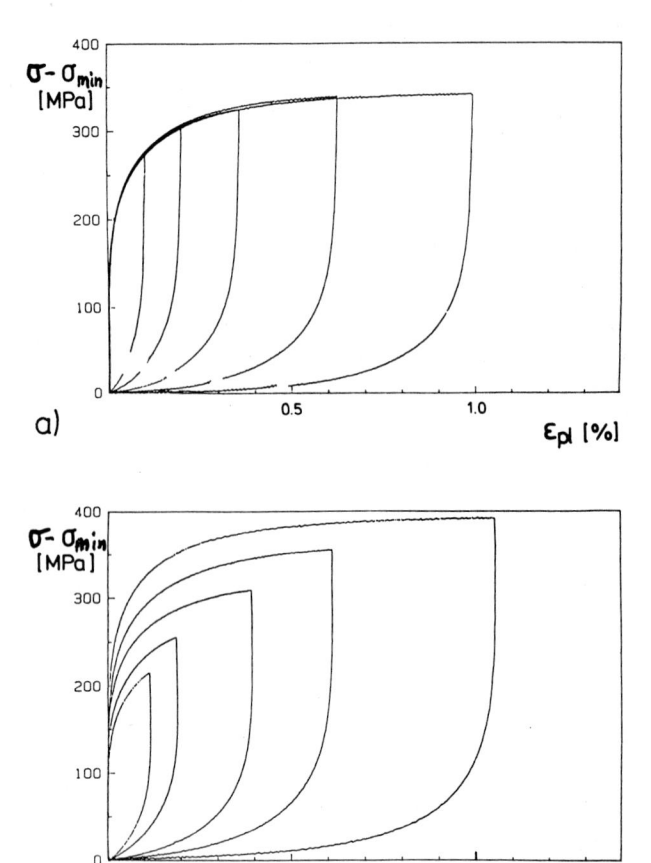

Bild 9: Analyse der Form der Hysteresekurve.
Kupfer, Raumtemperatur (15). σ_{min}: Spitzenspannung in Druck.
a) Incremental Step Test. Masing-Verhalten.
b) Einfach-Amplituden-Versuche. Kein Masing-Verhalten

unterbrochen wurde. Trotz der Tatsache, daß diese Probe zuletzt bei dieser niedrigen Amplitude ermüdet wurde, weist sie eine für hohe Amplituden charakteristische Versetzungszellstruktur auf. Diese Versetzungszellstruktur entspricht weitgehend der Versetzungsanordnung, die man nach Abbrechen des Incre-

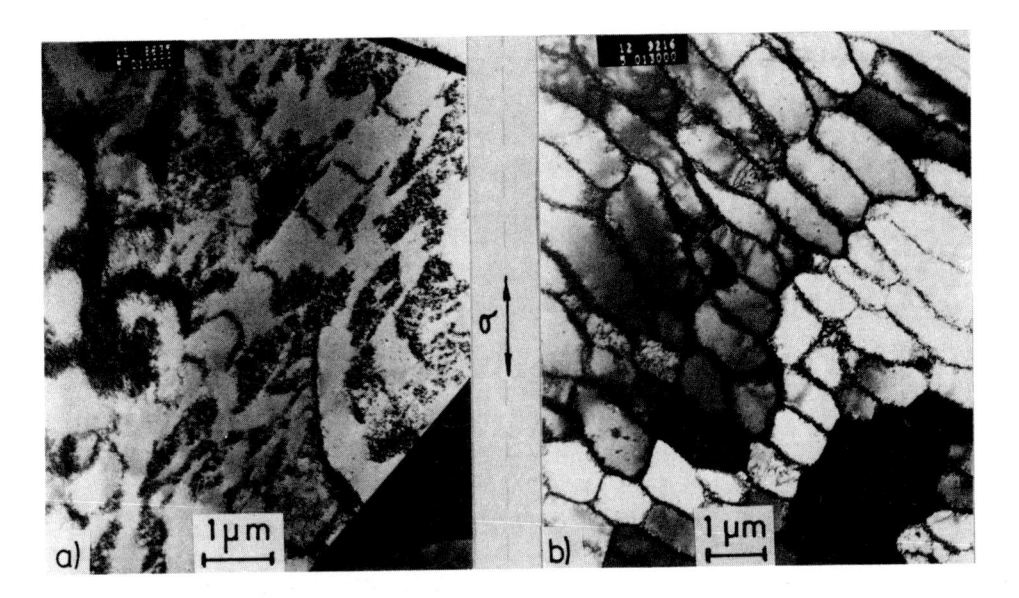

Bild 10: Versetzungsanordnungen in bei Raumtemperatur bis in die Sättigung wechselverformtem Kupfer (15).
a) Versetzungsdipolbündel (Matrix) und persistentes Gleitband nach Wechselverformung bei $\Delta\varepsilon_{pl} = 4 \cdot 10^{-4}$.
b) Versetzungszellstruktur nach Wechselverformung im Incremental Step Test und Abbruch des Versuches bei $\Delta\varepsilon_{pl} = 4 \cdot 10^{-4}$.

mental Step Tests bei der höchsten Amplitude ($\Delta\varepsilon_{pl} = 1\%$) findet und ist qualitativ sehr ähnlich zu der, die bei höheren $\Delta\varepsilon_{pl}$ in Versuchen bei konstanter Amplitude beobachtet wird.

Zusammenfassend lassen sich aus diesem Vergleich des ZSD-Verhaltens bei Versuchen bei konstanter plastischer Dehnungsamplitude und im Incremental Step Test folgende Schlüsse ziehen:

1) Im vorliegenden Fall hat sich der Incremental Step Test nicht als zeitsparendes Verfahren zur Bestimmung der ZSD-Kurve erwiesen, da ca. 100 Dehnungsblöcke erforderlich waren, bis eine "Sättigung" eintrat.

2) Die ZSD-Kurven, die im Incremental Step Test ermittelt werden, unterscheiden sich deutlich von denen, die man in Versuchen bei konstanter

plastischer Dehnungsamplitude erhält. Die beiden Arten der ZSD-Kurven charakterisieren unterschiedliche Mikrostrukturzustände, die zu verschiedenen Gestalten der Hysteresekurven Anlaß geben.

Bezüglich der Anwendbarkeit des Incremental Step Tests erscheint wesentlich, daß der obige Befund 2) an Kupfer (und auch an rostfreiem Stahl X3CrNi18 9 (15,17)) gefunden wurde, dessen ZSD-Verhalten wegen seines "welligen" Gleitverhaltens als weitgehend unabhängig von der mechanischen Vorgeschichte angesehen wird (13). Dies legt nahe, daß der Incremental Step Test nur im Falle von Werkstoffen, die keine nennenswerte zyklische Ver- oder Entfestigung zeigen, zu einer ähnlichen ZSD-Kurve führt wie man sie aus Versuchen bei konstanter plastischer Dehnungsamplitude erhält. Als weiteres Anwendungsgebiet des Incremental Step Tests sind sicherlich auch schwingende Beanspruchungen mit variierenden Amplituden (Zufallsbelastungen), deren Beträge denen des Amplitudenspektrums im Incremental Step Test entsprechen, anzusehen.

4. Abschließende Bemerkungen

Die Wahl geeigneter mechanischer Untersuchungsverfahren ist eine wichtige Voraussetzung für die experimentelle Erstellung verläßlicher und spezifischer Daten zum Ermüdungsverhalten der Werkstoffe. Im vorliegenden Beitrag sollte aufgezeigt werden, daß eine korrekte Bewertung der Untersuchungsverfahren werkstoffwissenschaftliche Kriterien unter Berücksichtigung der mikrostrukturellen Vorgänge einbeziehen sollte.

Danksagung

Herrn Dipl.-Ing. M. Bayerlein sei für die Überlassung der Bilder 5 bis 10 aus seiner Diplomarbeit (15), Herrn Dr. H.-J. Christ für die kritische Durchsicht des Manuskriptes und Frau W. Kränzlein für die sorgfältige Anfertigung der photographierfähigen Manuskriptvorlage gedankt.

Literatur:

(1) L.F. Coffin: Trans. ASME 76 (1954) 923.
(2) S.S. Manson: Nat. Advis. Comm. Aero., 1954, Technical Note 2933.
(3) H. Mughrabi: Z. Metallkde. 66 (1975) 719.
(4) H. Mughrabi, K. Herz und X. Stark: Acta metall. 24 (1976) 659.
(5) H. Mughrabi, K. Herz und X. Stark: Int. J. Fract. 17 (1981) 193.
(6) A. Seeger: Phil. Mag. 45 (1954) 771.
(7) F. Ackermann, H. Mughrabi und A. Seeger: Acta metall. 31 (1983) 1353.
(8) JoDean Morrow: Internal Friction, Damping and Cyclic Plasticity, ASTM STP 378, American Society for Testing and Materials, Philadelphia, 1965, S. 45.
(9) B. Tomkins: Phil. Mag. 18 (1968) 1041.
(10) R.W. Landgraf, JoDean Morrow und T. Endo: J. Mater. JMLSA 4 (1969) 176.
(11) C. Wüthrich: Int. J. Fract. 20 (1982) R 35.
(12) G. Masing: Wissenschaftl. Veröffentl. aus dem Siemens-Konzern 3 (1923) 231.
(13) C.E. Feltner und C. Laird: Acta metall. 15 (1967) 1621 und 1633.
(14) P. Lukáš und M. Klesnil: Mat. Sci. Eng. 11 (1973) 345.
(15) M. Bayerlein: Diplomarbeit, Universität Erlangen-Nürnberg, 1986.
(16) H. Mughrabi, M. Bayerlein und H.-J. Christ: erscheint in Proc. of 8th Risø Int. Symp. on Metallurgy and Materials Science, Roskilde, Dänemark, 1987.
(17) M. Bayerlein, H.-J. Christ und H. Mughrabi: erscheint in Proc. of 2nd Int. Conf. on Low Cycle Fatigue and Elasto-Plastic Behaviour of Materials, Applied Science Publ., 1987.
(18) L. Völkl: Diplomarbeit, Universität Erlangen-Nürnberg, 1987.
(19) H. Mughrabi und R. Wang: Proc. of 2nd Risø Int. Symp. on Metallurgy and Materials Science: Deformation of Polycrystals, herausgegeben von N. Hansen, A. Horsewell, T. Leffers und H. Lilholt, Roskilde, Dänemark, 1981, S. 87.
(20) H. Abdel Raouf, T.H. Topper und A. Plumtree: Proc. of 4th Int. Conf. on Fracture, Waterloo, Kanada, herausgegeben von D.M.R. Taplin, Vol. 2, Pergamon Press, 1977, S. 1207.

Fertigungseinflüsse

P. Mayr, Institut für Werkstofftechnik, Bremen-Lesum.

Der Nachweis, daß grundlagenorientierte Ermüdungsforschung eine große praktische Relevanz besitzen kann, läßt sich eindrücklich anhand von Ergebnissen belegen, bei denen die Auswirkung von Fertigungseinflüssen auf die Schwingfestigkeit erfaßt wurde. Da durch den Fertigungsprozeß in der Randzone von Bauteilen neben komplexen Verformungsvorgängen in der Regel auch Änderungen in der Oberflächentopographie hervorgerufen werden, sind lebensdauerorientierte Wöhlerversuche nicht hinreichend, Fertigungseinflüsse auf das Schwingfestigkeitsverhalten zu erfassen. Nur durch gezielte Untersuchung des zyklischen Verformungsverhaltens in der anrißfreien Phase, der Erfassung des Anrißortes sowie der Mechanismen der Rißbildung und des Rißausbreitungsverhaltens vorrangig bei kleinen Rißlängen ist es möglich, den Einfluß von Fertigungsprozessen auf das Schwingfestigkeitsverhalten zu erfassen und ggf. daraus Strategien für eine Änderung des Prozeßablaufs zu entwickeln. Diese Betrachtungsweise wird experimentell an zwei Beispielen aufgezeigt:

a) am Beispiel pendel- und tiefgeschliffener Bauteile

b) am Beispiel nitrocarburierter und nachfolgend festgewalzter Stahlproben.

a) Pendel- und tiefgeschliffene Bauteile

Beim Schleifen von Bauteilen treten in der Werkstückrandzone infolge einer komplizierten Wechselwirkung von thermischen und mechanischen Vorgängen unterschiedliche Eigenspannungszustände auf, die das Ermüdungsverhalten in der anrißfreien Phase und in der Phase der Rißbildung verändern. Es wird gezeigt, daß abhängig von der Werkstoffestigkeit im Bereich kleiner Zustellungen die thermisch induzierten Veränderungen der Randzone überwiegen, während bei großen Zustellungen, wie sie typisch für den Prozeß des Tiefschleifens sind, verformungsbedingte Ver- und Entfestigungsvorgänge für die Schwingfestigkeitsunterschiede maßgebend sind.
Das Tiefschleifen hat sich in den letzten 20 Jahren, als Alternative zum herkömmlichen Pendelschleifen, zu einem wichtigen Verfahren der industriellen Produktion entwickelt (1 - 6). Es ist dadurch gekennzeichnet, daß die Zustellung a je Hub oder Werkstückumdrehung 1.000 bis 10.000 mal größer ist als beim Pendelschleifen und daß die Werkstückgeschwindigkeit v_w um etwa den gleichen Faktor geringer ist (Bild 1). Damit ist es möglich, Nuten und Profile mit Tiefen bis zu 50 mm in einem Durchgang zu fertigen, was - insbesondere durch den Wegfall der zeitraubenden Pendelbewegung - zu einer deutlichen Reduzierung der Schleifbearbeitungszeiten führt. Die Arbeitsbereiche des Pendel- und Tiefschleifens lassen sich in einem doppeltlogarithmischen Diagramm darstellen (Bild 2). Neben Wirtschaftlichkeitskriterien beim Bearbeitungsprozeß spielen die Funktionseigenschaften der gefertigten Bauteile jedoch eine ebenso wichtige Rolle.
Für die Bewertung des Schwingfestigkeitsverhaltens von Metallen ist die Erkenntnis, daß das Versagen eines Bauteils unter schwingender Beanspruchung das Auftreten von plastischen Verformungen über hinreichend viele Lastwechsel voraussetzt, von zentraler Bedeutung (7 - 9). Der Betrag der plastischen Dehnung pro

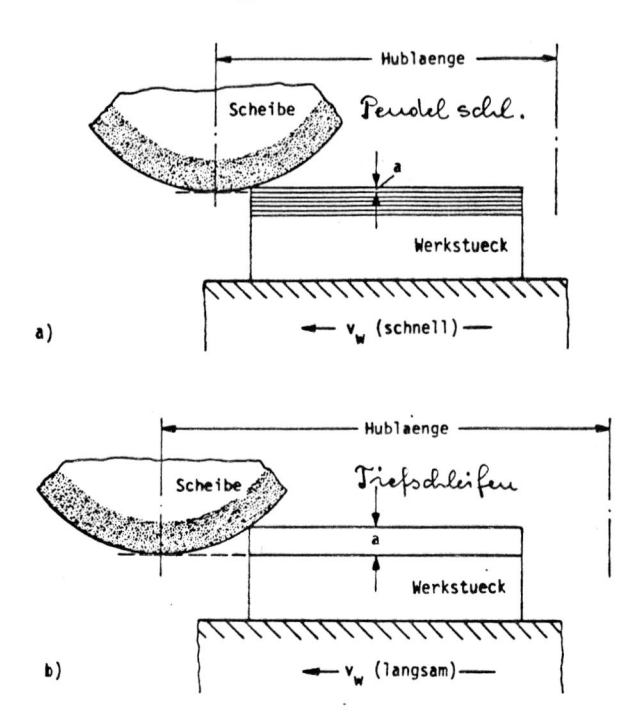

Bild 1: Geometrische und kinematische Bedingungen beim (a) Pendel- und (b) Tiefschleifen (aus (4))

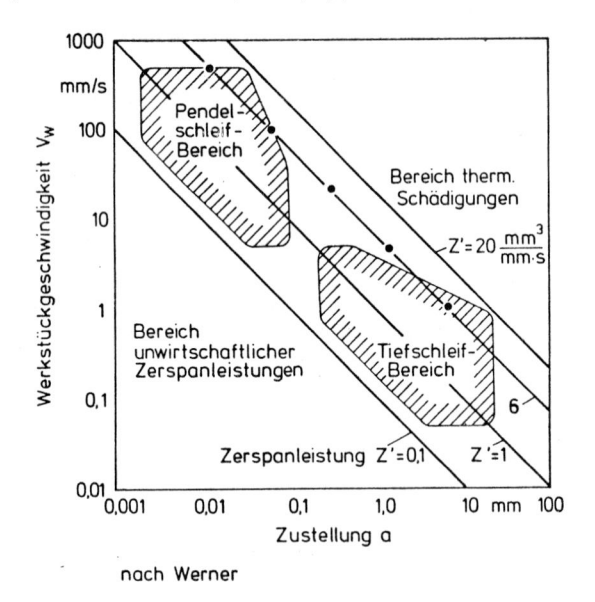

nach Werner

Bild 2: Praxisrelevante Arbeitsbereiche beim Flachschleifen (aus (4))

Lastwechsel kann dabei, insbesondere bei Eisenwerkstoffen, im Bereich der Mikroverformungen liegen. Diese können auftreten, wenn die dem Werkstoff aufgeprägte Spannung kleiner als seine im Zugversuch beobachtete makroskopische Streckgrenze ist.
Ein dem vorgenannten Ergebnis gleichbedeutender Befund ist die Beobachtung, daß das Versagen unter schwingender Beanspruchung nicht auf einen einzelnen Ermüdungsprozeß zurückgeht, sondern auf das Zusammenwirken von 3 zeitlich aneinander anschließenden Teilprozessen (Bild 3).

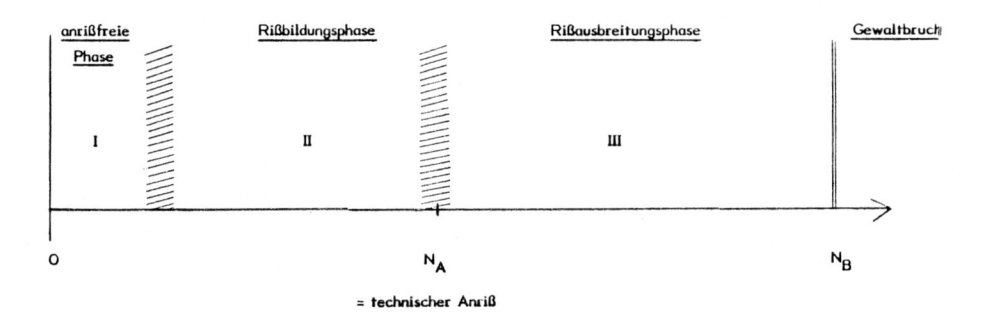

```
| anrißfreie | Rißbildungsphase | Rißausbreitungsphase | Gewaltbruch |
|   Phase    |                  |                      |             |
|     I      |        II        |         III          |             |
0                              $N_A$                              $N_B$
                        = technischer Anriß
```

Bild 3: Ablauf des Ermüdungsprozesses

Es gilt heute als gesichert, daß im ersten Teilstadium der Ermüdung, d.h. vom ersten Lastwechsel an, im gesamten Werkstoffvolumen oder in Teilbereichen strukturmechanische Veränderungen stattfinden, die zu einer Veränderung der mechanischen Werkstoffeigenschaften führen. In einem daran kontinuierlich anschließenden 2. Teilstadium beginnen sich bevorzugt in oberflächennahen Bereichen Anrisse auszubilden. Die einzelnen Anrisse, die im Rißbildungsstadium entstanden sind, beginnen bei fortgesetzter Schwingbeanspruchung zu wachsen. Dieses Wachstum unterliegt nun aber dem lokal am Anrißort vorliegenden Spannungs- und Werkstoffzustand, so daß die Wachstumsbedingungen der einzelnen Anrisse sich stark voneinander unterscheiden und schließlich meist nur ein Anriß wachstumsfähig bleibt. Die Ausbreitung dieses Ermüdungsrisses ordnet man dem 3. Teilstadium zu. Ist der Ermüdungsriß soweit fortgeschritten, daß die im Restquerschnitt während einer Zughalbperiode auftretende Spannung größer als die Zugfestigkeit des Werkstoffs ist, so tritt Gewaltbruch ein. Demzufolge stellt sich die Frage nach der Auswirkung der Fertigungseinflüsse auf die Werkstückrandzone bzw. die Schwingfestigkeit des kompletten Bauteils sowie die Frage nach der Zuordnung der Prozeßeinflußgrößen auf die einzelnen Ermüdungsstadien. In Bild 4 ist dies schematisch aufgeführt.
Im folgenden wird über Ergebnisse einer Untersuchung zum Einfluß der Fertigung auf die Bauteilrandzone berichtet, die gemeinsam mit dem Fachgebiet Fertigungsverfahren und Werkzeugmaschinen der Universität Bremen (Prof. Dr.-Ing. G. Werner) erarbeitet wurden. Als Versuchswerkstoff diente 42 CrMo 4 in verschiedenen Wärmebehandlungszuständen (sh. Tabelle 1).

Spanende Verformung

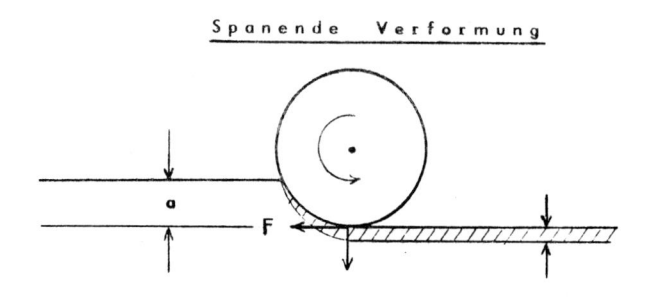

Prozeßeinflußgrößen	Auswirkung auf die Bauteilrandschicht	Auswirkung auf Ermüdungsbereiche
Werkzeugtopographie	Oberflächentopographie	II
Zeitspanvolumen	Oberflächentopographie Verformungszustand der Randzone Dicke des verformten Randschichtbereichs Eigenspannungszustand und -tiefenverlauf Werkstoffzustand	I, II, (III)
Kühlung	Eigenspannungszustand Werkstoffzustand	I, II, (III)

Bild 4: Auswirkungen der spanenden Bearbeitung "Schleifen" auf die Bauteilrandschicht und die einzelnen Ermüdungsstadien

Nr.	Austeniti.-sierungstemp. T_a (°C)	Abkühl-bedingung	Anlaß-temp. T_a (°C)	Härte HRC
1	850	Öl, 60°C	590	34
2	850	Öl, 60°C	—	58
3	850	Ofenabkühl.	—	20
4	850	Öl, 60°C	450	44

Tabelle 1: Wärmebehandlung und Härte

Für die Schleifversuche stand ein Tiefschleifautomat zur Verfügung, mit dem auch die beim Pendelschleifen erforderlichen hohen Tischgeschwindigkeiten realisiert werden konnten. Die wichtigsten Versuchsparameter des Schleifprozesses sind in Tabelle 2 zusammengestellt, die Abmessungen der Wechselbiegeproben, die nur im mittleren Bereich senkrecht zur Längsachse überschliffen wurden, sind Bild 5 zu entnehmen.

• Werkstückstoff	: 42 CrMo 4 in verschiedenen Festigkeitsstufen
• Schleifscheibenspezifikation	: EK 46/60 F/G 11 Ke
• Schleifscheibenabmessungen	: 400 × 32 × 127 mm
• Schleifscheibenumfangsgeschwindigkeit (Schnittgeschwindigkeit)	: $v_s = 30$ m/s
• Zustellung (Schnittiefe)	: a mm variabel
• Werkstückgeschwindigkeit	: v_w mm/s variabel
• bezogenes Zeitspanvolumen	: $Q'_w = 6$ mm³/mm s
• Anzahl der Überschliffe	: n = 1
• Gleich- oder Gegenlaufschleifen	: Gleichlauf
• Schleifen	: ohne Ausfeuern
• Kühlschmierstoff	: 2% Emulsion
• Kühlschmierdruck	: 2,8 bar
• Kühlschmiermenge	: 200 l/min
• Scheibenhochdruckreinigung	: 8 bar, 100 l/min

Tabelle 2: Versuchsparameter des Schleifprozesses

Probenform

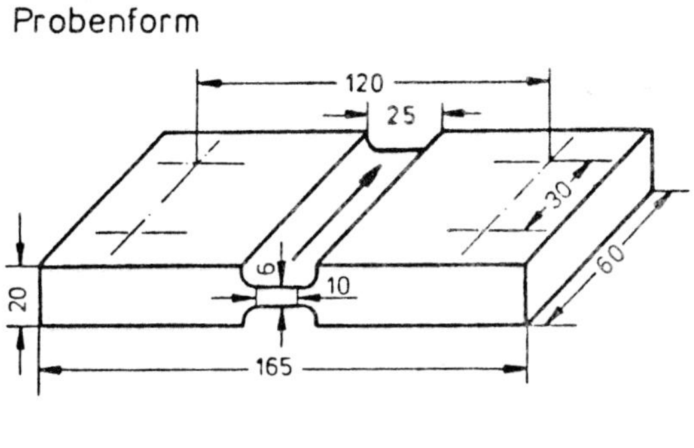

Bild 5: Abmessungen der Versuchsprobe

Um ein möglichst breites Spektrum von Bearbeitungseinflüssen zu erfassen, sind die in Tabelle 3 zusammengestellten a/v_w-Kombinationen gewählt worden, die das Gebiet vom konventionellen Pendelschleifen bis zum Tiefschleifen abdecken. Diese Parameterkombinationen sind in dem doppeltlogarithmischen Diagramm des Bildes 2 durch Punkte auf der Zerspanleistungsgeraden dargestellt.

Bereich	Nr.	Zu-stellung a mm	Werkstück-geschwindigkeit v_s mm/s
Pendelschleifen	1	0,015	400
Übergangsbereich	2	0,06	100
	3	0,30	20
Tiefschleifen	4	1,5	4
	5	6,0	1

Tabelle 3: Untersuchte a/v_w-Kombinationen

Durch eine spanende Bearbeitung wie dem Schleifen werden in oberflächennahen Werkstoffschichten inhomogene plastische Verformungen erzwungen, die einen bearbeitungstypischen Oberflächenzustand zurücklassen. Dieser weist:

1) eine für den Bearbeitungsprozeß charakteristische Oberflächentopographie,

2) eine gegenüber dem Grundzustand i.a. erhöhte Festigkeit und Härte infolge Zunahme der Versetzungsdichte sowie

3) einen bestimmten Eigenspannungszustand auf.

(1) Die geometrische Oberflächenbeschaffenheit des geschliffenen Werkstücks hat eine wichtige Bedeutung für das Schwingfestigkeitsverhalten. Wie Bild 6 zu entnehmen ist, führen die veränderten kinematischen und geometrischen Eingriffsverhältnisse zu unterschiedlichen Rauhtiefenwerten. Eine Erhöhung der Zustellung ist mit einer Abnahme von R_z verbunden, und zwar bei allen vier Werkstoffzuständen.
Weiterhin geht aus den Bildern hervor, daß beim normalisierten Werkstoffzustand in allen Fällen bei vergleichbaren Bearbeitungsbedingungen die höchsten und beim gehärteten Werkstoffzustand die geringsten Rauhtiefenwerte ermittelt worden sind.

(2) Die zu diesem Komplex durchgeführten Gefügeuntersuchungen und Härtemessungen lieferten keinerlei Hinweise auf schleiftypische Gefüge- und Eigenschaftsänderungen. Dieser Befund zeigt, daß mechanische und thermische Materialbeeinflussungen durch die Prozeßführung auch beim Tiefschleifen auf ein metallographisch und härtemeßtechnisch nicht mehr nachweisbares Maß verringert werden können.

(3) Neben der Oberflächenbeschaffenheit bestimmen in erster Linie die (physikalischen) Randschichteigenschaften das Arbeitsergebnis. Die Analyse der Werkstückrandzone ist also eine Voraussetzung für die Beurteilung des Funktionsverhal- tens geschliffener Bauteile.
Durch den Schleifprozeß findet eine mechanische und thermische Beeinflussung oberflächennaher Werkstoffbereiche statt, die mit einem charakteristischen Eigenspannungszustand verbun-

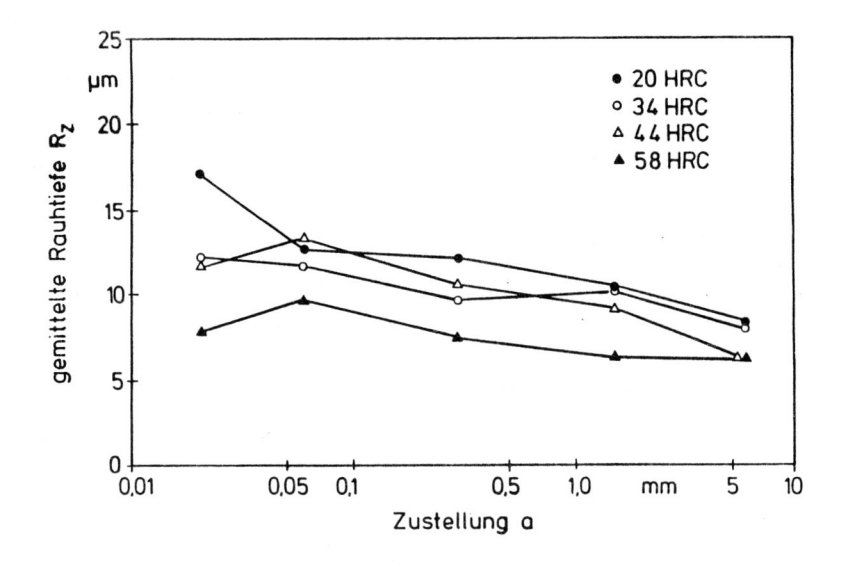

Bild 6: Gemittelte Rauhtiefe senkrecht zur Schleifrichtung

den ist. Da das Schleifen häufig als Endbearbeitungsstufe eingesetzt wird und die Eigenspannungen in vielen Fällen für das Funktionsverhalten eines Bauteils maßgebend sind, kommt der Untersuchung dieser Kenngröße eine besondere Bedeutung zu.
Nach einer gerichteten spanenden Bearbeitung wie dem Schleifen, liegt in oberflächennahen Werkstoffbereichen ein in Bearbeitungsrichtung gegenüber der Oberflächenebene um einen Winkel ψ gekippter dreiachsiger Dehnungs- bzw. Spannungszustand vor. Daraus folgt,

- daß in solchen Fällen zwei Spannungsmessungen unter den Azimutwinkeln $\varphi = 0°$ (in Bearbeitungsrichtung) und $\varphi = 90°$ (senkrecht zur Bearbeitungsrichtung) notwendig aber auch hinreichend sind, um den in der Werkstückrandzone vorliegenden Eigenspannungszustand vollständig zu erfassen und
- daß in Bearbeitungsrichtung ($\varphi = 0°$) nichtlineare Gitterdehnungsverteilungen mit ψ-Aufspaltung auftreten, senkrecht dazu dagegen (im Idealfall) lineare und für beide ψ-Bereiche übereinstimmende ε, $\sin^2\psi$-Verteilungen.

Da die Biegeschwingbeanspruchung im vorliegenden Fall senkrecht zur Schleifrichtung erfolgte, interessieren in diesem Zusammenhang hauptsächlich die Eigenspannungen senkrecht zur Schleifrichtung; sie sind in Bild 7 dargestellt. Die Meßpunkte stellen jeweils Mittelwerte dar, die eingezeichneten Streubreiten resultieren aus den jeweils größten und kleinsten Eigenspannungswerten des betreffenden Zustandes.
Wie man sieht, hängt die Höhe der Eigenspannungen in charakteristischer Weise von der Werkstoffestigkeit und den Schleifparametern ab. Bei allen Werkstoffzuständen nehmen die Eigenspannungen

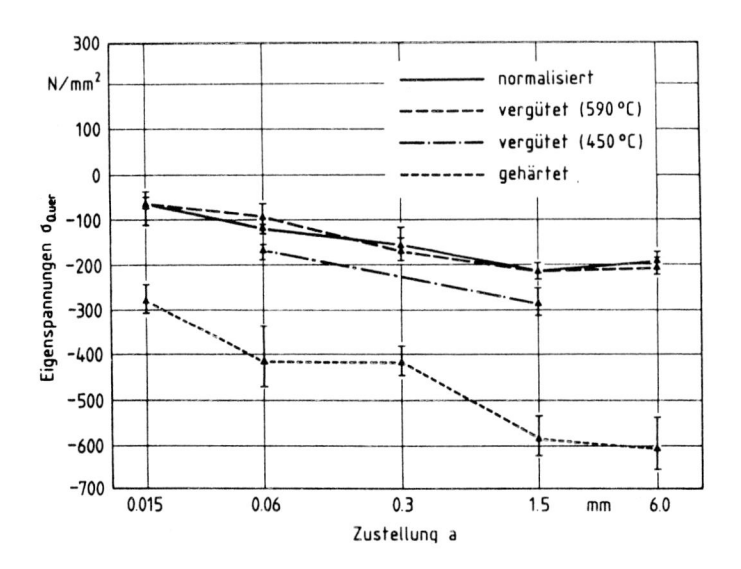

Bild 7: Eigenspannungen an der Oberfläche unterschiedlich geschliffener Proben senkrecht zur Schleifrichtung (Querkomponente)

sowohl parallel als auch senkrecht zur Schleifrichtung tendenziell mit der Zustellung a ab. Die algebraisch größten Eigenspannungen traten jeweils nach der Schleifbehandlung mit der kleinsten Zustellung (Pendelschleifen), die algebraisch kleinsten, d.h. die höchsten Druckeigenspannungen, nach Schleifbehandlungen mit den beiden größten Zustellungen (Tiefschleifen) auf. Was die Eigenspannungsabhängigkeit von der Werkstoffestigkeit betrifft, so begrenzen die im wesentlichen übereinstimmenden Verläufe des normalisierten und des auf 590°C angelassenen Werkstoffzustandes das Eigenspannungsspektrum nach oben, während der Eigenspannungsverlauf des gehärteten Zustandes - davon deutlich abgesetzt - die untere Grenze bildet.
Nicht nur die Oberflächeneigenspannungen sind bearbeitungsspezifisch, sondern auch der weitere Verlauf der Eigenspannungen ins Werkstoffinnere. Bei den Pendelschleifvarianten weisen die Spannungen direkt unter der Oberfläche (10 - 20 µm) im Druckgebiet liegende Minima auf, während bei den beiden Tiefschleifvarianten die Druckeigenspannungen - von unterschiedlich hohen Oberflächenwerten ausgehend - innerhalb der ersten 25 - 35 µm auf das Ausgangsniveau abfallen.
Wertet man das Abklingen der Eigenspannungen als Indiz für eine Werkstoffbeeinflussung durch die Schleifbearbeitung, so lassen die Verläufe dieser Meßgröße auf eine beeinflußte Randschicht von 30 bis maximal 50 µm schließen. Dabei deutet nichts auf eine weitergehende Beeinflussung des Werkstoffes durch den Tiefschleifprozeß hin.
Die im Werkstoff während der ersten Ermüdungsphase auftretenden

strukturmechanischen Veränderungen lassen sich am einfachsten
durch die Messung der mechanischen Hysteresis erfassen.
Die in Bild 8 eingezeichneten Wechselverformungskurven für den
normalisierten Werkstoffzustand zeigen die für $\sigma_a < \sigma_{so}$ (obere
Streckgrenze des Werkstoffs im Zugversuch) typischen Verläufe:
unter der Schwingbeanspruchung nimmt die vom Werkstoff aufgenommene plastische Dehnungsamplitude zunächst zu (der Werkstoff entfestigt sich), um dann nach dem Überschreiten des Entfestigungsmaximums mit wachsender Lastspielzahl abzunehmen (der Werkstoff
verfestigt sich).

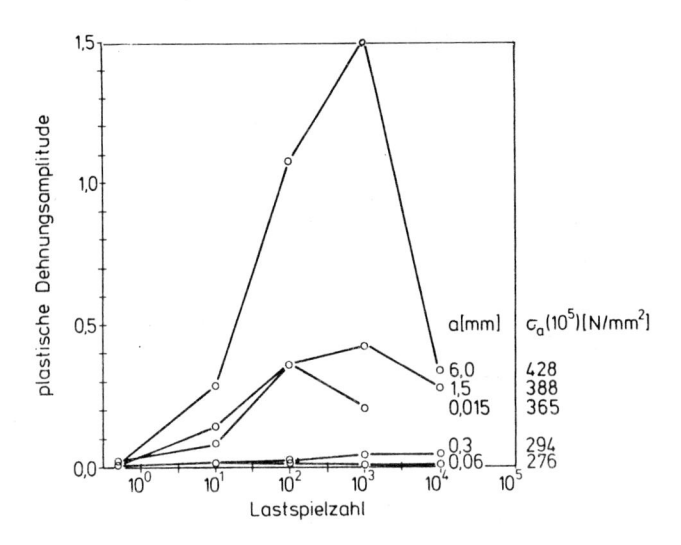

Bild 8: Wechselverformungskurven von Proben des normalisierten
Werkstoffzustandes

In Bild 9 sind die Ergebnisse der nach vorgegebenen Lastspielzahlen in Beanspruchungsrichtung - also senkrecht zur Schleifrichtung - vorgenommenen Eigenspannungsanalysen eingetragen. Es ergeben sich signifikant von den Schleifparametern abhängige Verläufe.
Danach erfolgte bei den beiden Pendelschleifvarianten a = 15 µm
und 60 µm nach dem ersten halben Lastwechsel eine Zunahme der
Druckeigenspannungen um etwa den Faktor 2,5 und nach weiteren
Lastwechseln eine Abnahme, und zwar bei a = 15 µm auf Werte geringfügig unter dem Ausgangswert und bei a = 60 µm auf Werte deutlich
oberhalb des Ausgangswertes. Bei den beiden Tiefschleifvarianten
wurde ein in der Tendenz gegenläufiges Verhalten festgestellt:
nach dem ersten halben Lastwechsel eine vergleichbare Abnahme der
Druckeigenspannungen, die sich nach dem nächsten Lastwechsel jedoch noch fortsetzt und erst dann allmählich auf ein Druckspannungsniveau knapp über 0 abklingt. Die Variante a = 0,3 mm zwischen Pendel- und Tiefschleifen weist von der Lastspielzahl nahezu
unabhängige Druckeigenspannungen um -140 N/mm^2 auf.
Unter Berücksichtigung der im Diagramm mitangegebenen Spannungsamplituden, mit denen die einzelnen Proben schwingbeansprucht

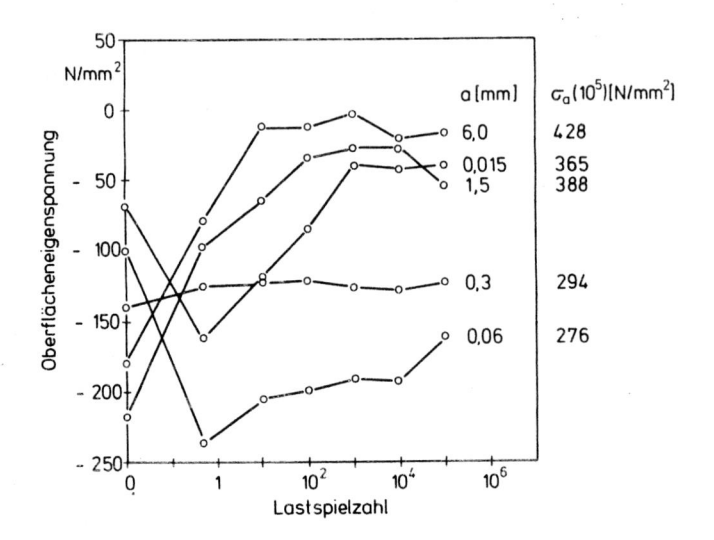

Bild 9: Ergebnisse der nach vorgegebenen Lastspielzahlen durchgeführten Eigenspannungsanalysen an Proben des normalisierten Werkstoffzustandes

worden sind, läßt sich noch ein weiterer Trend feststellen: Je größer die Spannungsamplitude, desto geringer das Druckeigenspannungsniveau, auf dem die Spannungsverläufe enden.
Die Hysteresisschleifen der Proben des gehärteten Werkstoffzustandes waren so schmal, daß innerhalb der Meßgenauigkeit des verwandten Meßaufnehmersystems keine Werte für die plastischen Dehnungsmeßamplituden entnommen werden konnten. Die Ergebnisse der in Beanspruchungsrichtung vorgenommenen Eigenspannungsmessungen sind in Bild 10 wiedergegeben. Für alle Schleifvarianten ist festzustellen, daß sich die Eigenspannungen in Abhängigkeit von der Lastspielzahl zwar nur sehr wenig aber doch in der gleichen Weise ändern: sie bauen sich nach $2 \cdot 10^5$ Lastwechseln mehr oder weniger gleichförmig um etwa 50 N/mm^2 ab.
In Bild 11 ist die Biegewechselfestigkeit σ_{bw} über der Zustellung a aufgetragen. Man erkennt signifikante Unterschiede zwischen den Wechselfestigkeiten der einzelnen Werkstoffzustände sowie - zumindest bei den härteren Werkstoffzuständen - mit der Zustellung a deutlich ansteigende Werte.
Dieser Befund läßt folgende Feststellungen zu:

- Es wird bestätigt, daß durch eine Wärmebehandlung die Wechselfestigkeit etwa wie die Härte beeinflußt wird; die gehärteten Proben weisen die höchste, die normalisierten Proben die niedrigste Festigkeit auf, während die beiden vergüteten Serien dazwischen liegen.

- Die Differenz der Wechselfestigkeiten zwischen kleiner und großer Zustellung ist bei den beiden weicheren Werkstoffzuständen gering, so daß hier nur ein geringer Einfluß des Schleifprozesses auf das integrale Schwingfestigkeitsverhalten vorliegt.

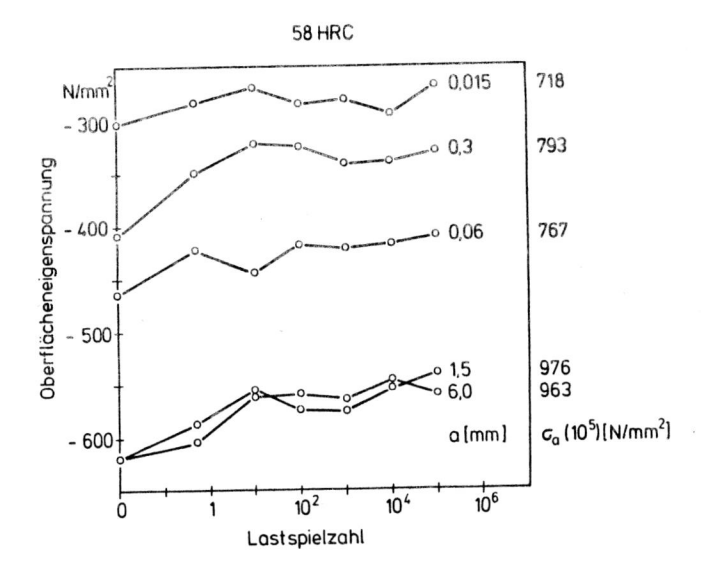

Bild 10: Ergebnisse der nach vorgegebenen Lastspielzahlen durchgeführten Eigenspannungsanalysen an gehärteten Proben

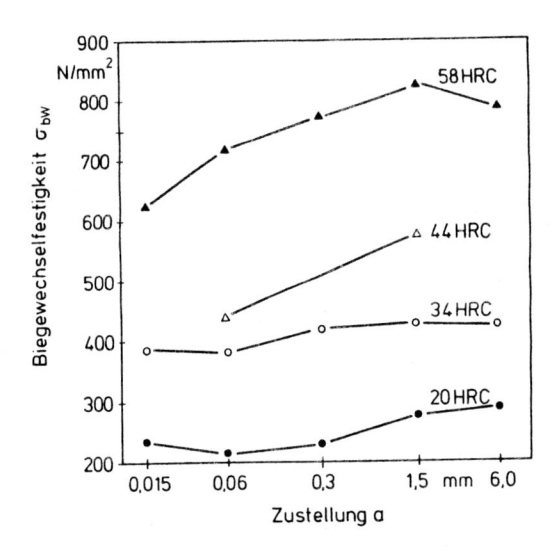

Bild 11: Biegewechselfestigkeit der verschiedenen Werkstoffzustände

- Bei den härteren Werkstoffzuständen ist jedoch ein Einfluß des Schleifprozesses auf die Wechselfestigkeit unverkennbar: die

Pendelschleifvarianten sind unter Zugrundelegung der 10 % / 90 % Streubänder durch ein signifikant niedrigeres Festigkeitsniveau (625 N/mm^2 gekennzeichnet als die Tiefschleifvarianten (825 und 785 N/mm^2), wobei ein leichter Abfall bei der 5. Variante auftritt.

Aus dieser Untersuchung resultieren die folgenden Ergebnisse mit Praxisrelevanz. Wachsende Zustellungen führen beim Schleifprozeß unter der Bedingung hinreichender Kühlung zu

- einer kontinuierlichen Abnahme der Oberflächenrauhtiefen
- einer kontinuierlichen Verschiebung der Oberflächeneigenspannungen in Richtung Druck, die umso größer ist, je höher die Werkstoffestigkeit ist.

Als Folge dieser fertigungsinduzierten strukturmechanischen Änderungen ergeben sich

- zunehmende Biegewechselfestigkeiten mit wachsender Zustellung, wobei
- die Wechselfestigkeitsgewinne mit wachsender Werkstoffestigkeit zunehmen.

b) Thermochemische und mechanische Randschichtbeeinflussung von schwingbeanspruchten Stahlproben

Zur Verbesserung des Schwingfestigkeitsverhaltens werden seit langem thermochemische oder mechanische Randschichtbehandlungsverfahren eingesetzt. Demgegenüber sind Kombinationsverfahren, wie z.B. eine aufeinanderfolgende Anwendung von thermochemischen und mechanischen Verfahren, weitgehend unbekannt, obwohl es in der Literatur Hinweise gibt, daß sich damit erhebliche Schwingfestigkeitsgewinne erzielen lassen (Bild 12).

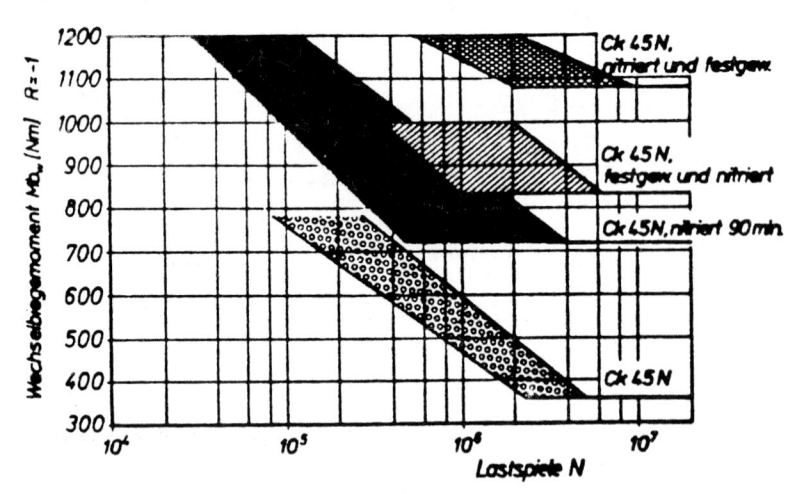

Bild 12: Einfluß des Festwalzens und Nitrierens auf die Biegewechwechselbelastbarkeit von Stahlkurbelwellen /12 - 14/

1. Versuchsvarianten

Die Auswirkung einer Kombinationsbehandlung wurde am Beispiel des Stahls Ck 45 N anhand des Nitrocarburierens und des Festwalzens untersucht. Als Referenzbehandlungen dienten die Einzelbehandlungen sowie der normalgeglühte Ausgangszustand.

2. Härtemessungen, metallographische Untersuchungen

Durch das Festwalzen, Nitrocarburieren und die Kombinationsbehandlungen kann der Härteverlauf in der Randschicht in weitem Maße beeinflußt werden (Bild 13). Die durch das Nitrocarburieren hervorgerufene Härtesteigerung in der Randschicht wird beim Festwalzen erst bei Verformungsgraden erreicht, die - wie metallographische Untersuchungen zeigten - bereits zu signifikanten Randschichtschädigungen führen. Festwalzen mit anschließendem Nitrocarburieren führt gegenüber einer Einzelbehandlung zu einer weiteren Steigerung der Härte. Eine höchstmögliche Randschichtverfestigung und Verfestigungstiefe kann durch Nitrocarburieren mit abschließendem Festwalzen erreicht werden.

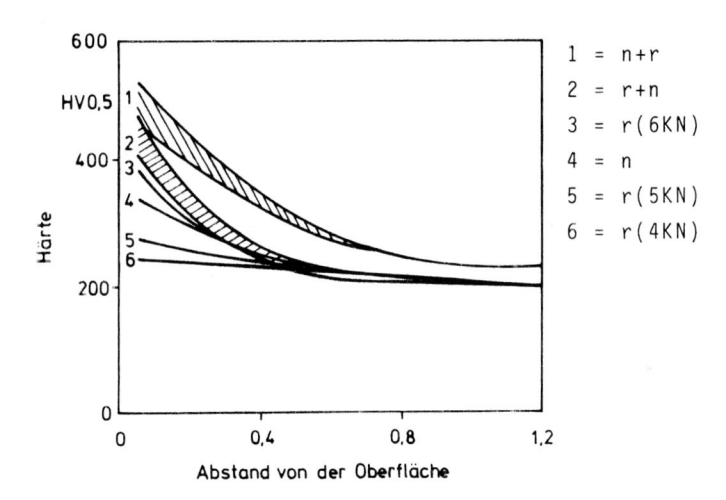

Bild 13: Härteverlauf an nitrocarburierten (TF1 590°C 90 min), festgewalzten (Festwalzkraft: 5kN) und kombiniert randschichtverfestigten Proben /13/

Ausschließliches Nitrocarburieren führte bei den hier zugrundegelegten Wärmebehandlungsbedingungen zu einer Verbindungsschichtdicke von etwa 20 µm bei einer Nitrierhärtetiefe von ca. 0,3 mm. Der Randschichthärteverlauf nach dem Festwalzen weist eine starke Abhängigkeit von der Festwalzkraft auf. So ergeben die Auswertungen der metallographischen Schliffbilder, daß bei einer Festwalzkraft von 4kN der metallographisch nachweisbare, verformte Randbereich ca. 200 µm (Bild 14) beträgt.

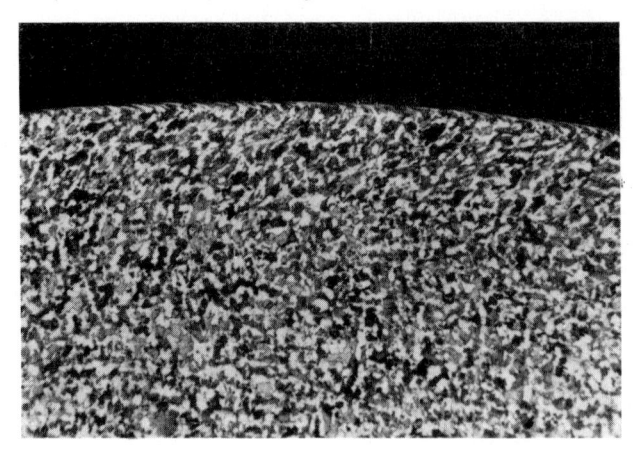

Bild 14: Ck 45 N, Festwalzkraft: 4 kN, metallographisch nachweisbarer Verformungsbereich: ca 200 µm

Eine Steigerung der Festwalzkraft vergrößert den beeinflußten Randschichtbereich bei 6kN Festwalzkraft auf 400 µm. Zu beachten ist, daß eine Anhebung der Festwalzkraft über einen vom Werkstoffzustand und den Festwalzparametern abhängigen Grenzwert zu Randschichtschädigungen wie Rissen, Abschuppungen und Überwerfungen führt.
Nach Festwalzen mit anschließendem Nitrocarburieren bleibt der verformte Randschichtbereich offenbar weitgehend erhalten, da im Schliffbild (Bild 15) keine auf erhebliche Rekristallisationsvorgänge hindeutenden Gefügeveränderungen nachgewiesen werden können.

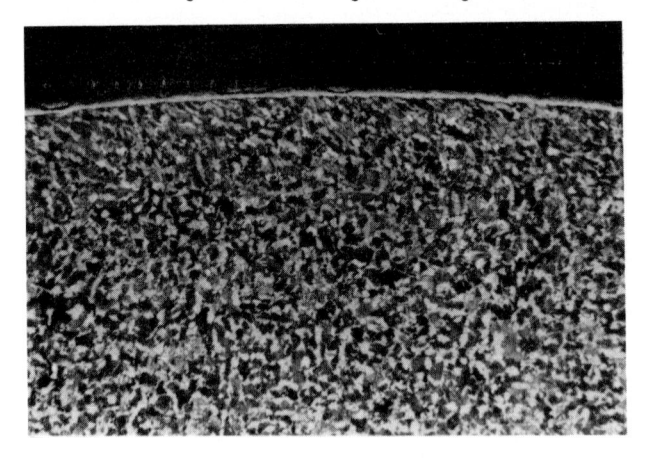

Bild 15: Ck 45 N, f(4kN)+n, Festwalzen mit anschließendem Nitrocarburieren, metallographisch nachweisbarer Verformungsbereich: 100 µm

Das Festwalzen nach dem Nitrocarburieren kann in Abhängigkeit von den Festwalzbedingungen zur Rißbildung in der Verbindungsschicht führen (Bild 16).

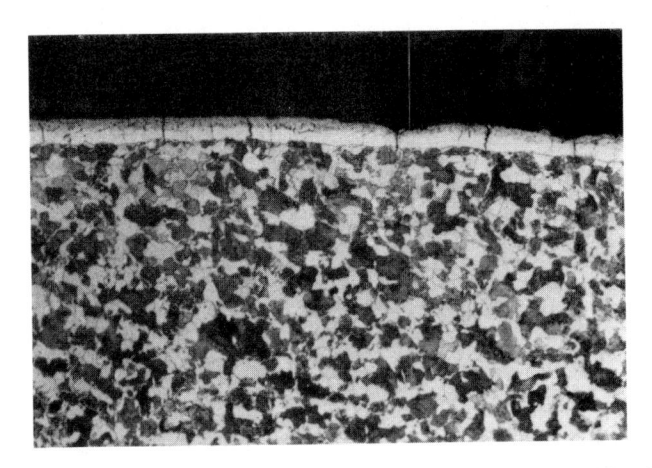

<u>Bild 16:</u> Ck 45 N, n+f(4kN), Nitrocarburieren mit anschließendem Festwalzen, Festwalzkraft: 4kN

Bei geringen Festwalzkräften enden die Risse an der Grenzfläche Verbindungs-/Diffusionsschicht. Eine Anhebung der Festwalzkraft führt zunächst zu einem vereinzelten Rißwachstum in den äußeren Bereich der Diffusionsschicht (Bild 17). Ungünstige Festwalzbedingungen können gravierende Randschichtschädigungen bewirken wie Verwerfungen, Abplatzungen von Verbindungsschichtbereichen und Rißwachstum weit in die Verbindungsschicht hinein.

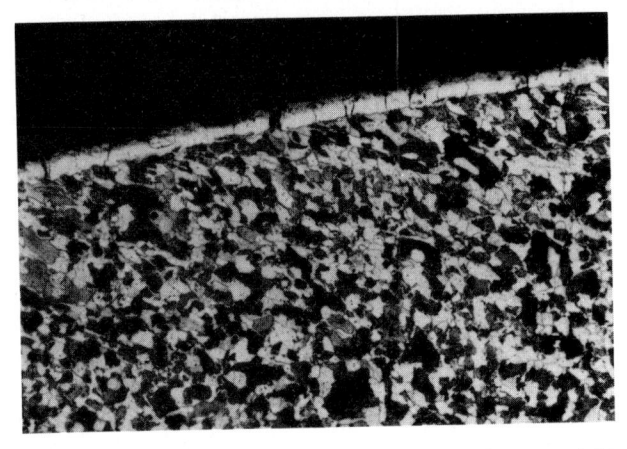

<u>Bild 17:</u> Ck 45 N, n+f(5kN), Nitrocarburieren mit anschließendem Festwalzen, Festwalzkraft: 5kN

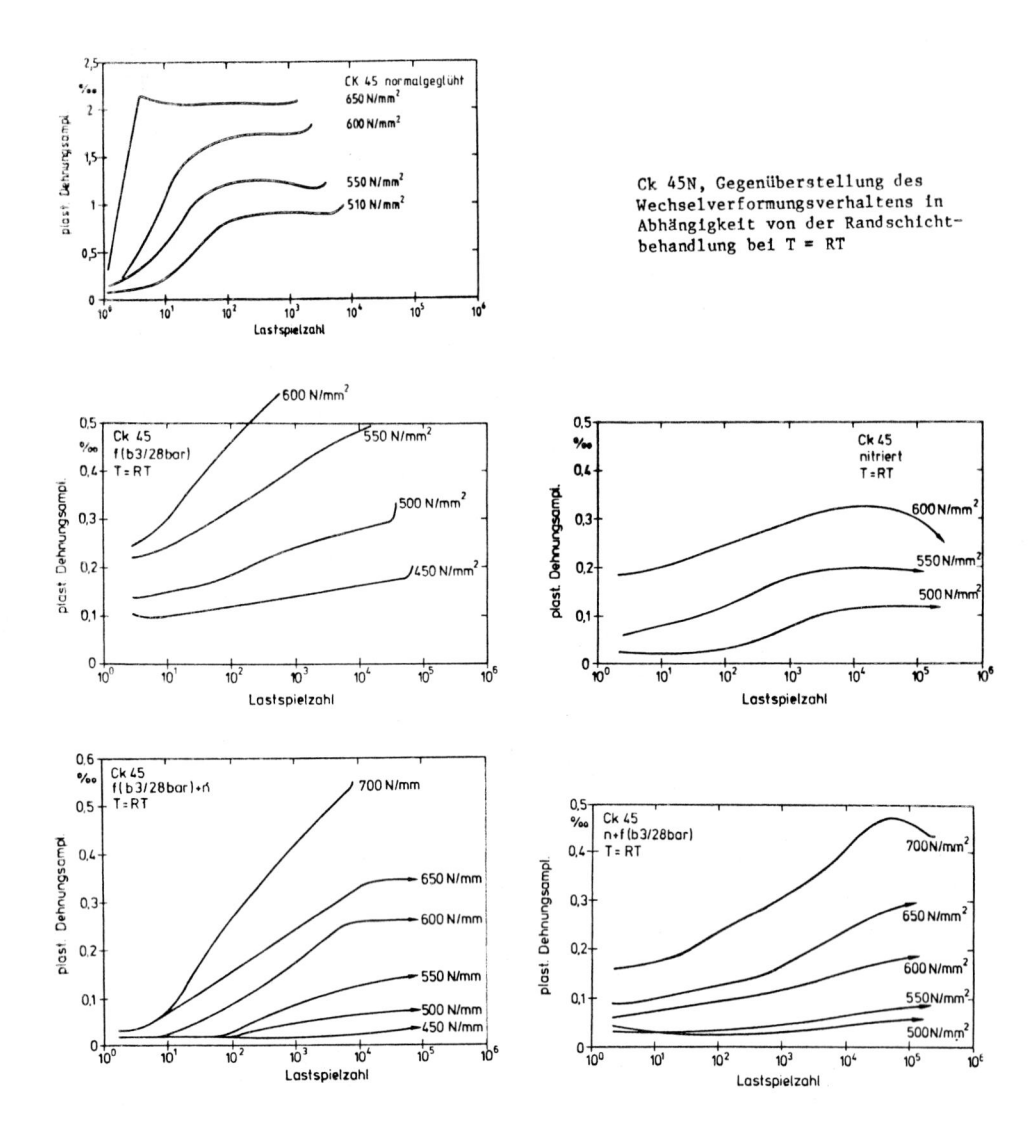

Ck 45N, Gegenüberstellung des Wechselverformungsverhaltens in Abhängigkeit von der Randschichtbehandlung bei T = RT

Bild 18: Ck 45 N, Gegenüberstellung des Wechselverformungsverhaltens in Abhängigkeit von der Randschichtbehandlung bei T = RT

3. Wechselverformungsuntersuchungen

Bild 18 gibt eine Übersicht über das Wechselverformungsverhalten in Abhängigkeit von der Randschichtbehandlung bei Wechselbiegebeanspruchung. Das Verhalten des normalgeglühten Zustandes entspricht dem aus Untersuchungen unter Zug-Druck-Beanspruchung bekannten Verhalten /14/.
Das Festwalzen erniedrigt bei gleicher Beanspruchungshöhe im Vergleich zum normalgeglühten Zustand die plastische Dehnungsamplitude, wobei erwartungsgemäß die Bruchlastspielzahl zunimmt. Während der Schwingbeanspruchung entfestigen festgewalzte Proben im untersuchten Amplitudenbereich während der gesamten Lebensdauer, wobei mit steigender Randspannungsamplitude die plastische Anfangsdehnungsamplitude und der Entfestigungsgrad zunimmt.
Das Entfestigungsverhalten ist abhängig vom Verfestigungsgrad: mit zunehmender Festwalzintensität, d.h. höheren Randschichtverfestigungen, nimmt bei konstanter Beanspruchung die Anfangsentfestigung und der Entfestigungsgrad ab (Bild 19), verbunden mit geringfügigen Lebensdauergewinnen.

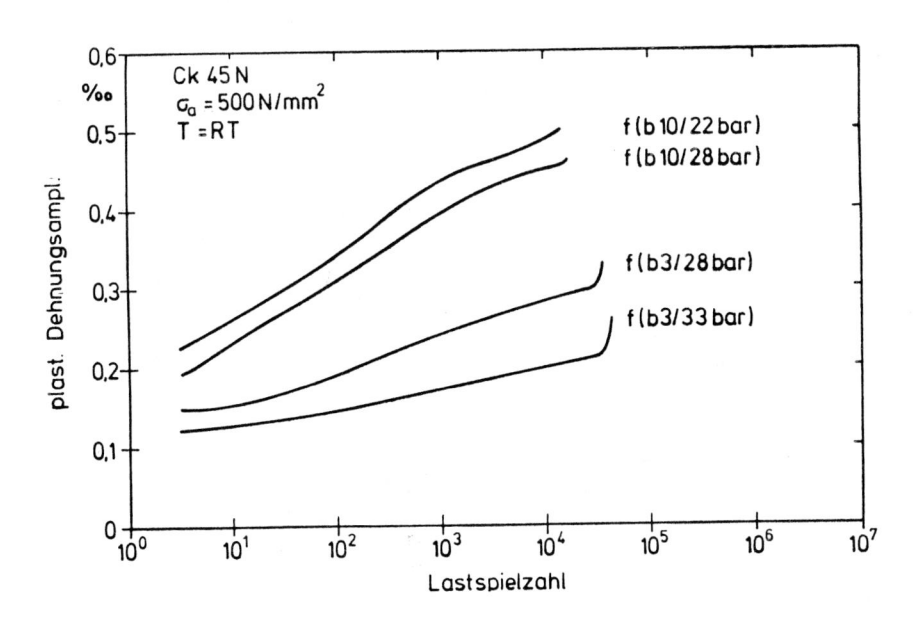

Bild 19: Ck 45 N, festgewalzt, Einfluß der Festwalzparameter auf das Wechselverformungsverhalten bei T = RT

Der nitrocarburierte Werkstoffzustand zeigt wie der normalgeglühte zunächst ein wechselentfestigendes Verhalten. Das Nitrocarburieren verschiebt jedoch bei gleichen Beanspruchungsamplituden den Entfestigungsbeginn zu größeren Lastspielzahlen bei gleichzeitiger

Absenkung der plastischen Dehnungsamplituden (s.Bild 18). Bei der Spannungsamplitude σ_a = 600 N/mm² schließt sich an den Bereich der Wechselentfestigung ein Bereich mit verfestigendem Verhalten an. Als Folge der Abnahme der plastischen Dehnungsamplitude trat bis zum Erreichen der Grenzlastspielzahl von N = 150000 kein Versagen durch Ermüdungsbruch auf.
Festgewalzte und anschließend nitrocarburierte Werkstoffzustände weisen während der ersten Lastwechsel sehr kleine und näherungsweise konstante plastische Dehnungsamplituden im spannungskontrollierten Versuch auf. Abhängig von der aufgeprägten Beanspruchungsamplitude schließt sich bei größeren Lastspielzahlen ein entfestigendes Verhalten an. Der Beginn der Wechselentfestigung wird mit zunehmender Randbiegespannungsamplitude zu kleineren Lastspielzahlen verschoben. Bei hohen Spannungsamplituden (σ_a = 700 N/mm²) wird eine kontinuierliche Probenentfestigung bis zum Bruch beobachtet. Demgegenüber geht die Wechselverformungskurve für kleinere Spannungsamplituden nach etwa 10^4 Lastwechseln zu einem stabilisierten Wechselverformungsverhalten bis zum Versuchsabbruch über. Nitrocarburieren und anschließendes Festwalzen führt im untersuchten Amplitudenbereich zunächst zu einem entfestigenden Werkstoffverhalten. Der Verfestigungsgrad und die plastische Anfangsdehnungsamplitude steigen mit wachsender Randbiegespannungsamplitude an.
Aus den in Bild 20 für σ_a = 600 N/mm² zusammengestellten Wechselverformungskurven läßt sich demnach folgern: Sowohl durch das Festwalzen als auch durch das Nitrocarburieren wird gegenüber dem normalisierten Werkstoffzustand die plastische Dehnungsamplitude abgesenkt, woraus eine Lebensdauererhöhung resultiert. Die lebensdauersteigernde Wirkung des Nitrocarburierens ist dabei stärker als die des Festwalzens. Darüber hinausgehend können durch eine Kombination der beiden Verfahren weitere Lebensdauersteigerungen erzielt werden, wobei die höchsten Lebendauergewinne bei einer Verfahrensabfolge nitriert mit nachfolgendem Festwalzen auftreten. Grundsätzlich ist bei der Beurteilung der Verfahrenseinflüsse zu beachten, daß die Randschichtbehandlungen neben dem Wechselverformungsverhalten auch das Anrißverhalten beeinflussen. Wie aus Bild 21 hervorgeht, bildeten sich die Anrisse bei Beanspruchungen im Zeitfestigkeitsgebiet sowohl bei Umlaufbiege- als auch bei Wechselbiegebeanspruchung an der Oberfläche.
Im Übergangsfestigkeitsgebiet liegt der Anrißort beim Festwalzen unter den gewählten Verfahrensbedingungen ebenfalls an der Oberfläche. Das Nitrocarburieren und die Kombinationsbehandlungen führten zu einer Anrißverlagerung unter die Oberfläche. Der Abstand des Anrißortes von der Oberfläche und die Größe der Anrißrosette hängen von der Behandlungsfolge ab (Tabelle 4) und sind korrelierbar mit dem Eigenspannungszustand /13/.

4. Zusammenfassung

Aus diesen Ergebnissen lassen sich folgende Punkte mit Praxisrelevanz ableiten

- Kombinationsbehandlungen führen in der Regel zu einer Erhöhung der Schwingfestigkeit im Vergleich zu Einzelbehandlungen

- Bei Kombinationsbehandlungen ist der erste Verfahrensschritt bestimmend für die Mikrostruktur und das Schwingfestigkeitsverhalten

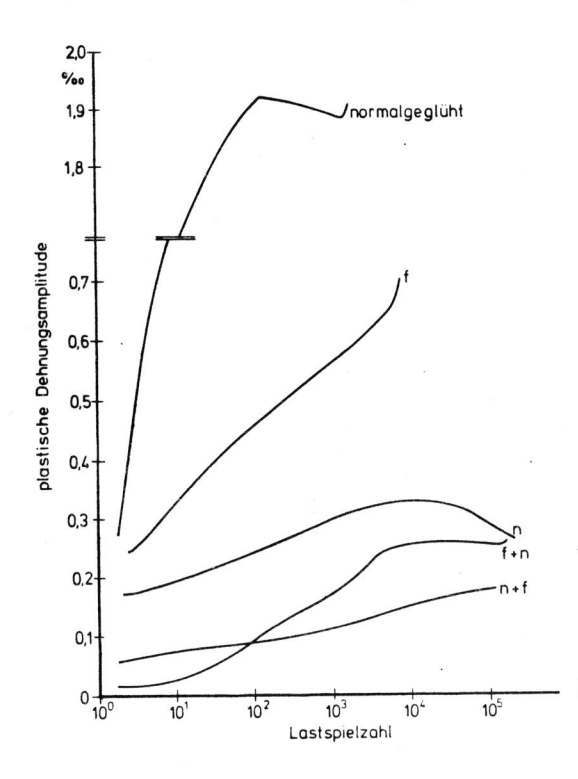

Bild 20:
Ck 45 N, Wechselverformungsverhalten unterschiedlich randschichtverfestigter Werkstoffzustände T = RT und σ_a = 600 N/mm^2

ANRISSVERHALTEN

	Umlaufbiegung		Wechselbiegung
	Übergangsfestigkeitsgebiet	Zeitfestigkeitsgebiet	Zeitfestigkeitsgebiet
f	0	0	0
f + n	U	0	0
f + n + f	U	0	0
n + f	U	0	0

U : Anriß unterhalb der Oberfläche
0 : Anriß an der Oberfläche

Bild 21: Ck 45 N, Anrißverhalten in Abhängigkeit von Verfestigungszustand und Beanspruchungshöhe /13/

	Randbiege-spannungs-amplituden-bereich N/mm²	Rißausgang: Abstand von der Oberfläche* mm	Fläche der An-rißrosette* mm²
f(b3/28 bar) + n	425 - 440	0,59	2,8
n + f(b3/28 bar)	425 - 430	0,87	15,2
n + f(b3/33 bar)	430 - 450	0,84	13,5
f(b3/28 bar) + n + f(33/28 bar)	440 - 450 455 - 470	0,79 0,71	9,3 5,4

Tabelle 4: Ck 45N, Anrißlage bei Umlaufbiegeversuch in Abhängigkeit von der Randschichtbehandlung

* über den angegebenen Randbiegespannungsamplitudenbereich gemittelt

- Risse in der Verbindungsschicht schlußgerollter Teile sind bei Beanspruchungsamplituden im Übergangsgebiet unkritisch, da
  . Rißbildung in der Diffusionsschicht stattfindet und
  . Druck-ES die Rißöffnung reduzieren.

Literatur

/ 1/ Shafto, G.R.: Creep Feed Grinding - An Investigation of Surface. Grinding with High Depth of Cut and Low Feed Rates.
Diss. University of Bristol, England 1975.

/ 2/ König, W.; Lauer-Schmaltz, H.: Tiefschleifen, eine moderne Verfahrensvariante des Flachschleifprozesses.
Trenn-Kompendium Bd. 1, Verlag ETF, Bergisch-Gladbach, 1978.

/ 3/ Brandin, H.: Pendelschleifen und Tiefschleifen.
Dr.-Ing.-Diss. TU Braunschweig, 1978.

/ 4/ Werner, P.G.; Minke, E.: Technologische Merkmale des Tiefschleifens. Teil I und II, tz für Metallbearbeitung 75, Heft 3 und 5, 1981, S. 11-16 und S. 44-48.

/ 5/ Werner, P.G.: Realisierung niedriger Werkstückoberflächentemperaturen durch den Einsatz des Tiefschleifens.
Trenn-Kompendium, Band 2 (1983), Verlag ETF, Bergisch-Galdbach

/ 6/ Werner, P.G.; Tawakoli, T.: Der Druck-Eingenspannungszustand tiefgeschliffener Stahlbauteile.
tz für Metallbearbeitung 6 (1986)

/ 7/ Munz, D.; Schwalbe, K.; Mayr, P.: Dauerschwingverhalten metallischer Werkstoffe.
Vieweg, Braunschweig (1971)

/ 8/ Macherauch, E.; Mayr, P.: Strukturmechanische Grundlagen der Werkstoffermüdung.
Z. Werkstofftechn. 8 (1977), S. 213-224

/ 9/ Mayr, P.: Grundlagen zum Verhalten bei schwingender Beanspruchung - Anrißfreie Phase. In: Verhalten von Stahl bei schwingender Beanspruchung.
Verlag Stahleisen, Düsseldorf (1978), S. 82-99

/10/ Naundorf, H.; Rothe, V.; Ziese J.: Einflüsse auf die Festigkeit von Stahl-Kurbelwellen für Personenwagenmotoren.
MTZ 37(1976) 5, S. 205-208

/11/ Gruber, S.; Holzheimer, G.; Naundorf, H.: Glatt- und Festwalzen an PKW-Fahrgestell- und Antriebsteilen in: Vorträge zur 8. Sitzung des Arbeitskreises Betriebsfestigkeit DVM 1983, S. 167-170

/12/ Festwalzen und Glattwalzen zur Festigkeitssteigerung von Bauteilen: Vorträge zur 8. Sitzung des Arbeitskreises Betriebsfestigkeit DVM 1983, 301 S.

/13/ F. Hoffmann: Mikrostruktur und Schwingfestigkeit von Ck 45 nach kombinierter, mechanischer und thermochemischer Randschichtverfestigung.
Dissertation, Universität Bremen, 1986

/14/ Reik, W.: Zum Wechselverformungsverhalten des Edelstahls Ck 45 im normalisierten Zustand.
Dissertation, Universität Karlsruhe (TH), 1978

Die ausfallsichere Schweißkonstruktion

H. Wösle und J. Ruge
Institut für Schweißtechnik und Werkstofftechnologie der
Technischen Universität Braunschweig

1. Einleitung

Um eine den vorgegebenen Betriebsbedingungen entsprechende Lebensdauer der Schweißkonstruktion sicherstellen zu können, ist unter Berücksichtigung der Schweißverbindung eine ausfallsichere Dimensionierung erforderlich. Ein Schaden, d.h. ein Ausfall wird im allgemeinen durch das Zusammenwirken von Konstruktion, Werkstoff, Fertigung und Betrieb verursacht. Eine ausfallsichere Bemessung muß also alle vier Einflüsse berücksichtigen.

2. Schweißtechnische Einflußfaktoren

Schwierigkeiten in der Beurteilung der Auswirkungen des Schweißens und Lötens auf das Betriebsverhalten ergeben sich aus den oft großen Unterschieden in den Abmessungen der zu verbindenden Teile, wie die Bilder 1 und 2 beispielhaft an Verbindungen im

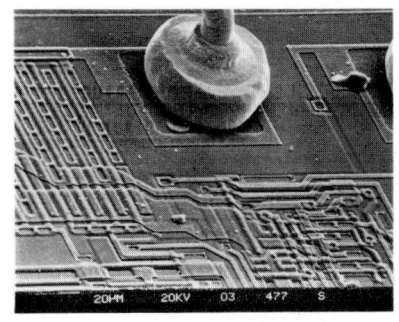

Bild 1: Kontaktverbindung auf einer Leiterplatte

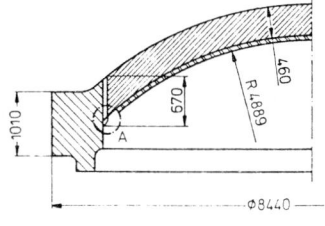

Bild 2: Engspaltschweißung an einer Deckel-Flanschverbindung (1)

Mikrometerbereich von Kontakten aus der Elektronikindustrie und im Meterbereich einer Engspaltschweißung am Deckel eines Druckbehälters aus dem schweren Apparatebau zeigen. Die Werkstoffpalette reicht vom unlegierten bis zum hochlegierten Stahl, umfaßt Eisen-Guß-Werkstoffe, NE-Leicht- und -Schwermetalle, sowie nichtmetallische Werkstoffe wie thermoplastische Kunststoffe, Glas, Keramik und Graphit. Der Vollständigkeit halber seien auch die biologischen Stoffe wie Gewebe und Knochen erwähnt. Zum Verbinden stehen über 100 Schweißverfahren und Verfahrensvarianten zur Verfügung, wobei für allgemeine Aufgaben in der Regel auf etwa 10 Verfahren der Hauptteil der Fertigung entfällt.

3. Ausfallsichere Verbindungen

Bauteile und deren Verbindungen müssen im allgemeinen ausfallsicher sein unter den in Bild 3 aufgeführten Bedingungen und Beanspruchungen, die einzeln oder in Kombination auftreten können. Die ausfallsichere Dimensionierung von Schweiß- und Lötverbindungen unterscheidet sich zunächst nicht von der Dimensionierung ungeschweißter Teile, wie Bild 4 zeigt. Lastannahme, Last-Zeit-Funktion und Schnittgrößenbestimmungen erfolgen ebenso. Einige schweißtechnische Besonderheiten sind allerdings bei der Spannungsermittlung zu berücksichtigen. Üblich ist die Spannungsermittlung nach dem Nennspannungskonzept, d.h. die durch

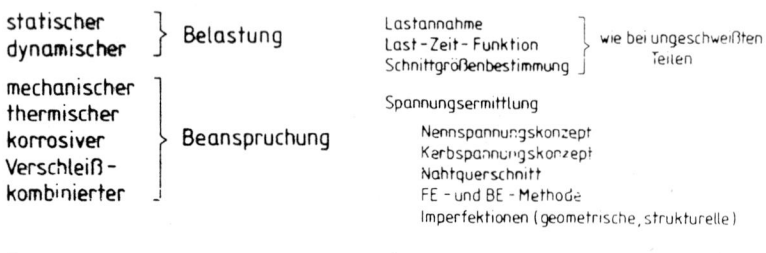

statischer dynamischer	} Belastung	Lastannahme Last-Zeit-Funktion Schnittgrößenbestimmung	} wie bei ungeschweißten Teilen
mechanischer thermischer korrosiver Verschleiß- kombinierter	} Beanspruchung	Spannungsermittlung Nennspannungskonzept Kerbspannungskonzept Nahtquerschnitt FE- und BE-Methode Imperfektionen (geometrische, strukturelle)	

<u>Bild 3:</u> Anforderungen an betriebsfeste Schweißkonstruktionen

<u>Bild 4:</u> Zur ausfallsicheren Dimensionierung von Schweiß- und Lötverbindungen

Nahtform und Herstellung bedingte Kerbspannung wird nicht berücksichtigt. Die Nennspannungen in den Schweißnähten oder den Anschlußbereichen werden mit dem Nahtquerschnitt bzw. dem Werkstückquerschnitt ermittelt und - falls zur Unterscheidung erforderlich - mit dem Index W (für Welding) versehen. Wichtig ist die Berücksichtigung des tragenden Nahtquerschnitts. Bei durchgeschweißten Stumpfnähten ist dies die Blechdicke, bei ungleich dicken Teilen die des dünneren Querschnitts und bei nicht durchgeschweißten Stumpfnähten die Summe der Einzelnahtdicken, stets ohne die Nahtüberhöhung. Die Nahtdicke a entspricht bei Kehlnähten der Höhe des einschreibbaren gleichschenkligen Dreiecks. Der bei mechanisierten Verfahren erzielbare über den theoretischen Wurzelpunkt hinausgehende tiefe Einbrand (Bild 5)

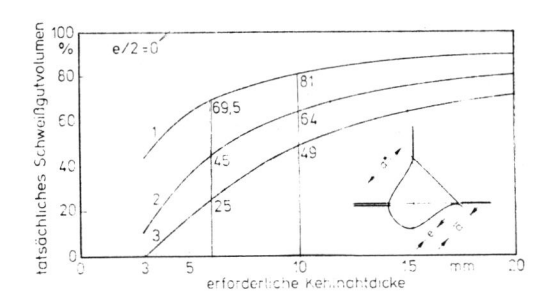

Bild 5: Ermittlung des tiefen Einbrands
$a_{tief} = a + e/2$ und die Auswirkungen auf das erforderliche Schweißgutvolumen (1)

kann nach erfolgreicher Verfahrensprüfung und stichprobenweiser Kontrolle während der Fertigung ausgenutzt werden und führt zu Schweißguteinsparung, weniger Wärmezufuhr und dadurch zu geringerem Verzug. Geometrische (Verzug, Verwerfungen) und strukturelle Imperfektionen sind nicht nur bei Stabilitätsfällen zu berücksichtigen. Spannungsermittlung nach der FE- und BE-Methode wird angewendet, dient aber allgemein mehr der Ermittlung der Nenn- als der Kerbspannung. Ursache hierfür ist die große Variationsbreite der Nahtgeometriefaktoren, bedingt durch Werkstoff, Schweißverfahren, Zusatz- und Hilfsstoffe sowie die Schweißparameter. Beim Kerbspannungskonzept tritt an die Stelle der globalen Nennspannung die lokale Kerbspannung. Da die Kerbgrundbeanspruchung die Ermüdungsfestigkeit maßgeblich bestimmt, ermöglicht dieses Verfahren eine wirklichkeitsnähere Dimensionierung. Nachteilig gegenüber dem Nennspannungskonzept sind neben dem größeren Meß-, Prüf- und Rechenaufwand auch das Fehlen von praktischer Erfahrung in der Absicherung der Ergebnisse (2).

3.1 Einflußgrößen

Bild 6 enthält maßgebende Einflußfaktoren sowohl auf das statische als auch das dynamische Tragverhalten. Ein Teil der Faktoren

Einflußgröße		Belastung	
		statisch	dynamisch
Beanspruchungsart (Zug, Schub)		x	x
Nahtform		x	x
Nahtqualität		x	x
Werkstoff	Art	x	x
	Festigkeit	x	(x)
Spannungsverhältnis			x
Nahtanordnung			x
Kerbfall			x
Nahtunterbrechungen			x
Nahtbearbeitung			x
Eigenspannungen			(x)

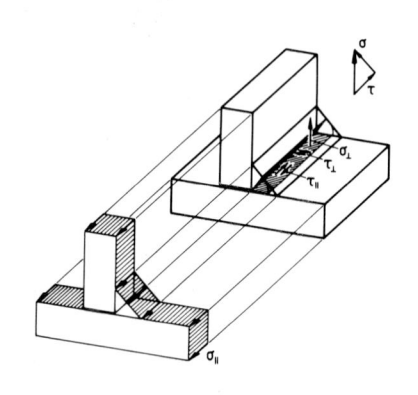

Bild 6: Einflüsse auf die Tragfähigkeit geschweißter Verbindungen bei statischer und dynamischer Belastung

Bild 7: Spannungen in einer Kehlnaht

wirkt sich sowohl auf die statische als auch dynamische Tragfähigkeit, ein Teil nur auf die dynamische aus.

3.1.1 Das Tragverhalten von Schweißverbindungen an metallischen Werkstoffen bei ruhender Belastung

Eine Gewährleistung ist nur bei schweißgeeigneten Werkstoffen möglich. Die Verwendung eines artgleichen Schweißzusatzwerkstoffs oder zumindest die Verwendung eines Zusatzwerkstoffs, der die Grundwerkstoffestigkeit gewährleistet, ist eine weitere Voraussetzung. Die Verwendung artfremder Zusatzwerkstoffe ist dann notwendig, wenn metallurgische Unverträglichkeiten zur Rißbildung Anlaß geben oder geeignete artgleiche nicht zur Verfügung stehen, wie z.B. für hochfeste Feinkornbaustähle ($R_{p0,2} \geq 900$ N/mm²). Hier muß dann auf weniger feste zurückgegriffen werden, was bei der Dimensionierung zu beachten ist. Eine weitere Voraussetzung ist, daß die Schweißnähte sicher hergestellt werden können, was eine entspechende Zugänglichkeit der Schweißstelle erfordert. Schließlich muß fertigungstechnisch eine Nahtqualität sichergestellt werden, die allen Anforderungen genügt. Dies erfordert eine nachträgliche zerstörungsfreie Überprüfung der Nahtqualität, soweit nicht durch fertigungsintegrierte Qualitätssicherungsmaßnahmen für eine Fertigung mit gewährleisteter Güte Rechnung getragen wird. Dies ist heute nur bei wenigen Schweißverfahren zu realisieren. In allen anderen Fällen muß durch gezielte Fertigungsüberwachung einschließlich der Vorbereitung und durch zerstörungsfreie Nachprüfung (10 bis 100 %) für eine gleichbleibende Nahtqualität gesorgt werden. Bei Schweißverbindungen ist es üblich, die Nahtspannungen in Abhängigkeit von der Beanspruchungsrichtung (senkrecht oder parallel) zum Nahtverlauf zu indizieren (σ , σ , ,), Bild 7. σ bleibt allgemein unberücksichtigt. Bild 8 enthält die im Stahlbau nach DIN 18800 T1 für St 37 und St 52 sowie im Kranbau nach DIN 4132 für St 37 bis StE 885 zulässigen Spannungen. Unterschieden wird dabei in die Bemessung nach Lastfall H (Hauptlast) und HZ (Haupt- und Zusatzlasten). Mit eingetragen ist die für zul $\sigma = R_{p0,2}$ geltende Gerade, die nur beim Traglastverfahren von Bedeutung ist. Ebenfalls eingetragen sind in das Bild die in der DASt-Richtlinie 011 angegebenen zulässigen Spannungen für Stahlbauten bis zu StE 690. Sowohl aus der zulässigen Spannung für Stumpfnähte mit nachgewiesener Naht-

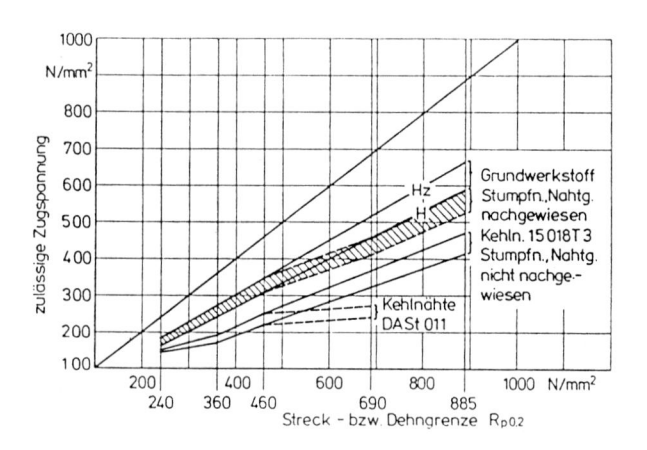

Bild 8: Zulässige Spannungen nach
DIN 15018 T3 und DASt 011

güte als auch für Kehlnähte und Stumpfnähte ohne nachgewiesene Nahtgüte ist die Erhöhung der Zuverlässigkeit der gewährleisteten Festigkeitseigenschaften zu erkennen. Steigt die zulässige Kehlnahtspannung nach DASt 011 zunächst proportional zur Dehngrenze $R_{p0,2}$, so ist der Zuwachs bei hochfesten Werkstoffen sehr gering. Dementsprechend ging man bei Einführung der DASt-Richtlinie im Jahre 1974 an den Einsatz hochfester Werkstoffe sehr vorsichtig heran. Stumpfnähte ohne nachgewiesene Nahtgüte werden heute in DIN 15018 T3 im unteren Dehngrenzbereich wie Kehlnähte in DASt 011 behandelt, bei hochfesten Werkstoffen werden jedoch erheblich höhere Spannungen zugelassen. Während Stumpfnahtverbindungen an Werkstoffen bis StE 460 und nachgewiesener Nahtgüte hinsichtlich der zulässigen Spannung mit dem Grundwerkstoff gleichgesetzt werden, sind bei hochfesten Werkstoffen Abminderungen gegenüber dem Grundwerkstoff vorgesehen. Ähnlich verhält es sich bei Schubbelastung. Unsicherheiten in der Absicherung zulässiger Spannungswerte machen sich hier deutlich bemerkbar. Sicher ist es richtig, etwas vorsichtig an die Einführung abgeänderter Werte heranzugehen. Die Schwierigkeiten, die sich daraus ergeben, liegen aber darin, daß einmal festgesetzte Werte innerhalb einer Vorschrift oder Richtlinie schwer verändert werden können. Ein

Vergleich der zulässigen Schweißnahtspannungen aus der Zeit der Einführung der Schweißung im Stahl- und Maschinenbau mit den heute üblichen zeigt zumindest bei den Werkstoffen bis St 52 eine sehr starke Erhöhung der zulässigen Spannungen. Dies war durch verbesserte Grund- und Zusatzwerkstoffe sowie die größere Fertigungssicherheit möglich. Dies setzt allerdings voraus, daß die errechneten Spannungen mit den tatsächlichen Bauteilbeanspruchungen weitgehend übereinstimmen. Dazu ist eine möglichst gleichmäßige Steifigkeit im Anschlußquerschnitt erforderlich, damit sich alle darin angeordneten Schweißnähte gleichmäßig an der Übertragung der Schnittgrößen beteiligen. Unterschiedliche Steifigkeit im Anschluß liegt beispielsweise in den Verbindungen von Bild 9 vor, wie aus den Spannungsverteilungen ersichtlich ist. Steifenlose Trägeranschlüsse sind heute vielfach üblich, setzen

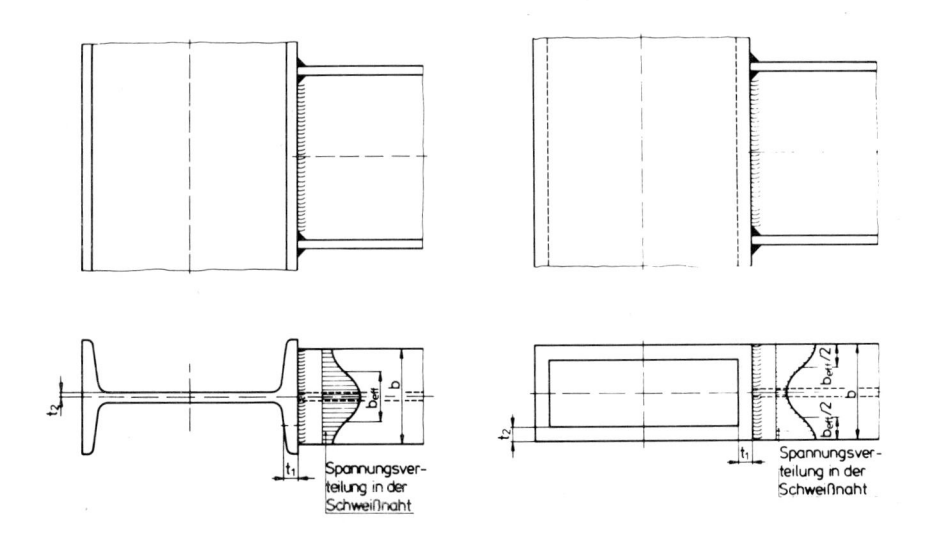

Bild 9: Trägeranschlüsse mit unterschiedlicher Steifigkeit

aber Verformungsfähigkeit im Schweißgut und Anschlußteil voraus. Kann durch eine elastisch-plastische Verformung eine Spannungsumlagerung erreicht werden, ist die statische Tragfähigkeit eines solchen Anschlusses gewährleistet. Die Bruchgleitung einer Kehl-

naht bei Normalspannung σ zeigt Bild 10, bei Schubbelastung
Bild 11.

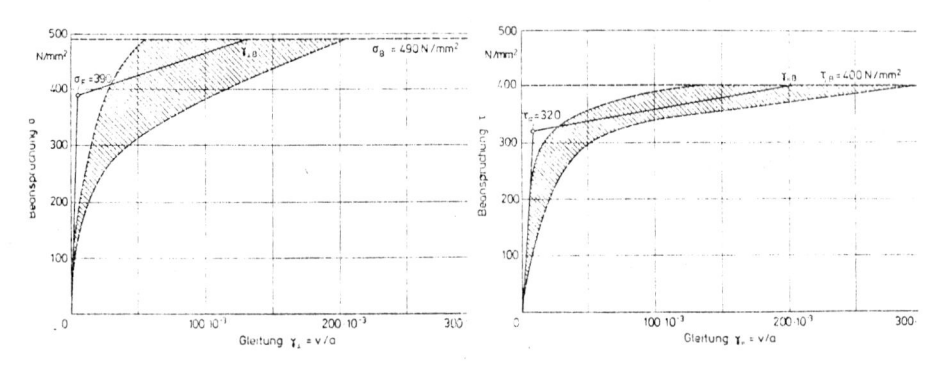

Bild 10: Verformungskurven für Stirnkehlnähte (9)

Bild 11: Verformungskurven für Flankenkehlnähte (9)

In die Bilder eingezeichnet sind die vom International Institute of Welding (IIW) vorgeschlagenen bilinearen Ausgleichsfunktionen. Mit ihnen kann die Verformungsfähigkeit von Schweißnähten überprüft und die Tragfähigkeit beurteilt werden. Vorteilhaft ist dies beim Zusammenwirken unterschiedlicher Verbindungsmittel wie Schrauben und Schweißnähte zu benutzen.

3.1.2 Schwingende Belastung

Aus Bild 6 ergibt sich die Vielfalt der Einflußfaktoren auf die Schwingfestigkeit. Beispielhaft geben die Bilder 12 und 13 einige Hinweise hierzu. Ein dünner quer zur Beanspruchungsrichtung aufgeschweißter Steg (Ausführung a) beeinflußt Kraftfluß und Verformungsfähigkeit des durchlaufenden Zugstabs nur gering gegenüber Ausführung b mit einem massiven aufgeschweißten Teil. Bei Belastung werden sich beide Teile verformen. Dazu müssen über die Stirnkehlnähte entsprechend große Kräfte in das aufgesetzte Teil eingeleitet werden. Dies ist nur durch eine verstärkte Kraftumlenkung möglich. Augenscheinlich ist auch der große Steifigkeitsunterschied zwischen dem Stabquerschnitt vor dem aufgesetzten Teil und dem Bereich der Verstärkung. Steifigkeitssprung und Kraftumlenkung bewirken eine Abnahme der Schwingfestigkeit von Ausführung a nach b. Mit den Ausführungen c und d wird versucht, die elastische Verformungsfähigkeit der aufgeschweißten Teile so zu erhöhen, daß gegenüber der Ausführung a keine größere Dehnbehinderung auftritt. Die in Bild 13 aufgesetzten

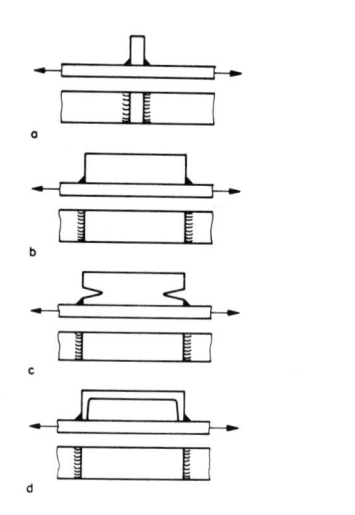

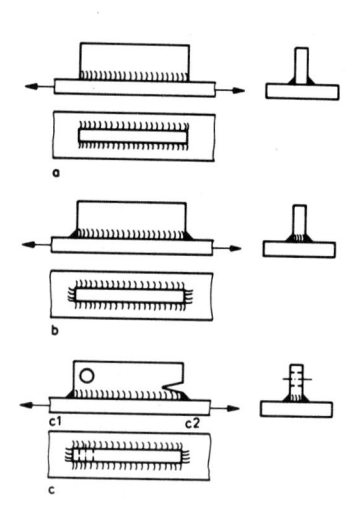

Bild 12: Durchlaufender Stab mit aufgesetztem Quersteg

Bild 13: Durchlaufender Stab mit aufgesetztem Quersteg

Längssteifen (a und b) beeinflussen die örtliche Verformungsfähigkeit erheblich stärker als die Quersteife nach Bild 12. Ausführung 13a und 13b sind deshalb bei Schwingbelastung ungünstiger als Ausführung a von Bild 12. Ob die Schweißnähte an der Stirnseite wie bei Bild 13b herumgezogen werden oder wie bei Bild 13a offenbleiben, wird unterschiedlich beurteilt. Sinnvoll erscheint die geschlossene Ausführung nach Bild 13b, da Anfangs- und Endkrater mit ihren negativen Einflüssen entfallen. Kleine konstruktive oder fertigungstechnische Änderungen können demnach die Schwingfestigkeit erheblich beeinflussen. Resultiert ein großer Teil der hier skizzierten Beziehungen aus Ergebnissen von Wöhler-

Versuchen mit konstanter Schwingamplitude, so erhebt sich die Frage, wie sich die Schwingfestigkeit bei veränderlicher Schwingungsamplitude verhält. Es zeigte sich ein Zusammenhang zwischen den aus Wöhler-Versuchen (p = 1) und Betriebsfestigkeitsversuchen (p < 1) gewonnenen Ergebnissen. Bild 14 verdeutlicht dies nach /3/ an einem biegebelasteten Kastenträger mit einem quer aufgeschweißten Steg. Spannungskollektive mit p < 1 führen gegenüber den aus Wöhler-Versuchen (p = 1) gewonnenen Ergebnissen zu einer Lebensdauerverlängerung, obgleich auch Einflüsse der Belastungsreihenfolge nachgewiesen wurden /4/, können die Ergebnisse aus Wöhler-Versuchen für die Beurteilung der Betriebsfestigkeit herangezogen werden. Die zulässigen Spannungen werden aus den bei Wöhler- oder Betriebsfestigkeitsversuchen gewonnenen Ergebnissen unter Berücksichtigung eines geeigneten Sicherheitsbeiwerts abge-

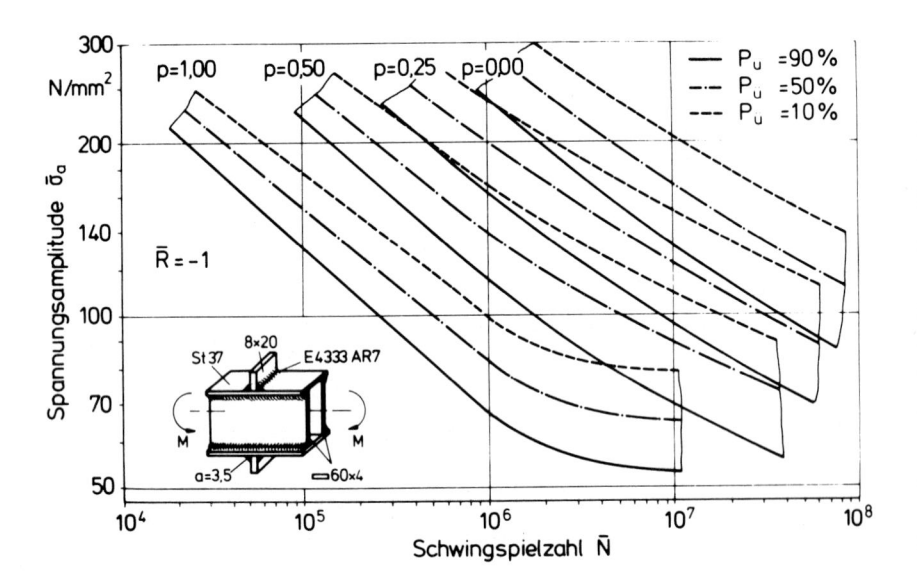

Bild 14: Lebensdauerlinien (p < 1) und Wöhler-Linie (p = 1) eines geschweißten Kastenträgers mit Quersteg /1/

leitet. Nahtanordnung, Nachbehandlung sowie die verschiedenen Naht- und Bauteilformen bestimmen den Kerbfall, dem eine Verbindung - d.h. Schweißnaht oder Grundquerschnitt am Nahtübergang -

zugeordnet wird. Bild 15 verdeutlicht die Kerbfalleinstufung nach DS 804 /5/ an einigen Verbindungen. Bei Schweißverbindungen werden hier die Kerbfälle K I bis K X unterschieden, wobei nicht

Kerbgruppe		Darstellung	Beschreibung
K II	1	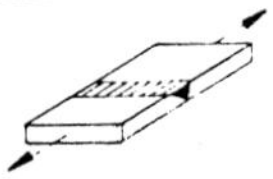	Einteilige, quer zur Kraftrichtung durch Stumpfnaht-Sondergüte verbundene Bauteile (Wurzel gegengeschweißt, Naht in Kraftrichtung blecheben und kerbfrei bearbeitet) durchstrahlt
K V	2	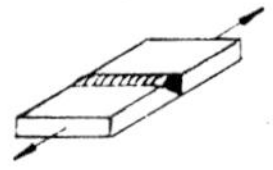	Einteilige, quer zur Kraftrichtung duch Stumpfnaht-Normalgüte verbundene Bauteile, (Wurzel gegengeschweißt oder Wurzel auf Keramik-Unterlage geschweißt)
	3	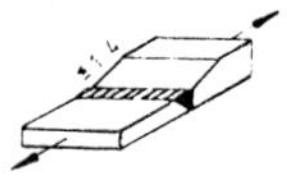	Einteilige, quer zur Kraftrichtung durch Stumpfnaht-Normalgüte verbundene Bauteile mit verschiedenen Blechdicken.

<u>Bild 15:</u> Auszug aus den Kerbfällen nach (5)

alle mit Beispielen belegt sind. Vergleichbare Kerbfälle, allerdings mit anderen Bezeichnungen und zum Teil reduzierter Kerbfallgruppenzahl enthalten DIN 4132 und DIN 15018 (K 0 - K IV) oder Eurocode Nr. 3 (Klasse 36 bis 180). Abhängig von Kerbfall und Spannungsverhältnis s (auch æ bzw. R) = min. σ / max. σ werden in Berechnungsvorschriften zulässige Spannungen angegeben. Bei s, æ oder R sind die verwendeten Definitionen, bei den Kerbfällen die zugehörenden Erläuterungen und bei den zulässigen Spannungen der angegebene Wert zu beachten. So werden in DS 804 die zulässigen Doppelamplituden, im Eurocode Nr. 3 der zulässige Spannungsausschlag und in DIN 4132 sowie DIN 15018 die zulässigen Oberspannungen angegeben. Tabelle 1 gibt die zulässigen Spannungen für

Stahlsorte	\multicolumn{9}{c}{St 37 und St 52}
Kerbgruppe	K II	K III	K IV	K V	K VI	K VII	K VIII	K IX	K X	zul
$\varkappa$				zul $\Delta\sigma_{Be}$						$\Delta\tau_{Be}$
-1,0	183	163	145	129	103	92	82	73	65	129

Tabelle 1: Zulässige Spannungen für Schweißverbindungen nach (5)

æ = -1 und die Kerbfälle K II bis K X nach /5/ wieder. Die Bilder 16 und 17 zeigen auszugsweise Beispiele aus /6/. Die Klasse gibt

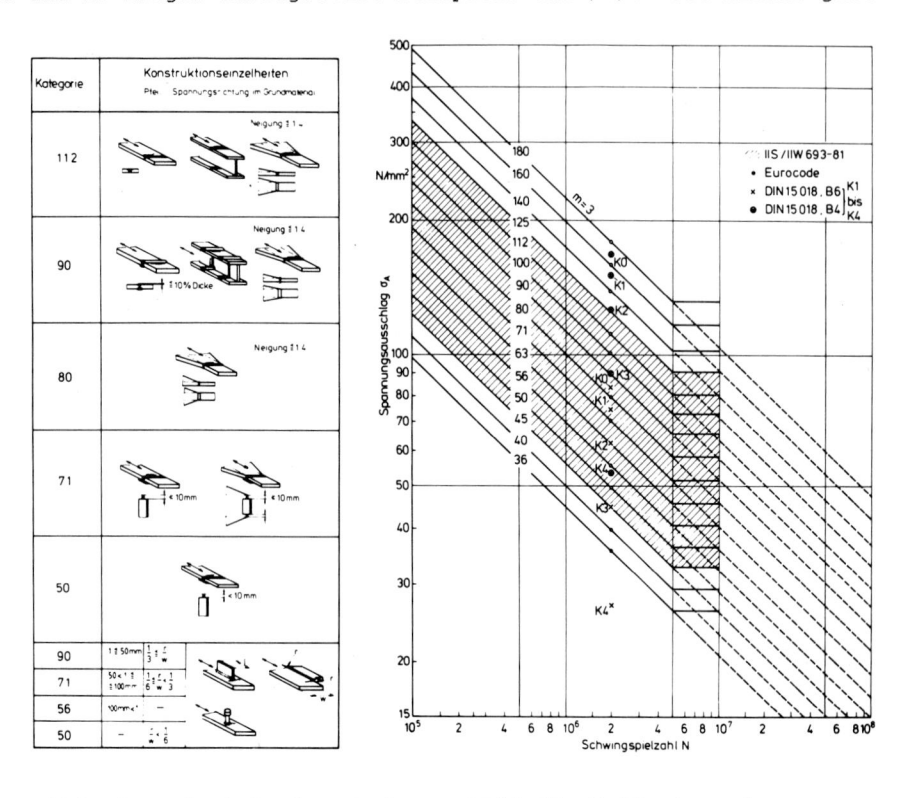

Bild 16: Beispiele der Kerbfallkategorie nach (6)

Bild 17: Zulässiger Spannungsausschlag in Abhängigkeit von der Kerbfallkategorie (6)

hier die bei $N = 2 \times 10^6$ Schwingspielen zulässige Spannungsamplitude an. Hier wird eine Abnahme der Zeitfestigkeit bis $N = 5 \times 10^6$ Schwingspiele berücksichtigt. Soweit nicht nach Vorschriften dimensioniert werden muß, können die von /7/ bestimmten ertragbaren Spannungen herangezogen werden. Die erforderlichen Sicherheitswerte sind zu wählen. Hinweise hierzu finden sich in /8/. Die Verwendung zulässiger Spannungen aus Berechnungsvorschriften anderer Anwendungsgebiete ohne Kenntnis der dort zugrunde gelegten Belastungs- und Sicherheitsphilosophie kann problematisch sein. Zur Berücksichtigung von Belastungskollektiven kann auf DIN 4132 und DIN 15018 verwiesen werden. Die bei p ≤ 1 möglichen höheren zulässigen Spannungen gegenüber der dauerfesten Auslegung setzen in jedem Fall eine genaue Kenntnis des Spannungskollektivs voraus. Unsichere Annahmen führen hier zwangsläufig zu vorzeitigem Ausfall.

4. Zusammenfassung

Stellt man die Frage, ob eine ausfallsichere Dimensionierung von Schweißverbindungen möglich ist, so lautet die Antwort ja, und zwar trotz mancher aufgetretener Schäden und den hier angesprochenen Schwierigkeiten. Zunächst gilt, und das nicht nur bei Schweißverbindungen, daß eine Berechnung nicht besser sein kann, als die Zuverlässigkeit der getroffenen Berechnungsannahmen. Ist diese Voraussetzung erfüllt, muß den schweißtechnischen Detailfragen bezüglich Werkstoff, Nahtform, Nahtanordnung, Nahtqualität und Nacharbeit Rechnung getragen werden. Mangelhafte Kenntnisse oder fehlendes Detailwissen können zu Ausfällen führen, ohne daß damit die gestellte Frage zu verneinen wäre. Ausfallsicheres Dimensionieren von Schweißverbindungen ist also möglich und notwendig.

Literatur:

/1/ Ruge, J.: Handbuch der Schweißtechnik, Bd.III: Konstruktive Gestaltung der Bauteile. Berlin: Springer 1985

/2/ Radaj, D.: Gestaltung und Berechnung von Schweißkonstruktionen - Ermüdungsfestigkeit. Fachbuchr. Schweißt. Bd. 82. Düsseldorf: DVS 1985

/3/ Gassner, E.; Griese, F.W.; Haibach, E.: Ertragbare Spannungen und Lebensdauer einer Schweißverbindung aus St 37 bei verschiedenen Formen des Belastungskollektivs. Arch.Eisenhüttenwes. 35 (1964) 255-261

/4/ Haibach, E.; Ostermann, H.; Rückert, H.: Betriebsfestigkeit von Schweißverbindungen aus Baustahl unter einer Zufallsfolge der Belastung. Schweißen und Schneiden 32 (1980) 93-98

/5/ DS 804: Vorschrift für Eisenbahnbrücken und sonstige Ingenieurbauten - München: Bundesbahndirektion 1984

/6/ Eurocode Nr. 3: Gemeinsame einheitliche Regeln für Stahlbauten. Köln: Stahlbau-Verlagsges. 1984

/7/ Olivier, R.; Ritter, W.: Wöhlerlinienkatalog für Schweißverbindungen aus Baustählen, Teil 1 bis 5. DVS-Berichte Bd. 56/I bis 56/V. Düsseldorf, DVS 1979 bis 1985

/8/ Haibach, E.: Beurteilung der Zuverlässigkeit schwingbeanspruchter Bauteile. Luftfahrttechnik - Raumfahrttechnik 13 (1967) 188-193

/9/ Feder, D.: Verformungskurven für Kehlnähte. Schweißen und Schneiden 35 (1983) 277-279

Versagenssichere Bemessung von druckführenden Komponenten

R. Trumpfheller, Rheinisch-Westfälischer Technischer Überwachungs-Verein e. V., Essen

Sicherheitstechnische Bedeutung der Bauteilbemessung

Die Forderung nach einer versagenssicheren Bemessung und deren Überprüfung durch unabhängige Sachverständige wurde für die druckführenden Dampfkesselteile schon kurz nach Ausbreitung der Dampfkesseltechnik zu Beginn des modernen Industriezeitalters erhoben, als man der anfangs recht häufig auftretenden Dampfkesselzerknälle Herr werden mußte. Der Rückgang in der Zahl der Zerknälle nach Einführung der Technischen Überwachung in die Dampfkesseltechnik zeigt, daß man druckführende Anlagen sicherheitstechnisch beherrschen kann. Allein in den USA hat es bis zur Jahrhundertwende und dem Wirksamwerden der technischen Überwachung mehr als 10 000, in England mehr als 1 600 Dampfkesselexplosionen mit 5000 Toten in England gegeben. Eine entsprechende aussagefähige Statistik aus Deutschland steht nicht zur Verfügung. Heute weist die Unfallstatistik der die Hauptlast der Versorgung mit elektrischer Energie tragenden Dampfkessel nur noch sehr kleine Zahlen aus, obwohl die Kesselanlagen komplizierter und Drücke, Temperaturen und Leistungen erheblich größer geworden sind. Hinsichtlich der Versagenssicherheit druckführender Komponenten in anderen Industrieanlagen gilt Entsprechendes.

Die vom Gesetzgeber erhobene Forderung nach Versagenssicherheit druckführender Komponenten hat in einer Fülle von Festlegungen in Technischen Regelwerken ihren Niederschlag gefunden, z. B. für Dampfkessel (TRD), Druckbehälter (TRB und AD-Merkblätter), Druckgase (TRG), brennbare Flüssigkeiten (TRbF), Gashochdruckleitungen (TRGL), Beförderung gefährlicher Güter (GGVS) und kerntechnische Anlagen (KTA-Regeln).

Spannungsbegrenzung als Bemessungskriterium und dessen Auswirkung auf Werkstoffentwicklungen

Als man nach Einführung der Dampfkesseltechnik die Forderung nach einer ausreichenden Bemessung der Wanddicke erhob, stand für die zumeist zylindrischen Bauteile die Kesselformel als Näherungslösung zur Ermittlung der Wanddicke aus Innendruck und Zylinderdurchmesser zur Verfügung. Für die sich aus dieser Formel ergebende Spannung, der Nennspannung oder der allgemeinen primären Membranspannung, wird in den Regelwerken ein Sicherheitsbeiwert oder Sicherheitsfaktor festgelegt. Entsprechende Formeln, Tabellen oder Diagramme über die Abhängigkeiten zwischen Nennspannung, Wanddicke, Durchmesser und sonstigen Abmessungen sind für andere regelmäßige Bauformen wie z. B. konische Teile, Kugeln, gewölbte und ebene Böden, Rohrbögen usw. in den genannten Regelwerken enthalten und werden zur Ermittlung der zur Einhaltung der zulässigen Nennspannung erforderlichen Wanddicke herangezogen. Der Sicherheitsbeiwert soll dafür sorgen, daß die im Bauteil auftretende allgemeine primäre Membranspannung um einen deutlichen Sicherheitsabstand kleiner als ein vorgegebener Werkstoffkennwert ist, der aufgrund mechanischer Werkstoffprüfungen ermittelt wurde. Er verknüpft die zulässige Nennspannung mit dem Werkstoffkennwert. Die Sicherheitsbeiwerte sind in den einzelnen Regelwerken unterschiedlich festgelegt. Auch die nationalen deutschen Regelwerke weisen wesentliche Unterschiede auf, z. B. gilt für die zulässige Spannung bei ruhender Beanspruchung σ_{zul}:

- bei Dampfkesselteilen, die nicht im Zeitstandsbereich betrieben werden, gemäß TRD 300

$$\sigma_{zul} = \mathrm{Min} \left\{ \frac{1}{2,4} R_{m,\,RT} \;\; ; \;\; \frac{1}{1,5} R_{p,\,0,2\,\theta} \right\} \quad ,$$

bei Bauteilen, deren Berechnungstemperatur im Zeitstandsbereich liegt, bestimmt die Zeitstandfestigkeit die zulässige Spannung

- bei Druckbehältern gemäß AD-Merkblatt B 0

$$\sigma_{zul} = \frac{1}{1,5} R_{p, 0,2\theta}$$

mit $R_{m, RT}$ = Mindestwert der Zugfestigkeit bei Raumtemperatur

$R_{p, 0,2\theta}$ = Mindestwert der Warmstreckgrenze bei Berechnungstemperatur θ.

Der durch die Sicherheitsbeiwerte 2,4 oder 1,5 gegebene Sicherheitsabstand soll eventuelle Abweichungen vom unterstellten Werkstoffverhalten, die nachteiligen Einflüsse von Herstellungsmängeln, die bei der Prüfung unerkannt blieben, und qualitätsmindernde betriebliche Einflüsse auffangen.

Daß nach dem deutschen Druckbehälter-Regelwerk die Nennspannung oder im Falle der Mehrachsigkeit die entsprechende Vergleichsspannung ohne Berücksichtigung des Bruchfestigkeitswertes nur gegen die Streckgrenze abgesichert wird, ist physikalisch durchaus sinnvoll, jedoch ist anzumerken, daß die meisten nationalen Druckbehälter-Regelwerke anderer Länder ebenso wie das deutsche Dampfkessel-Regelwerk eine Absicherung gegen den kleineren von zwei um verschiedene Sicherheitsfaktoren verminderten Werten, nämlich von Bruchfestigkeit und Streckgrenze, vorschreiben. Die Sicherheitsfaktoren sind von Land zu Land verschieden. Sie werden bei der Streckgrenze stets auf den für die Einsatz- oder Auslegungstemperatur gültigen Wert angewendet und liegen bei 1,5 oder 1,6. Bei der Bruchfestigkeit werden sie auf den für die Raumtemperatur oder die Einsatz- oder Auslegungstemperatur gültigen Wert oder die für beide Temperaturen gültigen Werte angewendet und liegen zwischen 2,25 und 4.

Daß sich die deutschen Druckbehälter-Regeln im Gegensatz zu den meisten ausländischen Regeln mit einer Absicherung der Nennspannung gegenüber der Streckgrenze begnügen, hat die Entwicklung und den Einsatz der hochfesten Feinkornbaustähle mit gewährleisteten Mindeststreckgrenzen über 370 N/mm^2 lohnend werden lassen. Materialersparnis und leichtere Bauweise waren die Vorteile, die sich für die deutsche Industrie hieraus ergaben. Es zeigte sich aber bald, daß man bei der Herstellung von Druckbehältern, insbesondere beim Schweißen und Wärmebehandeln, wesentlich sorgfältiger vorgehen mußte, als in den Werkstoffblättern anfangs festgelegt war. Bei Verzicht auf Vorwärmen oder bei unzureichendem Vorwärmen während des Schweißens mußte man mit Rißbildung und erhöhter Kaltrißneigung bei bestimmten Feuchtigkeitsgehalten rechnen. Hohe Wärmeeinbringung beim Schweißen führte dazu, daß verhältnismäßig dicke Grobkornschichten in der Wärmeeinflußzone entstanden, die beim Spannungsarmglühen oder bei dem durch nachfolgende Schweißlagen erzeugten Temperaturverlauf im Anlaßbereich versprödeten und z. T. Risse bildeten (Bild 1).

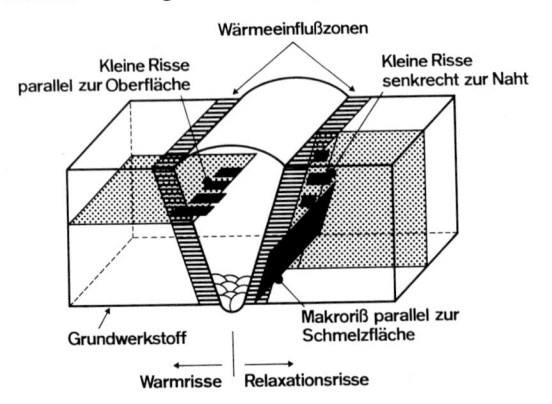

Bild 1

Verunreinigungen im Grundwerkstoff, die eine Heißrißbildung im
Bereich der Schweißnähte ermöglichen, tragen dazu bei, daß
durch die Versprödung in der Wärmeeinflußzone und eine Kombination von Kaltrißbildung mit bereits vorhandenen Heißrissen ter-
rassenbruchartig tiefreichende Risse zustandekommen. Ein hohes
Spannungsniveau und die streckgrenzenbedingt hoch liegenden Eigenspannungen an ungeglühten Nähten erleichtern schädigende Einflüsse im Betrieb durch Rißwachstum und Rißentstehung unter
wechselnder Beanspruchung, durch Spannungsrißkorrosion und
durch örtlich erhöhte Spitzenspannungen, z. B. an Kerben.

Mängel und Schadensfälle haben dafür gesorgt, daß Abhilfe ge-
schaffen wurde. Mit dem Stahl-Eisen-Werkstoffblatt 088 erhielten
die Hersteller von Druckbehältern klare Anweisungen über die
Weiterverarbeitung hochfester Feinkornbaustähle. Unter anderem
wurden für das Schweißen ein Vorwärmen und eine Begrenzung der
Wärmeeinbringung festgelegt. Die Deutsche Reaktorsicherheitskom-
mission (RSK) befaßte sich eingehend mit der Verwendung hochfester Feinkornbaustähle für Kernkraftwerkskomponenten und gab
zunächst für Reaktorsicherheitsbehälter die Empfehlung, daß bei
der hier nur gegen die Streckgrenze vorzunehmenden Absicherung
der Nennspannung im spannungsmäßig ungestörten Bereich für die
Streckgrenze bei Raumtemperatur kein höherer Wert als 370 N/mm^2
einzusetzen ist. Weiterhin forderte sie die formale Einhaltung
von Zähigkeitsanforderungen, die denen des Reaktordruckbehäl-
ters entsprachen und auch für die Wärmeeinflußzone von Schwei-
ßungen anzuwenden waren. Wegen der hohen Zähigkeit sollte bis
zu einer Wanddicke von 38 mm auf das Spannungsarmglühen verzichtet werden. Weiterhin erarbeitete die RSK Konstruktionsanwei-
sungen zur Begrenzung von Spannungen an Ausschnitten, Verstär-
kungen, Übergängen und sonstigen Störstellen im Spannungsver-
lauf.

Die Zähigkeitsanforderungen machten die Weiterentwicklung von
Stahlerschmelzungsverfahren notwendig, da deren Erfüllung nur
bei erhöhter Reinheit des Grundwerkstoffs unter drastischer Sen-

kung der Gehalte an Schwefel und einer Reihe weiterer Begleit- und Spurenelemente möglich war. Es zeigte sich dann, daß mit den verbesserten Herstellungsbedingungen erstaunlich hohe Werte für die Kerbschlagzähigkeit erzielt wurden. Die Hochlagenwerte reichten weitgehend an 200 Joule heran. Der für diese Bedingungen in Deutschland entwickelte Stahl 14 Mn Ni 63 erfüllte die genannten Forderungen. Wegen der auf 370 N/mm^2 festgesetzten gewährleisteten Mindeststreckgrenze wird dieser Stahl noch nicht zu den hochfesten Feinkornbaustählen gezählt. Bei den hochfesten vergüteten Feinkornbaustählen war eine ähnliche Entwicklung vorausgegangen. Das Bild 2 zeigt den für einen optimierten Stahl typischen Temperaturverlauf der Kerbschlagarbeit am Beispiel des 20 Mn Mo Ni 55.

Verlauf der Kerbschlagenergie (Charpy-V) des optimierten Stahles 20 Mn Mo Ni 55

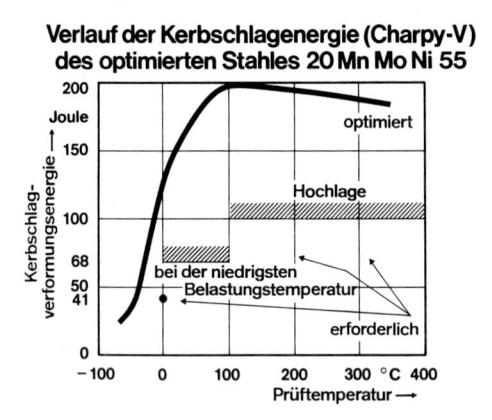

Bild 2

Es zeigte sich auch weiterhin, daß die normalgeglühten hochfesten Feinkornbaustähle, bei denen man zur Erzielung der hohen Festigkeit nicht auf Legierungselemente wie Molybdän und Vanadin oder Titan und Niob verzichten konnte, bei Erfüllung

der sonstigen Reinheitsanforderungen, insbesondere bei geringem
Schwefelgehalt, ähnlich gute Zähigkeitseigenschaften sicher er-
reichten. Nur die Grobkornschicht in der Wärmeeinflußzone
bleibt wegen der genannten karbidbildenden Legierungselemente
weiterhin anfällig gegen temperaturinduzierte Versprödung. Da
diese Grobkornbereiche beim Schweißen mit begrenzter Wärmeeinbringung und feinlagigem Aufbau der Naht an der Flanke jedoch
klein und isoliert bleiben, sind sie im Hinblick auf das Bau-
teilverhalten vernachlässigbar. Wegen des nunmehr vorhandenen
hohen Zähigkeitsniveaus der optimierten hochfesten Feinkornbaustähle bestehen keine Bedenken, die nach dem deutschen Druckbehälter-Regelwerk zulässigen hohen Nennspannungen bis zu 2/3 der
Streckgrenze auch bei Bauteilen aus diesen Stählen anzuwenden.
Voraussetzungen hierfür sind allerdings neben einer deutlichen
Begrenzung der Spannungen in spannungsmäßig gestörten Bereichen
(Ausschnitte, Stutzen, Übergänge) und einer Beschränkung von
Spitzenspannungen die Nachweise über die optimierte Herstellung
durch die chemische Analyse auf Begleit- und Spurenelemente und
die hohen Zähigkeitswerte, die Einhaltung der Verarbeitungsbedin-
gungen (Schweißen, Wärmebehandlung) und die begrenzte Häufigkeit
und Größe verbliebener Fehler. Wegen des hohen Nennspannungsni-
veaus ist es allerdings erforderlich, die Betriebsbedingungen,
vor allem im Hinblick auf Korrosionsrißbildung, im Auge zu
behalten und schädigende Einflüsse weitgehend auszuschließen.

Die im deutschen Druckbehälterregelwerk vorgenommene Absicherung
der Nennspannung gegen die Streckgrenze macht die Verwendung
hochfester Feinkornbaustähle im deutschen Druckbehälterbau
technisch und wirtschaftlich in hohem Maße interessant. Durch
die Optimierung der Werkstoffherstellung und die Einhaltung von
bestimmten Konstruktions- und Verarbeitungsregeln konnten früher
bei der Herstellung bestehende Probleme gelöst werden. Es gibt
daher keine Veranlassung, eine zusätzliche Begrenzung gegen die
Bruchfestigkeit oder eine Berücksichtigung des Streckgrenzenver-
hältnisses zur Bruchfestigkeit in das deutsche Druckbehälter-Regelwerk einzuführen.

Spannungskategorien

Das deutsche kerntechnische Regelwerk für die druckführenden Komponenten in den sicherheitstechnisch bedeutsamen Kühlmittelkreisläufen der Leichtwasserreaktoren gibt im Gegensatz zu den deutschen Druckbehälterregeln der Absicherung gegen die Bruchfestigkeit nach amerikanischem Vorbild den Vorrang. Danach wird ein S_m-Wert gebildet

$$S_m = \text{Min} \left\{ \frac{1}{3} R_{m,RT} \; ; \; \frac{1}{2,7} R_{m\theta} \; ; \; \frac{1}{1,5} R_{p\,0,2\,\theta} \right\} \; ,$$

für den im allgemeinen die Bruchfestigkeit ausschlaggebend ist und mit dem für die einzelnen Spannungskategorien die folgenden Grenzen festgelegt sind:

$$P_m \leq S_m$$
$$P_b \leq 1,5 \, S_m$$
$$P_m + P_b \leq 1,5 \, S_m$$
$$P_m + P_b + Q \leq 3 \, S_m$$
$$P_m + P_b + Q + F \leq 2 \, S_a ,$$

wobei für die Spannungskategorien die folgenden Bezeichnungen gelten:

P_m = allgemeine primäre Membranspannung (ohne Biegespannung)
P_b = primäre Biegespannung
Q = sekundäre Spannung z. B. Wärmespannung
F = örtliche Spitzenspannung
$2 S_a$ = max. Spannungsschwingbreite in der Ermüdungsanalyse

Während die 4 ersten Beziehungen bei statischer Beanspruchung gelten, wird die letzte zur Ermüdungsanalyse benutzt.

Das deutsche Druckbehälterregelwerk geht in den AD-Merkblättern

S 1 und S 2 auf die schwingende Beanspruchung ein. Das AD-Merkblatt S 1 enthält die Bedingungen dafür, daß überwiegend ruhende Beanspruchung angenommen und entsprechend den Vorschriften für statische Beanspruchung bemessen werden darf. Das AD-Merkblatt S 2 gibt die Bedingungen zur Bemessung bei schwingender Beanspruchung für vorgegebene Belastungskollektive an.

Die AD-Merkblätter der Reihe S 3 beschreiben die Vorgehensweise zur Berücksichtigung von Zusatzkräften, die thermisch bedingt sind oder durch Standzargen, Auflager-Sättel, gewölbte Böden auf Füßen oder Tragpratzen hervorgerufen werden. Zusatzkräfte dieser Art, Wind- und Schneelasten, auf Behälterstutzen wirkende Rohrleitungskräfte und -momente und die Art ihrer Berücksichtigung sind dem vorprüfenden Sachverständigen nach dem deutschen Druckbehälterregelwerk dann anzugeben, wenn sich durch sie die Beanspruchung der Behälterwand um mehr als 5 % erhöht.

Bei sicherheitstechnisch bedeutsamen Rohrleitungen in kerntechnischen Anlagen ist eine Spannungsanalyse zum Nachweis einer sachgerechten Bemessung und Konstruktion erforderlich.

Im Hochtemperaturbereich bestimmt die Zeitstandsauslegung die Bemessung. Es hat sich gezeigt, daß die in der Dampfkesseltechnik üblichen Berechnungs- und Auslegungsmethoden nicht immer in ausreichendem Maße die für die Lebensdauer maßgebenden Beanspruchungen wiedergeben. Bei Dampfkesselanlagen, Hochtemperaturreaktoren und sonstigen im hohen Temperaturbereich betriebenen Anlagen sind besondere wiederkehrende Prüfungen auf Zeitstandschäden erforderlich. Beim natriumgekühlten Reaktor in Kalkar (SNR) waren an repräsentativ ausgewählten Komponenten Berechnungen in das plastisch verformte Gebiet und den Kriechbereich hinein erforderlich.

Werkstofftechnische Voraussetzungen

Abschließend muß betont werden, daß alle rechnerischen und meßtechnischen Analysen zum Nachweis der ausreichenden Bemessung des Bauteils seine Sicherheit gegen Versagen dann nicht gewährleisten können, wenn Werkstoffehler die Tragfähigkeit wesentlich beeinträchtigen oder bedeutende Abweichungen der Werkstoffeigenschaften von den bei der Bemessung vorausgesetzten, insbesondere der Zähigkeit und der Zeitstandfestigkeit, nicht ausgeschlossen werden können. Sicherheitstechnisch besonders wichtige kerntechnische Komponenten sind trotz zerstörungsfreier Prüfung so auszulegen, daß ein Riß mit einer Tiefe bis zu 1/4 der Wanddicke während der Lebensdauer nicht kritisch werden kann.

Die geforderten Werkstoffeigenschaften können heute durch optimierte Herstellungsmethoden sicher eingehalten werden. Der Nachweis durch die chemische Analyse auf Begleit- und Spurenelemente hat eine entscheidende Bedeutung und verringert die Abhängigkeit von der Zuverlässigkeit der zerstörungsfreien Prüfung. Die Entwicklung der Herstellungs- und Prüftechnik hat heute einen Stand erreicht, mit dem man das Bruchversagen einer ausreichend bemessenen und der betrieblichen Beobachtung unterliegenden Komponente ausschließen kann. Besonderes Augenmerk verdienen betriebliche Einflüsse in Form des chemischen Angriffs, der Neutronenbestrahlung am Reaktordruckbehälter und von unübersichtlichen Spannungsverteilungen, z. B. in warmgehenden Rohrleitungen. Der heutige Kenntnisstand erlaubt es, den Ausschluß eines katastrophalen Versagens sicherheitstechnisch bedeutsamer Komponenten mit dem vorhandenen Rüstzeug deterministisch nachzuweisen.

Versagenssichere Bemessung von Bauteilen im Kraftfahrzeugbau

A. Beste, Technische Entwicklung AUDI AG, Ingolstadt
H. Zenner, Institut für Hüttenmaschinen und Maschinelle Anlagentechnik, TU Clausthal

1. Einführung

Bei der Auslegung von Automobilteilen (Pkw) sind eine Reihe von spezifischen Voraussetzungen zu berücksichtigen, die das Bemessungskonzept wesentlich beeinflussen. Dies sind

- extreme Sicherheitsanforderungen (Unfallgefahr, Produkthaftung),
- Großserienfertigung (Kostenminimierung, Streuung über einen großen Fertigungszeitraum),
- Leichtbau (Reduzierung der Betriebskosten, Erhöhung der Fahrzeugbeschleunigung),
- große Beanspruchungsstreuung (je nach Fahrer und Straße),
- hohe Anzahl von Schwingspielen während der Nutzungsdauer,
- teilweise extreme Einsatzbedingungen (Schlechtweg, Salz, Steinschlag),
- eine regelmäßige Festigkeitsinspektion kann nicht vorausgesetzt werden ("Safe Life-Bauweise"),
- sich häufig ändernde Randbedingungen durch Modellwechsel, technische Innovation, gesetzliche Auflagen usw.

Die Bemessung und Optimierung von Bauteilen während der Automobilentwicklung hat sich an einer Reihe von Auflagen zu orientieren, die die Lösungsmöglichkeiten teilweise einengen, Bild 1.

Eine ausreichende Festigkeit wird beim Automobilkäufer heute als selbstverständlich erwartet, d.h. sie wird beim Kauf i.a. nicht reflektiert. Vom Automobilhersteller her gesehen heißt das, daß die Eigenschaft Festigkeit beim Kunden nicht auslobbar ist.

```
        ┌─────────────────────┐     Funktion
        │   Zwänge bei der    │     Fertigbarkeit
        │ Festigkeitsoptimierung │  Montage
        └─────────────────────┘     Qualitätssicherung
                                    Kosten
                                    Termin
                                    Crashverhalten
                                    Gewicht
                                    Akustik
                                    Aerodynamik
                                    Reparaturmöglichkeit
                                    Recycling
```

Bild 1: Festigkeitsoptimierung in der Pkw-Entwicklung

| | | Schwingend | | |
statisch bzw. quasistatisch	fahrer-induziert	fahrbahn-induziert	Schwingungs-system	Sonderereignis
Achslast Zuladung Bordsteinab-drücken usw.	Manöver: Beschleunigen Bremsen Kurvenfahrt usw.	Straße insbes. Schlechtweg	Anregung durch Motor bzw. Fahr-bahn (Resonanz)	Mißbrauch Unfallartige Situation
		Beispiele		
Knicklast Spurstange	Seitenkräfte Rad	Vertikal-kräfte Federbeindom	Halter für Klimakom-pressor	Schwellen-überfahrt: Fahrwerk und Karosserie

Bild 2: Systematik der Beanspruchungsursachen

2. Beanspruchung beim Kunden /1 bis 4/

Die Festlegung der für die Bemessung von Automobilteilen zugrunde-
zulegenden Beanspruchungen stellt während der Automobilentwicklung
eine außerordentlich umfangreiche und schwierige Aufgabe dar. In
Abhängigkeit von Fahrweise, Fahrbahn, Beladung und spezifischen
Umgebungsbedingungen streuen die Beanspruchungsprofile von Fahrzeug zu Fahrzeug extrem stark.

Zunächst liegt zu Beginn der Entwicklung eines neuen Modells, d.h.
z.B. 6 bis 8 Jahre vor Serienbeginn, ein Lastenheft vor, aus dessen Angaben über maximales Gesamtgewicht, Achslasten, Antriebskon-

zept, Motorisierung usw. aufgrund vorhandener Erfahrungen die auftretenden Beanspruchungen grob abgeschätzt werden können. Diese Erfahrungen beruhen auf Messungen an Fahrzeugen, auf Statistiken über den Einsatz der Fahrzeuge und auf der Kenntnis teilweise extremen Kundenverhaltens (z.B. Beanspruchungen bei Mißbrauch). Eine Systematik der Beanspruchungsursachen zeigt Bild 2, wobei zu unterscheiden ist zwischen

- statischen bzw. quasistatischen Beanspruchungen, z.B. Fahrzeuggewicht und Zuladung,
- stochastischen kraft- oder wegkontrollierten Beanspruchungen, die durch die Straße induziert werden, z.B. Befahren von schlechten Straßen,
- deterministisch-stochastischen kraft- oder wegkontrollierten Beanspruchungen, die durch den Fahrer induziert werden, z.B. Anfahren, Bremsen, Kurvenfahren, Motor-Hochdrehen,
- Beanspruchungen aufgrund des Schwingungseigenverhaltens -vor allem Resonanzverhalten- von Teilsystemen, z.B. bei Motoranbauteilen durch die Motoranregung oder die Eigendynamik eines Fahrzeuggespanns, und
- selten auftretende hohe Beanspruchungen (Sonderereignisse), wie sie bei Mißbrauch oder in unfallartigen Situationen auftreten können.

Für Langzeitmessungen, die Sonderereignisse einschließen, kann ein Mischkollektiv wie auf Bild 3 als typisch angesehen werden.

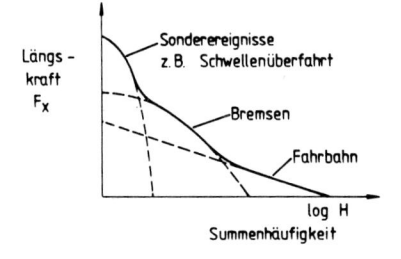

Bild 3: Mischkollektiv für die Längskraft (schematisch)

In der Praxis stellt sich die Frage, wie die Streuung der Beanspruchung mit Hilfe e i n e r Kenngröße angegeben werden kann. Eine Kennzeichnung durch den Kollektivhöchstwert A_{max} ist nur möglich, wenn die Kollektivform und der Kollektivumfang übereinstimmen, vergl. z.B. /5/. Dies ist im allgemeinen Fall, wie Bild 4 zeigt, jedoch nicht gegeben. Nach heutigem Kenntnisstand scheidet auch z.B. der RMS-Wert zur Kennzeichnung der Beanspruchungshärte aus /6/. Zur einparametrigen Kennzeichnung der Beanspruchungshärte wird in /7/ die rechnerische Schadenssumme D vorgeschlagen, die mit Hilfe einer Schadensakkumulationshypothese ermittelt wird. Liegt für ein Bauteil eine Anzahl von n Kollektiven vor, die für die Bauteilbeanspruchung repräsentativ sind, so kann für jedes dieser Kollektive die Schadenssumme D_{Bi} berechnet werden, Bild 4.

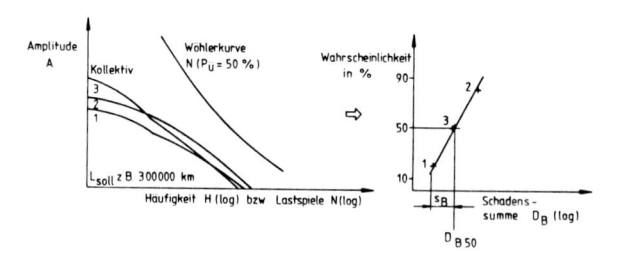

Bild 4: Erfassung der Beanspruchungsstreuung

Wie verschiedene Auswertungen zeigen, sind die Schadenssummen näherungsweise log-normalverteilt /3, 8/, Bild 5. Somit läßt sich

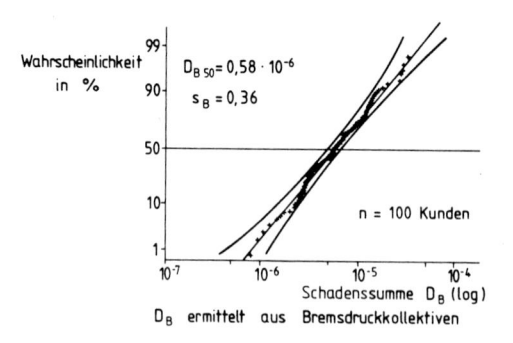

Bild 5: Streuung der Schadenssumme bei Bremsteilen

die Streuung der Beanspruchung durch die Standardabweichung

$$s_B = \sqrt{\frac{1}{n-1} \sum_{i=1}^{n} (\log D_{Bi} - \log D_{B50})^2}$$

$$\text{mit} \quad \log D_{B50} = \frac{1}{n} \sum_{i=1}^{n} \log D_{Bi}$$

kennzeichnen. Die Kennzeichnung der Beanspruchungsstreuung auf diesem Weg stellt nichts anderes dar als die Anwendung der Schadensakkumulationsrechnung für Vergleichsaussagen, wie z.B. bei der relativen Palmgren-Miner-Regel. Das Verfahren ist jedoch an keine spezielle Hypothese einschließlich Zählverfahren gebunden.

In den Technischen Entwicklungen der Automobilfirmen stehen heute Beanspruchungskataloge für z.B. Längs-, Seiten- und Vertikalkräfte zur Verfügung. Dabei handelt es sich um Messungen bei Stadtfahrt, auf Landstraßen, Autobahnen, speziellen Dauerlaufstrecken und für spezielle Fahrmanöver. Weiterhin liegen Statistiken vor über die Streckenzusammensetzung, über die Beladung des Fahrzeugs und über die Fahrweise. Ziel dieser Auswertungen ist die Erstellung eines Bemessungskollektivs, dem eine Auftretenswahrscheinlichkeit P_E zugeordnet werden kann, z.B, $P_E = 10^{-2}$.

Gegenwärtig werden zur Erstellung von Bemessungskollektiven die Beanspruchungen an den Bauteilen selbst gemessen. Durch rechnerische Simulation des Schwingungsverhaltens des Kraftfahrzeugs wird jedoch mehr und mehr versucht, den Meßaufwand zu reduzieren. Die Schwierigkeit bei der Festlegung des Bauteilbemessungskollektivs liegt darin, daß es nicht e i n e Fahrstrecke und nicht e i n e Fahrweise gibt, für die alle Bauteile bemessen werden könnten; vielmehr ändert sich dies von Bauteil zu Bauteil. So sind z.B. für die Auslegung der Räder in erster Linie die Seitenkräfte dominant, die bei sportlicher Fahrweise auftreten, während für Bremsteile die Bremskräfte für reine Stadtfahrt nach Größe und Häufigkeit maßgebend sind.

Da die Kollektivform weitgehend bekannt ist, genügt es für eine schnelle Aussage vielfach, den Kollektivhöchstwert zu bestimmen.

Hierzu dienen Messungen bei speziellen Fahrmanövern wie Bremsen auf Belgisch Pflaster, Ruckeln oder Anfahren auf Piste, Bild 6, sowie Messungen auf kurzen Schlechtwegstrecken wie welliger Beton, Belgisch Pflaster und Piste bei Geradeausfahrt, Bild 7.

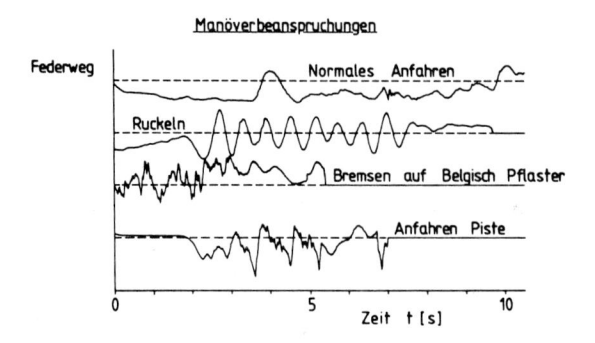

Bild 6: "Kurztest"-Messung des Fahrweges A80 vo, Manöver

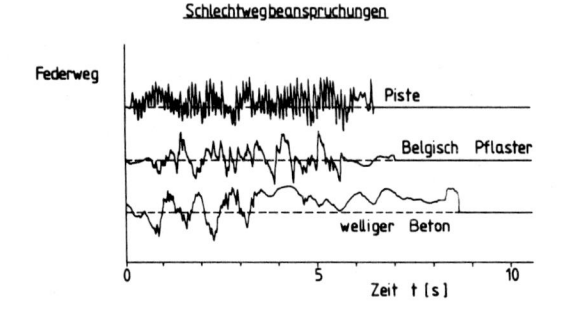

Bild 7: "Kurztest"-Messung des Fahrweges A80 vo, Schlechtweg

3. Beanspruchbarkeit von Bauteilen /2, 9 bis 12/

Die Ermittlung der Beanspruchbarkeit im Labor kann verschiedenen Stadien zugeordnet werden:

- der Vorentwicklung bei der Untersuchung neuer Werkstoffe, Fahrzeug- und Fertigungskonzepte mit dem Ziel der Aufstellung von Prüfspezifikationen,

- der Serienentwicklung bei der Bauteiloptimierung mit dem Ziel der Freigabe für die Serienfertigung und
- der Qualitätssicherung bei der kontinuierlichen bzw. periodischen Prüfung festigkeitsrelevanter Bauteile zur Kontrolle der Serienfertigung.

Neben einigen statischen Versuchen, wie der Knickprüfung von Lenkern und Spurstangen, nimmt die Schwingprüfung den Großteil der Festigkeitsprüfungen ein. Wie Bild 8 zeigt, kann zwischen der Prüfung einzelner Bauteile, von Baugruppen und dem Gesamtfahrzeug unterschieden werden. Während die Optimierung z.B. der Gestalt, Schweißnahtgeometrie, Schweißfolge, von Stanzkanten oder der Lage von Schweißpunkten meist aus Zeit- und Kostengründen im Einstufenversuch durchgeführt wird, erfolgt der experimentelle Lebensdauernachweis im Betriebsfestigkeitsversuch. Hierfür sind in den letzten Jahren zahlreiche Sonderprüfstände entwickelt worden, z.B. /4, 10, 13 bis 15/. Die Notwendigkeit solcher Prüfstände ergibt sich u.a. daraus, daß sich mehraxiale Betriebsbeanspruchungen einer rechnerischen Lebensdauerabschätzung heute noch völlig entziehen /16/.

Bauteile	Baugruppen	Gesamtfahrzeug
Einstufenversuche Betriebsfestigkeits- versuche	Nachfahrversuche Programmversuche meist mehraxial	Nachfahrversuche mehraxial
	Sonderprüfstände	Straßensimulator
z.B. Achszapfen Lenkrad Kurbelwelle Mulde für Notrad	z.B. Fahrwerk vo, hi Räder Karosserie Abgasanlage Getriebe Motor und Anbauteile	- Prototypen verschiedener Baustufen

Bild 8: Schwingfestigkeitsprüfungen im Labor

Liegt ein Bemessungskollektiv für die Auftretenswahrscheinlichkeit P_E vor, so wird im Betriebsfestigkeitsversuch die ertragbare Schwingspielzahl ermittelt. Bei Prüfung von mehreren Bauteilen kann in bekannter Weise der Mittelwert und die Standardabweichung angegeben werden. Auch hier ist es möglich, analog zu der Vorgehensweise bei der Beanspruchung in Abschnitt 2, die Streuung der

Beanspruchbarkeit (Festigkeit) mit Hilfe einer ertragbaren Schadenssumme zu kennzeichnen. Die Verteilung kann wie bei der Beanspruchung in genügend guter Näherung als log-normalverteilt angenommen werden. Damit läßt sich die Beanspruchbarkeit durch die mittlere ertragbare Schadenssumme D_{F50} und die Standardabweichung

$$s_F = \sqrt{\frac{1}{n-1} \sum_{i=1}^{n} (\log D_{Fi} - \log D_{F50})^2}$$

kennzeichnen.

Ein wesentlicher Vorteil beim experimentellen Lebensdauernachweis im Kfz-Bereich besteht darin, daß im Gegensatz zu anderen Bereichen des Maschinen- und Fahrzeugbaus Originalbauteile und nicht Probestäbe oder Modellkörper geprüft werden können. Das Problem der Übertragbarkeit Probestab / Bauteil entfällt deshalb.

Eine Schwierigkeit beim experimentellen Lebensdauernachweis während der Serienentwicklung besteht darin, daß die Aussagen zunächst mit Hilfe von Versuchsmustern und nicht mit werkzeugfallenden Teilen gemacht werden können. Um dieses Risiko abzusichern, muß der Hersteller auf Erfahrungen mit Bauteilen aus Vorgängermodellen zurückgreifen können, z.B. auf Vergleiche Versuchswerkzeug/ Serienwerkzeug oder Sandguß/Kokillenguß.

4. Zuverlässigkeitskonzept /5, 8/

Sind die Beanspruchung und Beanspruchbarkeit einschließlich ihrer Streuungen bekannt, wie in Abschnitt 2 und 3 gezeigt, kann die Ausfallwahrscheinlichkeit P_A, die einer bestimmten Kilometerleistung zugeordnet wird, z.B. 300 000 km, angegeben werden, Bild 9.

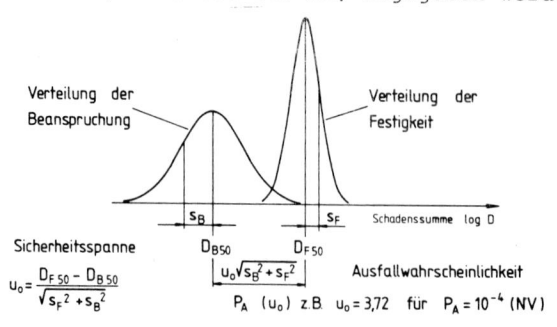

Bild 9: Zuverlässigkeitskonzept

Ein Versagen kann nur im Überschneidungsbereich der Verteilungen auftreten, wenn

$$D_B \geq D_F.$$

Bei log-Normalverteilung von D_B und D_F gilt

$$u_o (P_A) = \frac{D_{F50} - D_{B50}}{\sqrt{s_F^2 + s_B^2}}$$

Die der Sicherheitsspanne u_o zugeordnete Ausfallwahrscheinlichkeit kann Statistiktabellen entnommen werden. Die Ausfallwahrscheinlichkeit nimmt ab (Zunahme von u_o), wenn der Abstand der Mittelwerte zunimmt und die Standardabweichungen kleiner werden. Zu erkennen ist weiterhin, daß bei Dominanz einer Standardabweichung, z.B. $s_B = 2 s_F$, aufgrund der Quadrierung die jeweils kleinere Streuung praktisch nicht mehr zum Tragen kommt.

Die Prioritäten im Hinblick auf Bauteilversagen werden wie folgt abgestuft:

- Sicherheitsteile: ein Unfall kann ausgelöst werden (z.B. Fahrwerk, Lenkung),
- das Fahrzeug bleibt liegen (z.B. Triebwerksteil),
- eine Werkstatt kann angefahren werden (z.B. Karosserieanbauteile).

In einem neueren Vorschlag /17/ wird im Wöhlerversuch die Grenzkurve für das "schlechteste" Bauteil ermittelt, der eine Überlebenswahrscheinlichkeit $P_ü$ = 100 % zugeordnet wird. Hierzu werden die Bauteile künstlich vorgeschädigt, z.B. durch Funkenerosion. Wie an Pleuelschrauben durchgeführte Versuche zeigen, /8/, Bild 10, ist der Abfall der vorgeschädigten Proben vergleichbar mit dem Bereich, der bei einer Großserienfertigung durch die konventionelle Sicherheitszahl abgedeckt wird.

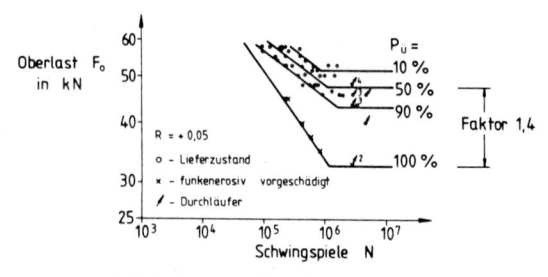

Wöhlerkurve für Pleuelschrauben

Bild 10: Prinzip des schlechtesten Bauteils

5. Absicherungsstrategie

Während der "100 Jahre Automobil" hat der Dauerlauf mit Versuchsträgern bzw. Prototypen auf Spezialstrecken eine hervorragende Rolle gespielt. Dabei kann die Beanspruchung, die ein Fahrzeug während seines Lebens erfährt, in wenigen Wochen aufgebracht werden. Durch Beanspruchungsmessungen, aber auch aufgrund langjähriger Erfahrungen, ist bekannt, welche Strecke schadensfrei zurückgelegt werden muß, um Schäden beim Kunden auszuschließen. Verglichen mit anderen Bereichen des Fahrzeugbaus (Flugzeuge, Schiffe) liegen hiermit ideale Voraussetzungen vor, um echte Betriebserfahrungen bereits während der Fahrzeugentwicklung berücksichtigen zu können. Die Teststrecken der einzelnen Automobilhersteller unterscheiden sich im Hinblick auf Härte und Länge außerordentlich stark.

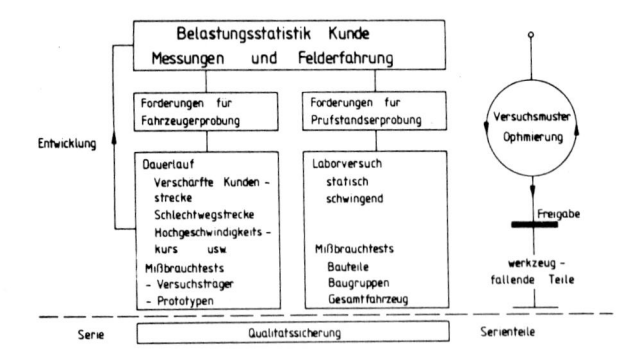

Bild 11: Absicherungskonzept Bauteilfestigkeit

Das Absicherungskonzept mit Dauerlauferprobung, Prüfstandserprobung und Serienüberwachung ist in vereinfachter Form in Bild 11 dargestellt. In den vergangenen Jahrzehnten hat sich durch die Verbesserung der Meß- und Prüfstandstechnik die Bedeutung der Laborerprobung wesentlich erhöht, so daß die Festigkeitsoptimierung fast ausschließlich im Labor erfolgt. Die Bedeutung des Dauerlaufs liegt vor allem in der abschließenden Absicherung vor Serienbeginn.

Das Absicherungskonzept wäre wirkungslos, wenn nicht gewährleistet werden könnte, daß die Bauteileigenschaften, die bei der Prüfung während der Entwicklung zur Freigabe geführt haben, auch in der laufenden Serie über den gesamten Fertigungszeitraum eines Modells vorhanden sind. Zur Sicherstellung einer ausreichenden Lebensdauer sind im Verantwortungsbereich der Qualitätssicherung neben Werkstoffprüfungen, Maßkontrollen und zerstörungsfreier Prüfung in vielen Fällen auch Schwingversuche erforderlich, z.B. stichprobenweise an allen Sicherheitsteilen des Fahrwerks. Durch die Notwendigkeit, schnell Aussagen machen zu können, und die Forderung, diese Prüfung innerhalb des Konzerns weltweit durchzuführen, ist man bestrebt, möglichst einfache Prüfverfahren anzuwenden.

Literatur

/ 1/ Helfmann, R.:
Weltweite Messung der Einsatzprofile im Fahrversuch und ihre Echtzeit-Simulation im Laborversuch.
XX, FISITA-Kongreß, Wien (1984)

/ 2/ Grubisic, V.:
Methodik zur optimalen Dimensionierung schwingbeanspruchter Fahrzeugbauteile.
Automobil-Industrie 3/83, S. 287/293 (1983)

/ 3/ Wimmer, A.:
Erarbeitung fahrzeugunabhängiger Parameter zur betriebsfesten Dimensionierung lebenswichtiger Bauteile. Berichtband zur 10. Sitzung des DVM-Arbeitskreises Betriebsfestigkeit, München, Februar 1984

/ 4/ Knoche, K.-H. und K.-P. Weibel:
Beschreibung der Versuchslasten und der Betriebsfestigkeitsuntersuchungen von Karossen an einem servohydraulischen Mehrkomponentenprüfstand.
Gemeinsames Seminar für Leichtbau des HSBW München und der TU München, München Jan./Febr. 1984

/ 5/ Haibach, E.:
Beurteilung der Zuverlässigkeit schwingbeanspruchter Bauteile.
Luftfahrttechnik-Raumfahrttechnik, Bd. 13 (1967) Nr. 8, S. 188-193

/ 6/ Schütz, W. und M. Hück:
Zum Stand der Lebensdauervorhersage - Beurteilung der Verfahren. IABG-Bericht TF 694 (1978)

/ 7/ Güthe, H.-P., J. Petersen, J. Vogler und H. Zenner:
Bewertung der Beanspruchungs-Streuung aus gemessenen Kollektiven. ATZ demnächst

/ 8/ Zenner, H.:
Absicherung einer ausreichenden Lebensdauer am Beispiel des Automobils.
Tagungsbericht "Betriebsfestigkeit und Zuverlässigkeit", Gemeinschaftstagung, Kassel, März 1985

/ 9/ Jaeckel, H. R.:
Design Validation Testing.
SAE Technical Paper Series 820690 (1982)

/10/ Weiler, W. und H. Kötzle:
Meß- und Versuchstechnik bei der Erprobung von Personenwagen-Achsen.
"Werkstoff- und Bauteilprüfung sowie Betriebslastensimulation"
Werkstofftechnische Verlagsgesellschaft mbH, Karlsruhe (1981)

/11/ Buxbaum, O. und E. Haibach:
Zur Systematik des Betriebsfestigkeitsversuchs im Fahrzeugbau. Materialprüfung 17 (1975) Nr. 6, S. 173/175

/12/ Schütz, W.:
Ansatz und Durchführung von Betriebsfestigkeitsversuchen.
DVM-Tagung "Werkstoffprüfung 1985", Bad Nauheim (1985)

/13/ Petersen, J. and G. Weißberger:
The Conception, Description and Application of a New Vehicle Endurance Test System at AUDI NSU.
SAE Technical Paper Series 820094 (1982)

/14/ Fischer, G. und V. Grubisic:
Versuchseinrichtungen zur Untersuchung der Ermüdungsfestigkeit von Fahrzeugrädern. ATZ 84 (1982) 6, S. 307/316

/15/ Angerer, S., S. Gruber und H. Naundorf:
Fahrdynamischer Räderprüfstand - Messungen, Ergebnisse und neue Prüfmethoden. ATZ 87 (1985) 11, S. 571/578

/16/ Zenner, H.:
Schwingfestigkeit bei mehrachsiger Beanspruchung.
DGM-Tagung "Ermüdungsverhalten metallischer Werkstoffe" (1984)

/17/ Hück, M., W. Schütz und H. Walter:
Moderne Schwingfestigkeitsdaten zur Bemessung von Bauteilen aus Sphäroguß und Temperguß.
Konstruieren + Gießen 10 (1985) Nr. 3, S. 4/19

Versagenssichere Bemessung von Bauteilen im Flugzeugbau

H. Huth, D. Schütz, Fraunhofer-Institut für Betriebsfestigkeit (LBF), Darmstadt

Einleitung

Im Flugzeugbau ergibt sich die Notwendigkeit für eine zeitfeste Bemessung a. dem Zwang zum Leichtbau; dem stehen besonders hohe Sicherheitsanforderungen gegenüber. Beide Ziele werden durch die Anwendung besonderer Konstruktionsprinzipien, die in sogenannten Bauvorschriften festgelegt sind, erreicht. Bis etwa 1975 waren zwei mögliche Konstruktionsphilosophien zugelassen, nämlich die schwingbruchsichere (engl.: safe life) und die ausfallsichere (engl.: fail safe) Konstruktion. Im erstgenannten Fall hat der Ausfall eines kraftübertragenden Elements katastrophale Folgen, was zur Forderung entsprechend hoher Sicherheitsfaktoren beim Nachweis führt. Demgegenüber ist bei der ausfallsicheren Konstruktion, die sich durch mehrere parallel geschaltete Kraftwege auszeichnet, beim Versagen eines Elements eine ausreichende Tragfähigkeit der Restkonstruktion gewährleistet. Die Erfolge, die durch die Anwendung bruchmechanischer Methoden erzielt werden konnten führten dazu, daß in den derzeitigen Bauvorschriften für den zivilen (1, 2) und militärischen (3, 4) Flugzeugbau der Begriff "ausfallsicher" in "schadenstolerant" erweitert wurde. Eine safe-life-Auslegung ist heute nur noch für Fahrwerkskomponenten zulässig. Die schadenstolerante Auslegung läßt zwei unterschiedliche Wege zu, wie auf Bild 1 dargestellt.

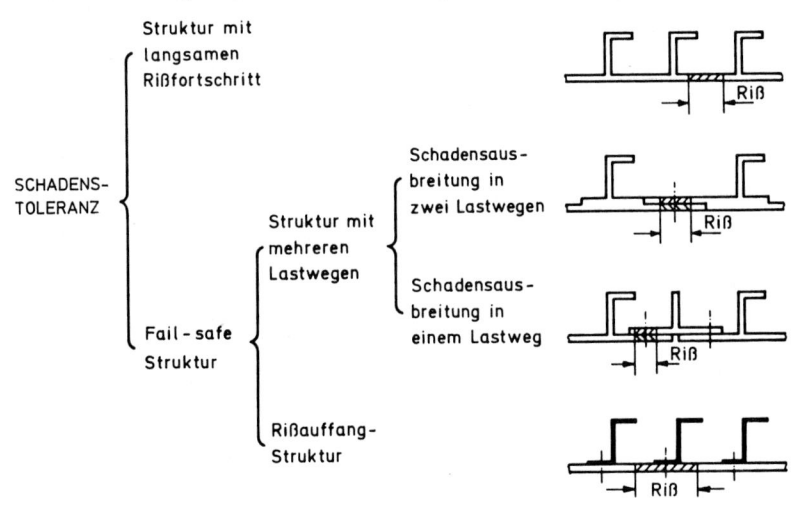

Bild 1: Möglichkeiten bei der Auslegung einer schadenstoleranten Konstruktion.

Das bedeutet, daß bei der Nachweisführung generell von einer angerissenen Konstruktion auszugehen ist und daß den Inspektionen besondere Aufmerksamkeit geschenkt werden muß. Es bedeutet aber nicht, daß die Hersteller auf die Anriß-Lebensdauer verzichten. Parallel zum Schadenstoleranznachweis wird weiterhin Wert auf gute Schwingfestigkeitseigenschaften gelegt. So wurde z. B. beim Großraumflugzeug Airbus A300, bei dem das Auslegungsziel eine Gesamtlebensdauer von 48.000 Flügen war, ein "rißfreies Leben" von 24.000 Flügen angestrebt.

Vorgehensweise beim Betriebsfestigkeitsnachweis

Der Ablauf und die wichtigsten Schritte beim Schwingfestigkeits- und Schadenstoleranznachweis im Flugzeugbau sind in Bild 2 dargestellt.

Bild 2: Schematischer Ablauf des Betriebsfestigkeitsnachweises im Flugzeugbau.

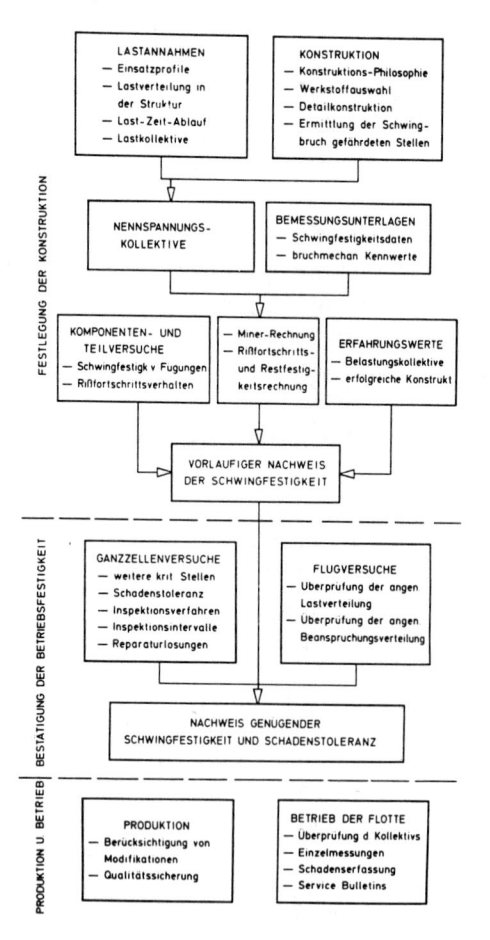

Für den rechnerischen Nachweis werden ca. 50 - 100 als schwingbruchgefährdet erachtete Stellen der Primärstruktur ausgewählt. Aus den Lastannahmen für verschiedene Flugzustände und Konfigurationen (Lastfälle) werden für die verschiedenen Strukturbereiche unterschiedliche Beanspruchungs-Zeitverläufe, wie z. B. auf Bild 3 für den Flügelwurzelbereich eines Flugzeuges, abgeleitet. Dabei spielt das geplante Einsatzprofil des Flugzeugs sowie Erfahrungen in Form von Statistiken (z. B. Böengeschwindigkeiten in Abhängigkeit von der Flughöhe) und Meßergebnissen von Vorgängermodellen eine wesentliche Rolle.

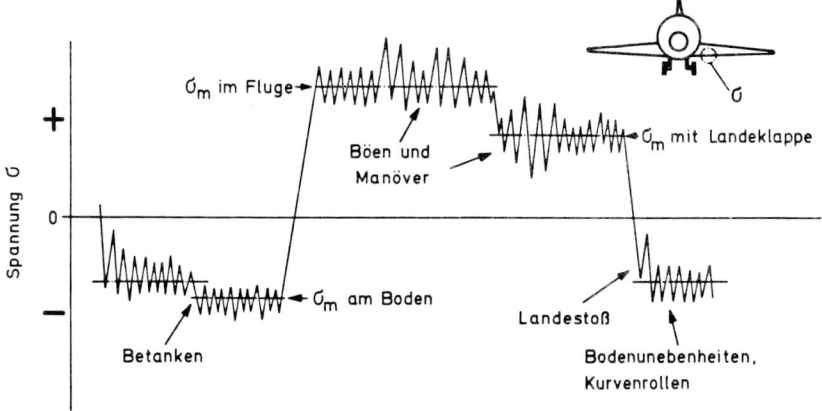

Bild 3: Beanspruchungsablauf an der Flügelwurzel eines Transportflugzeuges.

Spannungsanalysen, unter Berücksichtigung der örtlichen Gegebenheiten führen letztlich zu den für die Bemessung erforderlichen lokalen Nennspannungskollektiven (Bild 4).

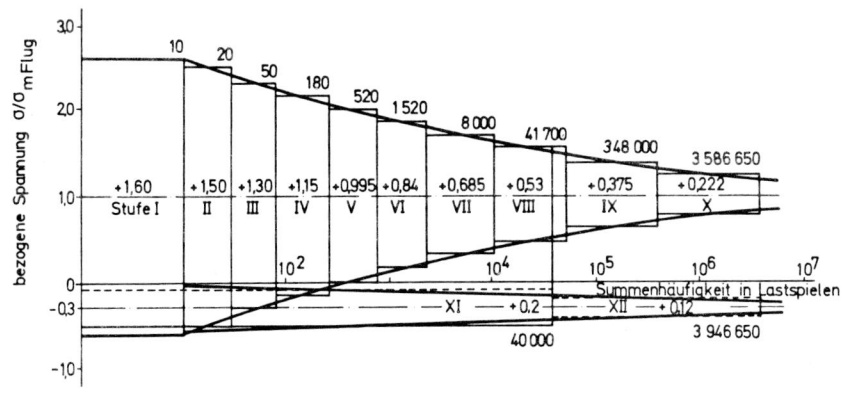

Bild 4: Standardisiertes getrepptes Kollektiv für 40 000 Flüge.

Nun folgt der für die Lebensdauerabschätzung äußerst wichtige Schritt der Auswahl der zutreffenden Bemessungsunterlagen. Im allgemeinen handelt es sich dabei um Werkstoff-Wöhlerlinien (oder Haighdiagramme) für Kerbstäbe oder vorzugsweise Fügungen. Die Lebensdauervorhersage erfolgt dann unter Verwendung der Schadensakkumulationshypothese nach Miner, d. h. durch eine lineare Aufsummierung von Teilschädigungen wobei keinerlei Reihenfolgeeinflüsse berücksichtigt werden. Wenn immer möglich wird jedoch auf Erfahrungswerte zurückgegriffen werden, d. h. es werden Ergebnisse von Einzelflugversuchen an Kerbstäben oder Komponente berücksichtigt. Dies geschieht durch die Anwendung der sogenannten Relativen Miner Regel. Bei der Lebensdauerabschätzung wird dabei auf eine Lebensdauerlinie zurückgegriffen, die aus Einzelflugversuchen mit einer ähnlichen Kollektivform stammen. Die Abweichungen des tatsächlichen Kollektivs werden durch einen Korrekturfaktor berücksichtigt, siehe Bild 5.

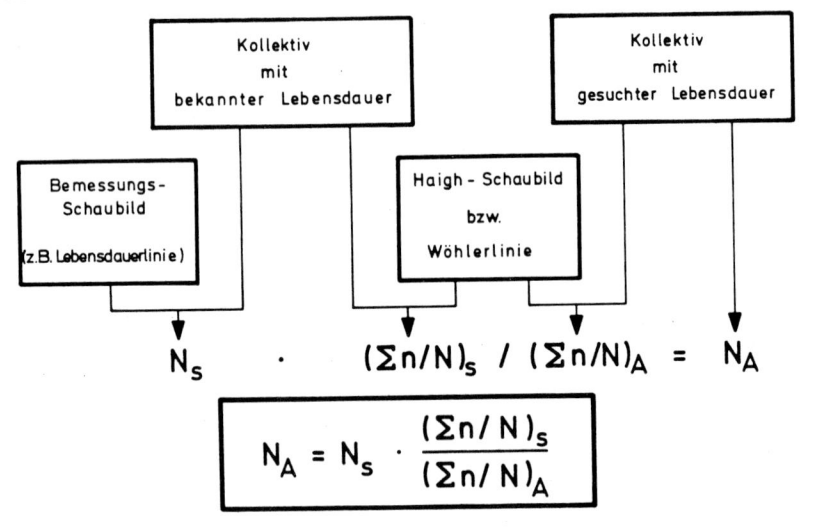

$$N_S \cdot (\Sigma n/N)_S / (\Sigma n/N)_A = N_A$$

$$N_A = N_S \cdot \frac{(\Sigma n/N)_S}{(\Sigma n/N)_A}$$

Bild 5: Lebensdauerabschätzung mit der relativen Miner Regel.

Im Flugzeug-Zellenbau hat sich die Anwendung sogenannter örtlicher Lebensdauervorhersage-Konzepte nicht durchsetzen können.

Bei dem für die Zulassungsbehörden wichtigeren Nachweis der Schadenstoleranz (5) werden wiederum Strukturdetails ausgewählt, zu denen auch die bei der Lebensdauerabschätzung betrachteten gehören können, und rechnerische Rißfortschritts- und Restfestigkeitsvorhersagen durchgeführt. Dabei sind die in den Vorschriften festgelegten Anfangsrißgrößen anzunehmen (siehe Beispiel auf Bild 6).

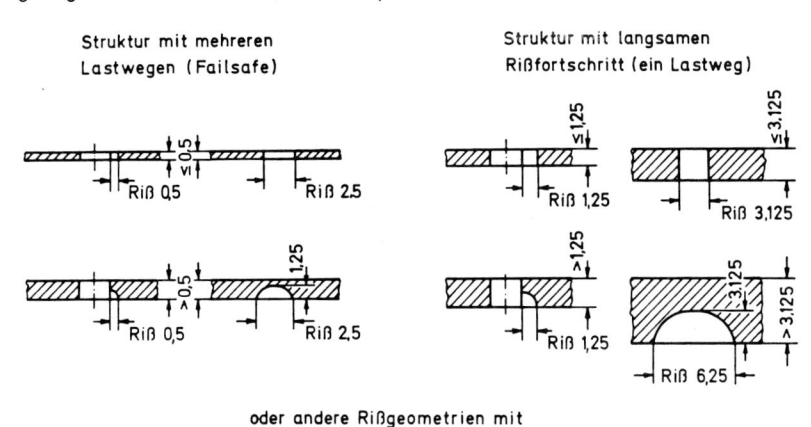

Struktur mit mehreren Lastwegen (Failsafe)　　Struktur mit langsamen Rißfortschritt (ein Lastweg)

Riß 0,5　　Riß 2,5　　Riß 1,25　　Riß 3,125

Riß 0,5　　Riß 2,5　　Riß 1,25　　Riß 6,25

oder andere Rißgeometrien mit äquivalentem Spannungsintensitätsfaktor

Bild 6: Beispiele anzunehmender Anfangsrißgrößen, aus (3).

Diese Größen unterscheiden sich je nach gewählter Konstruktionsphilosophie und Inspizierbarkeit. Als Bemessungsunterlagen werden hier die aus Einstufenversuchen abgeleiteten Werkstoff-Rißfortschrittsdiagramme verwendet, welche möglichst den gesamten K-Bereich abdecken und für verschiedene R-Werte vorliegen sollten. Reihenfolgeeinflüsse beim Rißfortschritt sollen durch geeignete Vorhersagemodelle berücksichtigt werden, was außer der primär durch die Innendrucklastwechsel belastete Rumpfstruktur für alle Strukturbereiche gilt. Ferner müssen konstruktionsbedingte Einflüsse auf den Rißfortschritt, wie z. B. die Auswirkung von versteifenden Stringern oder Spanten, berücksichtigt werden. Die Rißfortschrittsrechnungen führen schließlich zu Rißfortschrittskurven für die jeweiligen Stellen. Diese bilden die Grundlage für die Ableitung von Inspektionsintervallen, siehe Bild 7. Die bei der Berechnung der kritischen Rißlängen anzusetzende Höchstlast wird dabei durch die Art und Häufigkeit der Inspektion bestimmt.

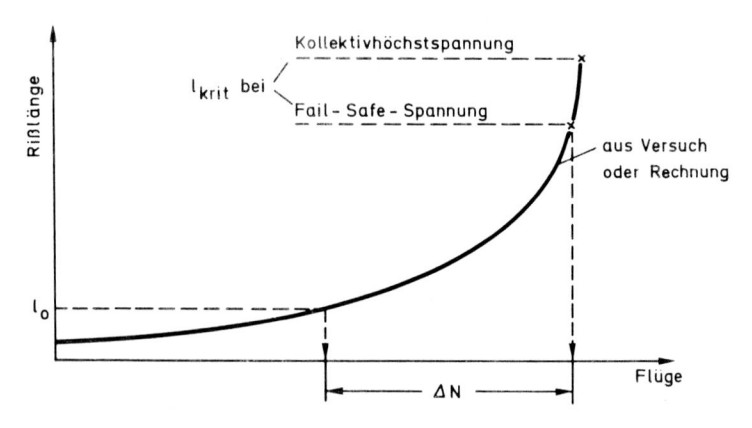

l = sicher entdeckbare Rißlänge (Inspektionsverfahren!)
Inspektionsintervall J = ΔN/(2÷4)

Bild 7: Ableitung von Inspektionsintervallen aus der Rißfortschrittskurve.

Der ganze rechnerische Aufwand ist allein ohne zusätzliche experimentelle Nachweise nicht ausreichend, so wird von den Behörden z. B. verlangt, daß die verwendeten Rißfortschrittsrechenmodelle mit dem tatsächlichen Lastablauf und dem eingesetzten Werkstoff experimentell überprüft werden. Ferner werden Nachweisversuche für die safe-life ausgelegten Komponenten verlangt, wobei ein pauschaler Sicherheitsfaktor zur Abdeckung von Unsicherheiten infolge der angesetzten Lastannahmen, der Spannungsanalysen, der aufgebrachten Versuchslasten sowie der weitgehend unbekannten, schädlichen Umgebungseinflüsse im Betrieb anzuwenden ist.

Für den endgültigen Betriebsfestigkeitsnachweis an einer schadenstolerant ausgelegten Konstruktion wird von allen Herstellern der sogenannten Ganzzellenversuch durchgeführt, bei dem es sich als vorteilhaft erwiesen hat die Zelle in mehrere Versuchsstücke aufzuteilen, siehe Bild 8. Dabei werden die beispielhaft und schematisch in Bild 9 gezeigten Belastungen möglichst realitätsnah in Bezug auf deren Kombinationen und zeitlicher Aufeinanderfolge simuliert.

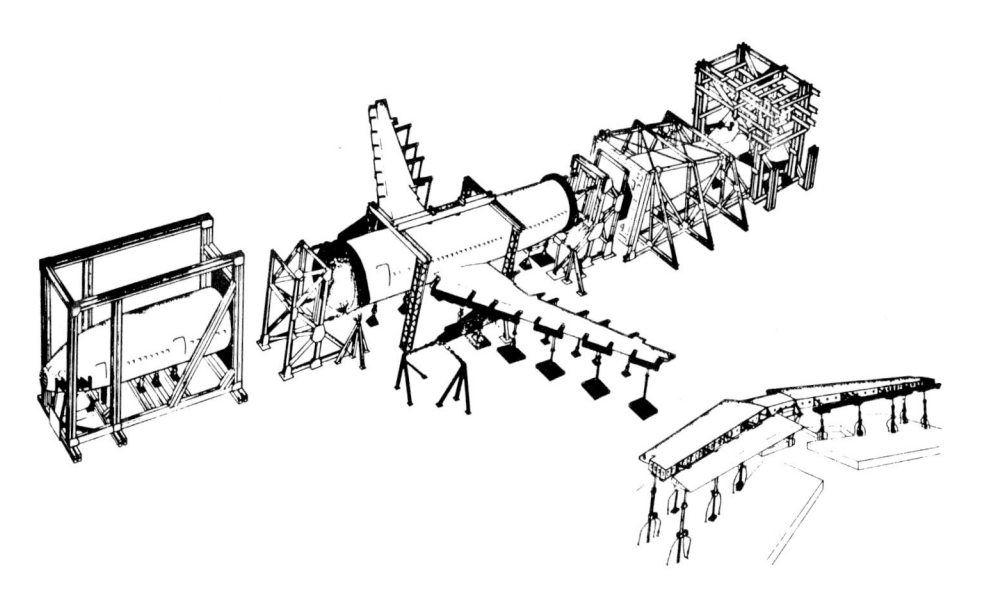

Bild 8: Beispiel eines aufgeteilten Ganzzellenversuchs (Airbus A 300)

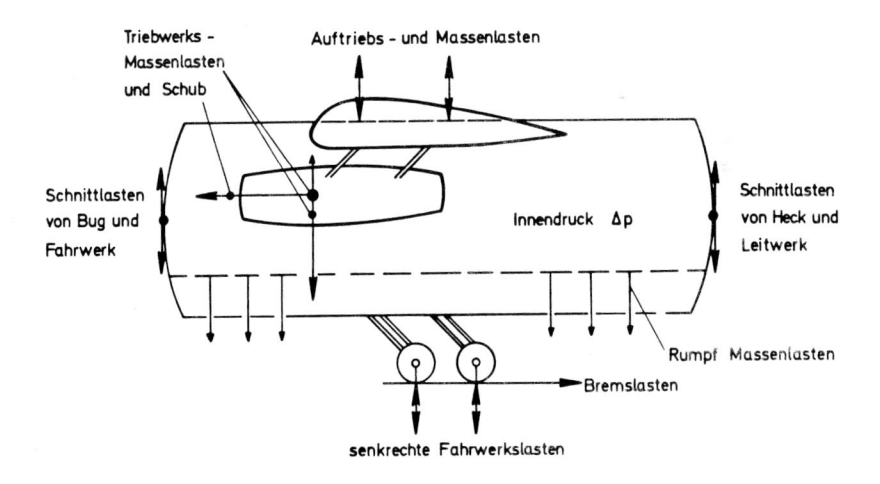

Bild 9: Zu simulierende Belastungen im Ganzzellenversuch (schematisiert).

Die Ziele des Ganzzellenversuchs sind:

- Eine ausreichende Lebensdauer nachzuweisen,
- mögliche, während der Entwicklung nicht erkannte Schwachsstellen festzustellen,
- die ausreichende Schadenstoleranz durch Bestimmung des Rißfortschritts- und Restfestigkeitsverhaltens natürlicher und künstlicher Schäden zu demonstrieren,
- Inspektionsverfahren zu erproben und Inspektionsintervalle festzulegen,
- nachträglich ergriffene Maßnahmen zur Steigerung der Schwingfestigkeit und die Wirksamkeit von Reparaturlösungen zu erproben.

Parallel zum Ganzzellenversuch werden, wie in Bild 2 angedeutet, Flugversuche durchgeführt um angenommene äußere Lasten sowie die daraus resultierenden Beanspruchungen durch Messungen zu überprüfen. Erst nach positivem Abschluß der Versuche kann der endgültige Betriebsfestigkeits- und Schadenstoleranznachweis als erbracht gelten.

Schlußbemerkungen

Der beschriebene Weg zur versagenssicheren Bemessung im Flugzeugbau basiert auf Erfahrungen und Bauvorschriften die für Metallkonstruktionen gelten. Beim derzeitigen Übergang zum Einsatz von Faserverbundwerkstoffen auch für Primärstrukturen sind zusätzliche Kriterien, die sich vor allem auf den Einfluß von Umweltbedingungen beziehen, zu beachten.

Literatur:
(1) Joint Airworthiness Requirements. JAR-25: Large Aeroplanes. Civil Aviation Authority, Cheltanham.
(2) Federal Aviation Regulations. FAR-25: Airworthiness Standards-Transport Category Airplanes. US Government Printing Office, Washington.
(3) Airplane Damage Tolerance Requirements. Military Specification MIL-A-83444 (1974). US Government Printing Office, Washington.
(4) Airplane Strength and Rigidity Reliability: Requirements, Repeated Loads and Fatigue Military Specification MIL-A-8866 B (1975)
(5) T. Swift: Verification of Methods for Damage Tolerance Evaluation of Aircraft Structures to FAA Requirements. 12. ICAF-Symposium, Toulouse (1983).

Versagenssichere Bemessung von Bauteilen im Triebwerksbau

R. Schreieck und G. König, Motoren- und Turbinen-Union, München

1. Auslegungsziele

Bei der Bemessung technischer Bauteile gelten je nach Anwendungsfall sehr unterschiedliche Auslegungsziele. Für den Bereich des Flugtriebwerksbaus hat der Gesichtspunkt der Sicherheit höchste Priorität. Darüber hinaus ist ein weiteres grundlegendes Ziel die Realisierung einer möglichst hohen spezifischen Leistung (= Verhältnis zwischen Leistung und Gewicht). Dies erfordert einerseits eine ausgeprägte Leichtbauweise und andererseits eine hohe Nutzung des Werkstoffpotentials. Somit sind Sicherheit, Leichtbauweise, hohe Ausnutzung des Werkstoffpotentials bei gleichzeitiger Berücksichtigung der Wirtschaftlichkeit die charakteristischen Randbedingungen bei der Auslegung von Triebwerkskomponenten.

Hinsichtlich der Sicherheitsanforderungen lassen sich einzelne Triebwerkskomponenten in verschiedene Kategorien einteilen:

Bei den meisten Teilen wird Sicherheit durch redundante Auslegung erzielt: Beim Ausfall einer Komponenten wird deren Funktion durch andere Komponenten übernommen, ohne daß die Funktionsfähigkeit des Triebwerks insgesamt beeinträchtigt wird.

Es ist jedoch nicht immer möglich, Komponenten auf diese Weise abzusichern. Ein Beispiel hierfür sind Triebwerksschaufeln. Beim Bruch einer Schaufel werden oft als Folgeschaden weitere Schaufeln zerstört, so daß das entsprechende Triebwerk abgeschaltet werden muß. Die Auslegungsvorschriften lauten hier im allgemeinen so, daß die Folgeschäden auf das betroffene Triebwerk begrenzt bleiben müssen und die übrigen Triebwerke eine sichere Rückkehr bis zur Landung ermöglichen.

Darüber hinaus gibt es in jedem Triebwerk Komponenten, bei deren
Ausfall die Folgeschäden so gravierend sind, daß sich der Schaden
nicht mehr auf ein vertretbares Maß begrenzen läßt. Beispiele
für diese sogenannten "Gruppe A Bauteile" sind massive rotierende
Bauteile wie Scheiben oder Wellen. Diese Bauteile müssen grundsätzlich so ausgelegt werden, daß ein Versagen im Betrieb mit
sehr großer Wahrscheinlichkeit auszuschließen ist.

Im folgenden sollen einige wichtige Grundgedanken bei der Auslegung rotierender Gruppe A Bauteile erläutert werden.

2. Auslegungskonzepte

Rotierende Teile sind im Betrieb einer Belastung ausgesetzt,
die sich im wesentlichen aus der Addition von durch Fliehkraft
und Temperaturgradienten induzierten Spannungen in Kombination
mit hohen Temperaturen ergibt. Bei der Auslegung muß sichergestellt werden, daß die Bauteilgeometrie während der Betriebszeit
innerhalb der vorgeschriebenen Toleranzen bleibt. Dies bedeutet
Formstabilität sowohl bei kurzzeitiger Überlastung durch Über-
drehzahl als auch bei langzeitiger Belastung durch Kriechver-
formung bzw. Relaxation. Ein weiteres Auslegungskriterium, dessen
Einhaltung bei modernen Triebwerken meist die größeren Probleme
mit sich bringt, ist die Auslegung gegen Versagen durch Ermüdung.
Die Ermüdungsbeanspruchung wird hervorgerufen durch die Änderungen der Rotationsgeschwindigkeit (Bild 1) und Temperaturgradienten beim Wechsel zwischen verschiedenen Flugphasen. Es handelt
sich um eine Belastung im Niedriglastwechsel-Ermüdungsbereich
mit typischen Werten für die Ziellebensdauer von einigen tausend
bis einigen zehntausend Lastwechseln. Der folgende Abschnitt
befaßt sich mit bisherigen und zukünftigen Konzepten bei der
Bemessung rotierender Bauteile gegen Ermüdung.

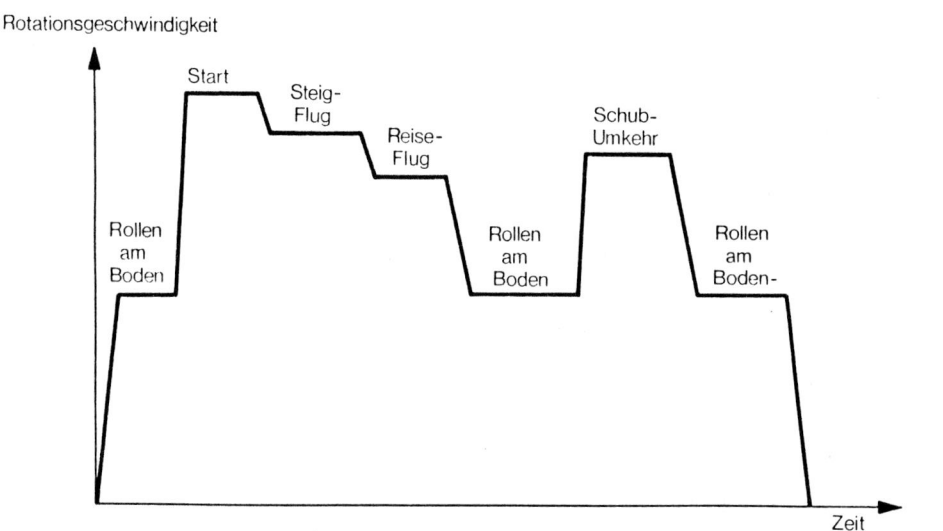

Bild 1: Änderung der Rotationsgeschwindigkeit bei verschiedenen Flugphasen (schematisch)

2.1 Konventionelles Anrißlebensdauerkonzept

Bei dem derzeit weit verbreiteten konventionellen Lebensdauerkonzept wird der Auslegung die Ermüdungslebensdauer bis zur Bildung eines technischen Anrisses zugrunde gelegt. Das Verfahren besteht aus folgenden Grundelementen:

a) Festigkeitsrechnung für Betriebsbelastung

Bei der Festigkeitsberechnung werden die durch Fliehkraft und Temperaturgradienten hervorgerufenen Beanspruchungen im Betrieb durch moderne Verfahren der elasto-plastischen Finitelementrechnung modelliert. Als Beispiel zeigt Bild 2 die mit elasto-plastischer Rechnung ermittelte Spannungsverteilung für eine Modellscheibe mit Kerben (der Werkstoff ist eine Nickelbasislegierung). Typisch für moderne Triebwerksscheiben ist ein hohes Spannungsniveau, bei dem der Werkstoff bis zur Streckgrenze (bei Nickelbasis etwa 1.000 MPa) oder höher belastet wird.

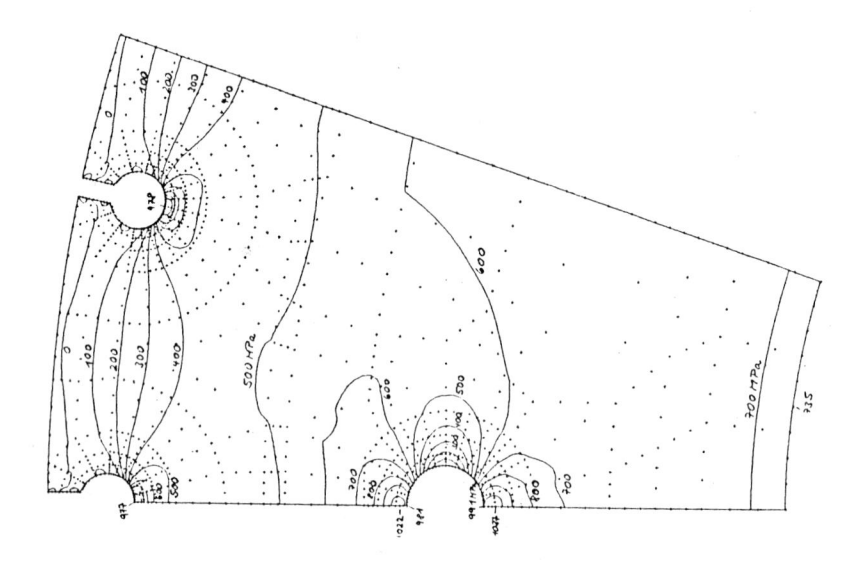

Bild 2: Plastische Tangentialspannung in einer gekerbten Modellscheibe bei 20.000 U/min. Angabe der Spannung in MPa.

b) Kritische Bereiche

Hohe Belastungen treten im allgemeinen nur in einzelnen begrenzten Bereichen einer Komponente auf, so daß nur für diese Bereiche eine detaillierte Lebensdauerbetrachtung erforderlich ist. Nabe, Bolzen- und Kühlluftbohrungen sowie Schaufelfußnuten sind typische Beispiele für kritische Bereiche rotierender Bauteile.

c) Lebensdauervorhersage auf der Basis allgemeiner Werkstoffdaten

Die Kenntnis über die Belastungsbedingungen an kritischen Stellen sowie über die Eigenschaften der verwendeten Werkstoffe erlaubt erste Vorhersagen über die Ermüdungslebensdauer einzelner Komponenten. Die Eigenschaften der verwendeten Werkstoffe werden in Probenversuchen ermittelt.

d) Bauteilversuche

Ergänzend zu den Probenversuchen sind Versuche mit Bauteilen in realer Größe für die Ermittlung einer sicheren Lebensdauer von grundlegender Bedeutung, da viele Einflüsse wie Fertigungseinfluß, Größeneinfluß oder Eigenspannungseinfluß bauteilspezifisch sind und mit Probenversuchen oft unzureichend erfaßt werden. Ein weiteres wichtiges Ziel der Bauteilversuche ist die Überprüfung der bei c) erfolgten Lebensdauervorhersage.

e) Ermittlung einer sicheren Anrißlebensdauer

Die Grundlage der Festlegung einer sicheren Lebensdauer ist die sogenannte Anrißlebensdauer. Ein technischer Anriß ist durch die Lastwechselzahl definiert, die zur Bildung eines Ermüdungsrisses mit etwa 0,4 mm Tiefe erforderlich ist. Zur Illustration zeigt Bild 3 ein Beispiel: Bei dem zugrundeliegenden Bauteilversuch wurde eine Verdichterscheibe in einem Versuchsstand zyklisch belastet. Dies geschah durch zyklische Änderung der Drehzahl zwischen Null und Nenndrehzahl. Ein Sequenz von Null auf Nenndrehzahl und wieder zurück auf Null ist ein sogenannter (Referenz-)Lastwechsel (Bild 4). Bei dem Versuch wurden insgesamt 21.000 Lastwechsel aufgebracht. Dabei lag die Anrißlebensdauer der Kühlluftbohrung bei 10.600 Lastwechseln und die der Schaufelnut bei 18.400 Lastwechseln.

Die Ergebnisse der Proben- und Bauteilversuche liefern Mittelwerte und Streuungen für die Anrißlebensdauer. Daraus läßt sich mit statistischen Verfahren eine -3σ Ausfallwahrscheinlichkeit errechnen. Für viele Scheibenwerkstoffe liegt etwa ein Faktor von 6 zwischen der -3σ und $+3\sigma$ Grenze der Lebensdauerverteilung.

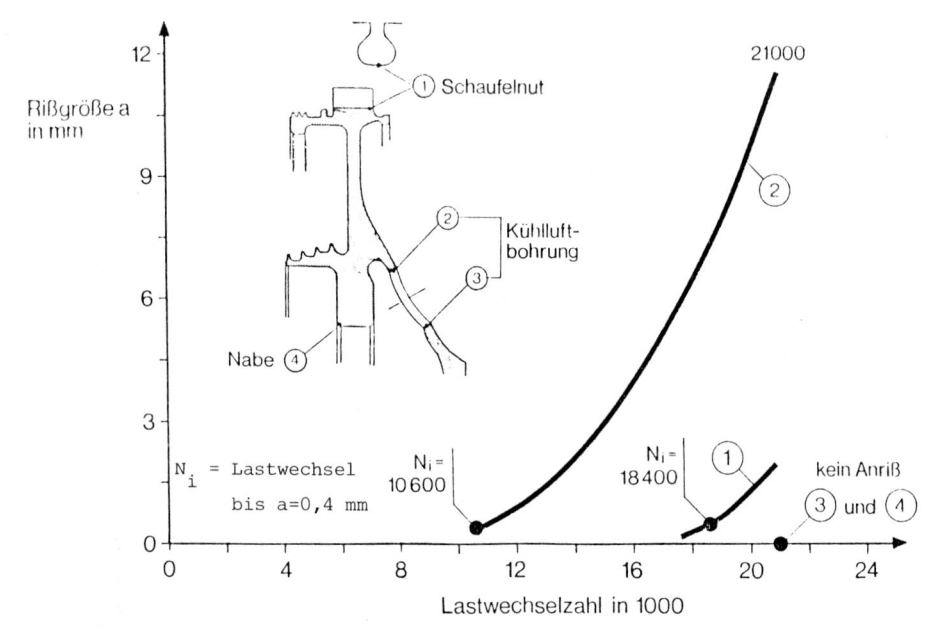

Bild 3: Rißgröße in Abhängigkeit von der Lastwechselzahl bei einem zyklischen Schleuderversuch mit einer Verdichterscheibe

f) **Definition einer repräsentativen Flugmission**

Die Belastung im Betrieb besteht nicht aus Referenzlastwechseln (wie bei den meisten Bauteilversuchen), sondern aus dem durch Start und Landung vorgegebenen Hauptlastwechsel mit überlagerten kleineren Lastwechseln (siehe Bild 1). Das Belastungsprofil hängt sehr stark von der speziellen Nutzung des Triebwerks ab und muß von Fall zu Fall neu ermittelt und festgelegt werden.

g) **Freigabe einer sicheren Lebensdauer**

Für die Freigabe einer sicheren Lebensdauer muß der Zyklenverbrauch pro Flugstunde in einen äquivalenten Verbrauch an Referenzlastwechseln umgerechnet werden. Dazu kommen oft Standardverfahren zur Anwendung wie das "rain flow" Verfahren in Kombination mit linearer Schadensakkumulation.

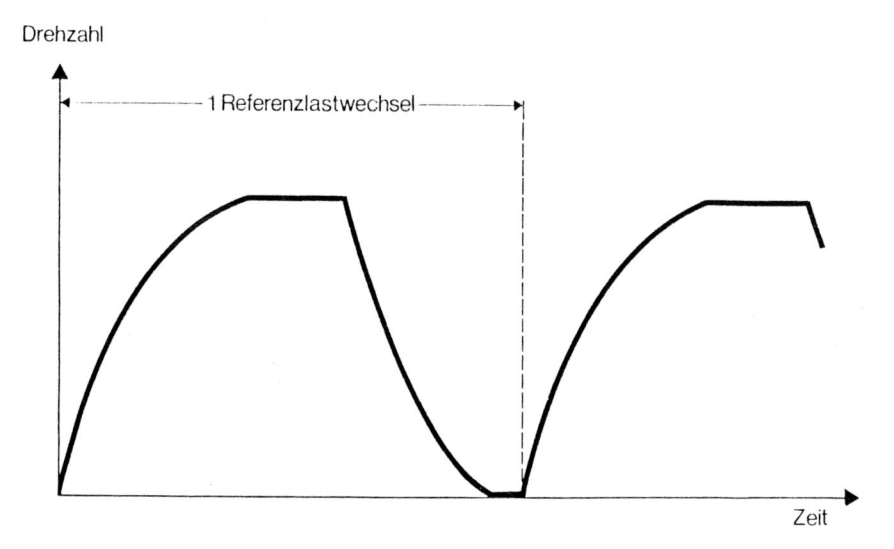

Bild 4: Referenzlastwechsel bei einem zyklischen Schleuderversuch.

Dem bisherigen Stand der Technik entspricht es, den Lebensdauerverbrauch in Lastwechseln pauschal mit Hilfe eines Umrechnungsfaktors aus den Flugstunden abzuleiten. Diesem Vorgehen liegt als Voraussetzung zugrunde, daß

- die Anzahl der Beanspruchungszyklen ungefähr proportional zur Flugzeit ist und daß

- der Umrechnungsfaktor für alle (individuell verschiedenen) Triebwerke und für alle (individuell sehr verschiedenen) Einsatzfälle annähernd gleich (zumindest aber repräsentativ) ist.

Da die genannten Voraussetzungen aber nicht erfüllt sind (es wurden bereits Streuungen im Lebensdauerverbrauch von 1:10 festgestellt), muß für die pauschale Anrechnung des Lebensdauerverbrauchs ein konservativer Umrechnungsfaktor verwendet werden.

Dies führt jedoch zu einer unwirtschaftlichen Nutzung des Lebensdauerpotentials.

Eine Verbesserung der Situation wird durch eine individuelle Überwachung des Lebensdauerverbrauchs erreicht. Dabei werden für alle kritischen Stellen der zu überwachenden Bauteile die zeitlichen Temperatur- und Spannungsverläufe während des Triebwerksbetriebes aus gemessenen Betriebsdaten berechnet. Aus diesen Zeitverläufen werden die Beanspruchungszyklen bestimmt und daraus der akkumulierte Lebensdauerverbrauch abgeleitet. Diese Verfahren gestatten eine wesentlich genauere Erfassung der individuellen Nutzung für jede Komponente im Vergleich zur Vorgehensweise mit einem pauschalen Umrechnungsfaktor. Bei gleicher Versagenswahrscheinlichkeit ermöglicht dies eine höhere Nutzung des Lebensdauerpotentials (Bild 5).

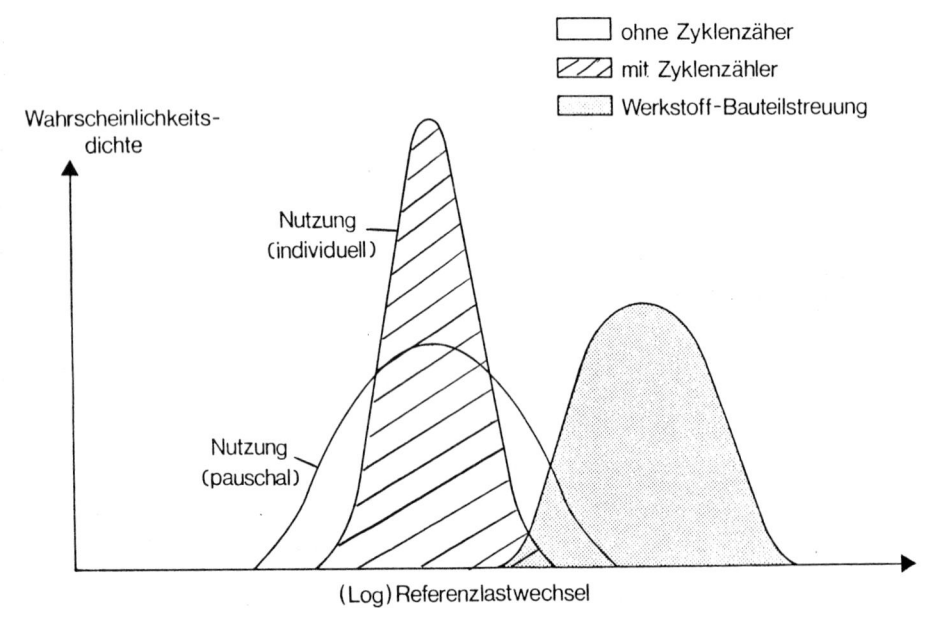

Bild 5: Die Ausfallwahrscheinlichkeit ergibt sich aus der Überlappung der Verteilungskurven der Nutzung und der Werkstoffstreuung. Durch Zyklenzähler läßt sich die Verteilungskurve für die Nutzung einengen und damit die Ausfallwahrscheinlichkeit senken bzw. die Nutzung erhöhen.

Für die dafür erforderlichen aufwendigen Berechnungen stehen leistungsfähige Näherungsverfahren zur Verfügung, die in einem Mikroprozessorsystem an Bord während des Fluges in Echtzeit abgearbeitet werden können. Es kann also jederzeit der aktuelle Kontenstand des Lebensdauerverbrauches von einem Speicher abgerufen werden.

h) Bauteilversuche mit gelaufenen Bauteilen

Als zusätzliche Absicherung des Auslegungskonzeptes werden in manchen Fällen Versuche mit Bauteilen durchgeführt, die im Betrieb bereits eine gewisse Flugstundenzahl akkumuliert haben. Das Ziel ist hierbei die Bestimmung der Restlebensdauer. Mit dieser Methode läßt sich feststellen, ob der Lebensdauerverbrauch im Betrieb stark von der Vorhersage bei der Auslegung abweicht.

2.2 Neue Auslegungskonzepte

Das konventionelle Anrißlebensdauerkonzept zur Bemessung ermüdungskritischer Komponenten wird seit vielen Jahren mit großem Erfolg im Triebwerksbau angewandt. Als Vorteil ist vor allem die günstige Sicherheitsbilanz zu nennen, die mit diesem Konzept bisher erzielt wurde. Demgegenüber stehen jedoch auch Nachteile, die zur Entwicklung neuer Auslegungskonzepte geführt haben. Einer dieser Nachteile liegt darin, daß bei einer Freigabe einer pauschalen Zyklenzahl für alle Teile die Lebensdauer am schlechtesten Bauteil orientiert werden muß. Bild 6 gibt schematisch die Verhältnisse für einen Fall wieder, bei dem für Scheiben als sichere Lebensdauer 4.000 Lastwechsel festgelegt wurden.

Das Diagramm zeigt, daß bezogen auf 1.000 Scheiben, ein erheblicher Anteil wesentlich längere Lebensdauerwerte erzielen würde. Bei über 100 Scheiben würde die Lebensdauer sogar mehr als 14.000 Lastwechsel betragen. Ein weiterer Nachteil des klassischen Auslegungskonzepts sind die starken Streuungen der Lebensdauerwerte für neue hochfeste Werkstoffe. Es erhebt sich die Frage, ob hier eine sichere Auslegung mit den Erfahrungswerten konventioneller Werkstoffe weiterhin gewährleistet ist.

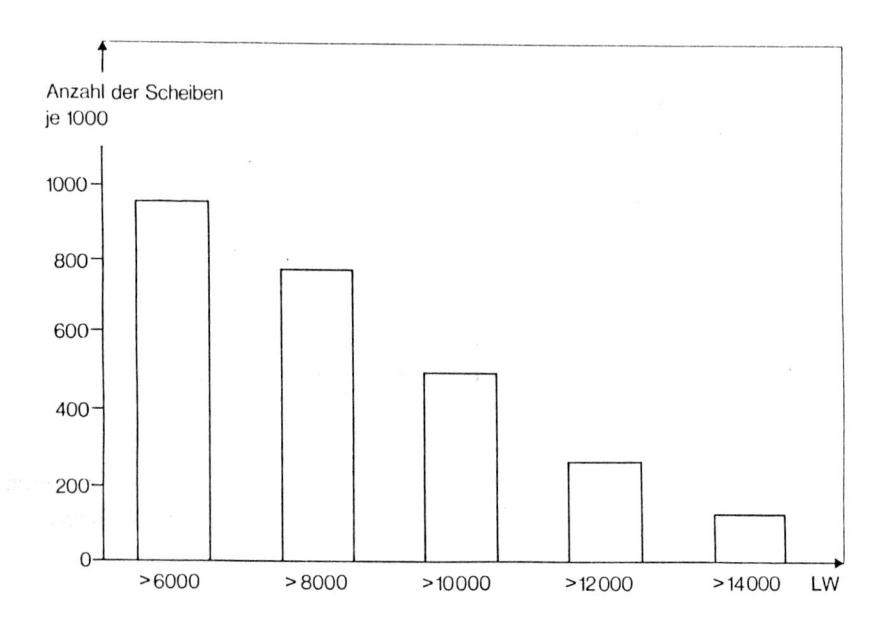

Bild 6: Statistische Restlebensdauer von Scheiben mit klassischem Sicherheitskonzept.

Die Gründe für die starke Streuung bei hochfesten Werkstoffen liegt in deren Empfindlichkeit hinsichtlich mikroskopischer Fehlstellen. Umfangreiches Versuchsmaterial belegt, daß Fehlstellen (nichtmetallische Einschlüsse, Oberflächenbeschädigungen usw.) in der Größenordnung von Bruchteilen eines Zehntel Millimeters bereits als Schwachstellen wirken, die bei hoher zyklischer Beanspruchung zur sofortigen Rißbildung führen (Bild 7). Der Unterschied in der zyklischen Lebensdauer zwischen Proben mit und ohne Fehlstellen kann mehr als einen Faktor 10 oder 100 betragen. Trotz gewaltiger Anstrengungen auf dem Gebiet der Verfahrenskontrolle und Qualitätssicherung ist es immer noch ein enormes Problem, mikroskopische Fehlstellen in großvolumigen technischen Bauteilen zu vermeiden. Es müssen daher Methoden gefunden werden, die dazu geeignet sind, mit diesen Fehlstellen zu leben.

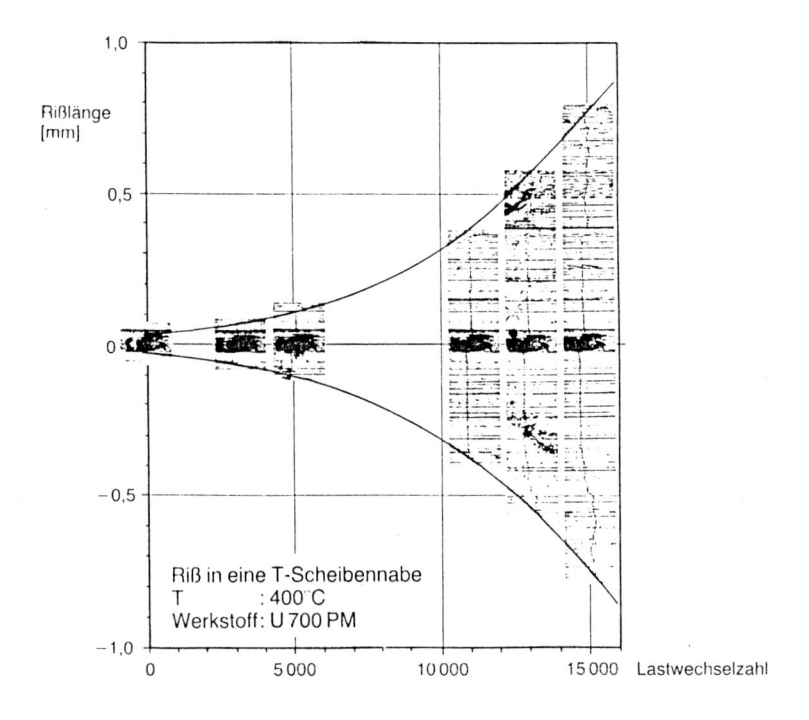

Bild 7: Sofortige Rißbildung an einem 60 µm großen Einschluß bei einem zyklischen Schleuderversuch.

Eine Lösung dieser Aufgabe sind bruchmechanische Lebensdauerkonzepte, bei denen die Rißfortschrittslebensdauer der Lebensdauerfreigabe zugrunde gelegt wird. Die wichtigsten Elemente derartiger bruchmechanischer Lebensdauerkonzepte sind in Bild 8 zusammengefaßt: Die Berechnung der Rißfortschrittslebensdauer verlangt nach detaillierten Kenntnissen über die Größe und Häufigkeit der Anfangsfehlergröße, über die geometrischen Randbedingungen bei der Rißausbreitung, über die Belastungsmission sowie über das Werkstoffverhalten. Mit Hilfe bruchmechanischer Rechenmodelle läßt sich daraus die Rißausbreitungslebensdauer als Funktion der Anfangsfehlergröße bestimmen und die Ausfallwahrscheinlichkeit eines Bauteils abschätzen.

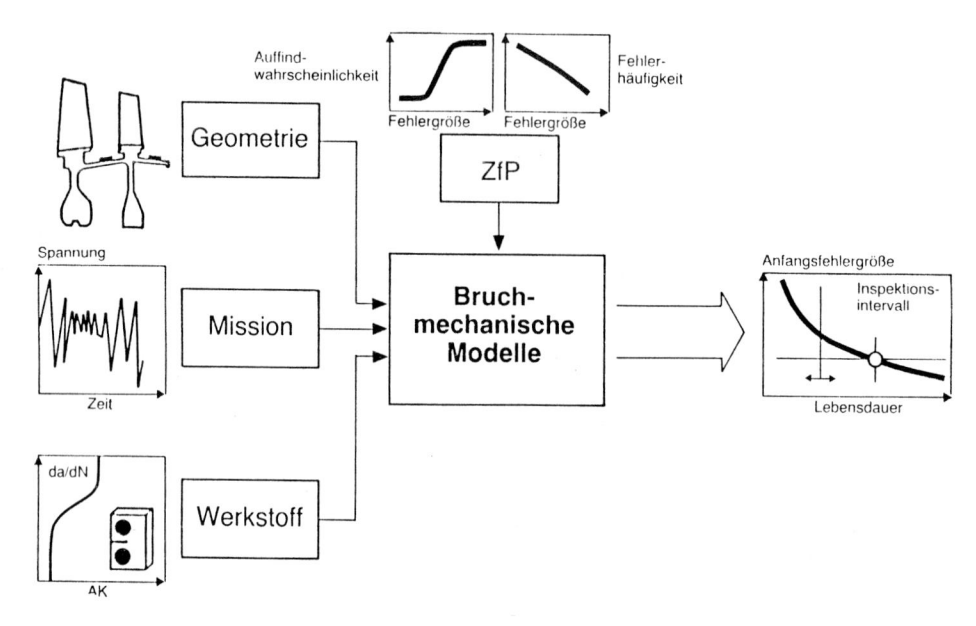

Bild 8: Bruchmechanisches Lebensdauerkonzept.

Verschiedene Varianten der derzeit diskutierten bruchmechanischen Lebensdauerkonzepte unterscheiden sich vor allem hinsichtlich der Behandlung der Anfangsfehlergröße. Bei einer Variante wird die Anfangsfehlergröße mit der statistischen Verteilung der Fehlergrößen im Neuteil in Verbindung gebracht. Durch Prozeßkontrolle bei der Herstellung und Fertigung muß dafür gesorgt werden, daß die Fehlerverteilung im spezifizierten Bereich bleibt. Bei pulvermetallurgischen Legierungen wird z. B. das Pulver gesiebt, um nichtmetallische Einschlüsse größer als die Maschenweite des Siebs zu vermeiden. Dadurch wird erreicht, daß bei modernen pulvermetallurgischen Legierungen Einschlüsse größer als 0,1 mm äußerst selten sind. Als typisches Beispiel zeigt Bild 9 die Fehlerhäufigkeit von nichtmetallischen Einschlüssen in einer Nickelbasislegierung (Auswertung von metallographischen Schliffen). Ein grundlegendes Problem besteht darin, Verfahren zu finden, mit denen Fehlerdichten niedriger als 10^{-4} cm^{-2} (d. h. ein Fehler pro Quadratmeter Schlifffläche) mit vertretbarem Aufwand erfaßbar werden. Die sichere Lebensdauer ergibt sich

bei dieser Variante durch eine probabilistische Rechnung, bei
der die Streuungen von Fehlergrößen, Rißfortschrittsgeschwindigkeit und kritischer Rißgröße berücksichtigt werden.

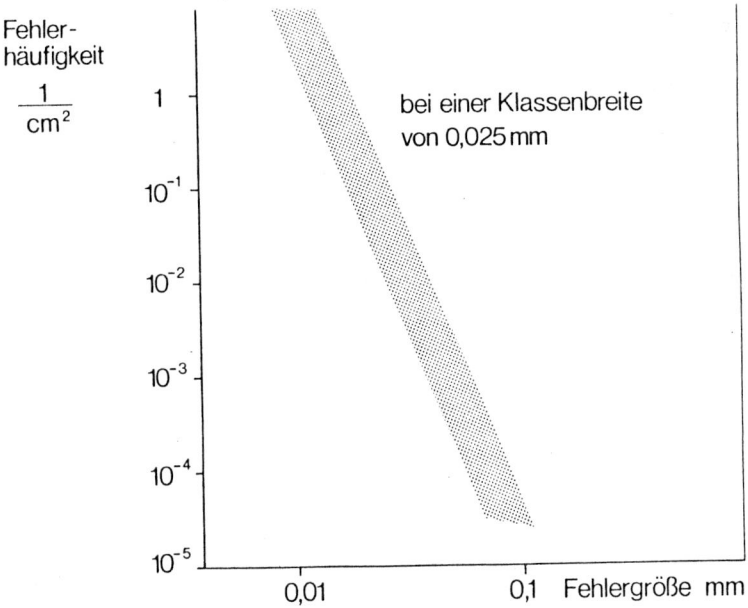

Bild 9: Verteilung von nichtmetallischen Einschlüssen bei einer pulvermetallurgischen Nickelbasislegierung.

Bei einer weiteren wichtigen Variante der derzeit diskutierten bruchmechanischen Lebensdauerkonzepte wird als Anfangsfehlergröße eine Fehlergröße zugrunde gelegt, die mit zerstörungsfreier Werkstoffprüfung sicher zu erkennen ist (a(ZfP) in Bild 10). Teile mit Fehlergrößen kleiner als a(ZfP) werden für eine Lebensdauer freigegeben, die sich aus der Restlebensdauer durch Rißfortschritt (dividiert durch einen Sicherheitsbeiwert) ergibt. In Bild 10 ist dies die Lebensdauer zwischen a(ZfP) und a(zul). Das Bauteil wird anschließend inspiziert und wiederum für ein Inspektionsintervall freigegeben, falls die Fehlergröße kleiner als a(ZfP) bleibt. Erst wenn ein Fehler größer als a(ZfP) festgestellt wird, wird das Bauteil verschrottet. Dieses Auslegungskonzept verspricht eine besonders hohe Nutzung des Werkstoffpotentials, da die Lebensdauer jedes einzelnen Bauteils optimal genutzt wird. Die Probleme bei der technischen Realisierung dieses Konzepts liegen vor allem auf dem Gebiet der Zuverlässigkeit der zerstörungsfreien Prüfverfahren. Als Beispiel zeigt Bild 11, daß mit konventioneller Wirbelstromprüfung Nabenrisse in Turbinenscheiben erst bei Rißlängen größer als 1 mm zuverlässig angezeigt werden. Ähnliche Probleme mit der Auffindbarkeit kleiner Fehler gibt es auch mit anderen Verfahren wie Eindringstoffrißprüfung und Ultraschall. Bei 1 mm Rißlänge ist jedoch die Restlebensdauer nur mehr sehr gering (siehe auch Bild 7). Die Folge ist, daß die Inspektionsintervalle unwirtschaftlich und unpraktikabel klein werden. Es laufen daher derzeit erhebliche Anstrengungen, durch Fortentwicklung der zerstörungsfreien Prüfverfahren - insbesondere durch Automatisierung - die Empfindlichkeit und Zuverlässigkeit zu verbessern.

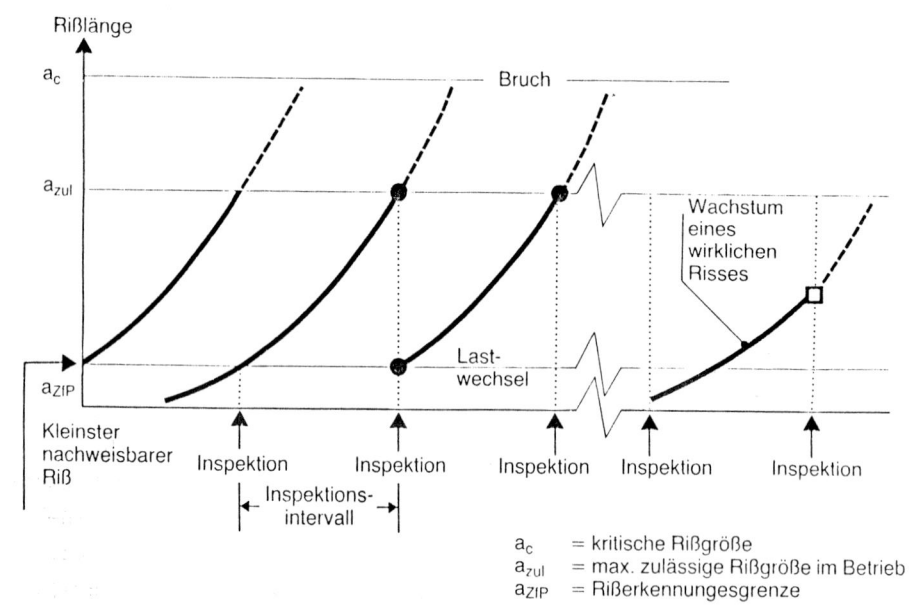

a_c = kritische Rißgröße
a_{zul} = max. zulässige Rißgröße im Betrieb
a_{ZIP} = Rißerkennungsgrenze

<u>Bild 10</u>: Lebensdauerfreigabe auf der Basis der Rißfortschrittslebensdauer und der zerstörungsfreien Prüfung.

Auffindwahrscheinlichkeit

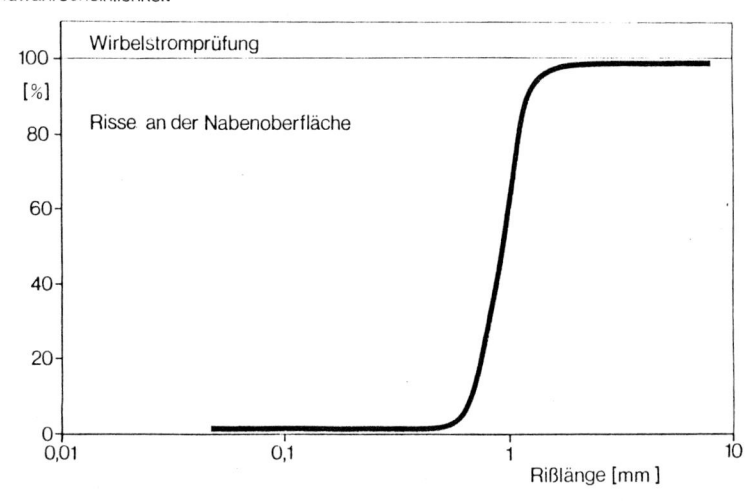

[Diagramm: Wirbelstromprüfung, Risse an der Nabenoberfläche; x-Achse: Rißlänge [mm] von 0,01 bis 10; y-Achse: 0 bis 100 [%]]

Bild 11: Auffindwahrscheinlichkeit für Nabenrisse mit konventioneller Wirbelstromprüfung.

Der Vollständigkeit halber sei noch vermerkt, daß es eine weitere Variante der Auslegungskonzepte gibt, die auf einer Kombination von Anriß- und Rißfortschrittslebensdauer basiert. Beispielsweise wird das erste Inspektionsintervall entsprechend dem konventionellen Anrißlebensdauerkonzept bestimmt (Abschnitt 2.1), während die weiteren Inspektionsintervalle auf bruchmechanischer Basis festgelegt werden.

Ermüdungs- und bruchsichere Auslegung von Wälzlagerkomponenten

E. Joannides, A.P. Voskamp, G.E. Hollox, SKF Engineering & Research Center B.V., Nieuwegein, Holland
F. Hengerer, SKF GmbH, Schweinfurt

Einleitung

Wälzlager gehören zu den Maschinenelementen, die den Werkstoff besonders hoch beanspruchen. Bild 1 zeigt als Beispiel die Belastungen in einer modernen Kfz-Vorderradlagerung. Schälungen in den Laufbahnen als Folge von Wälzermüdung würden Geräusch und Vibrationen verursachen. Schwerwiegende Folgeschäden können entstehen, wenn Ringe oder Kugeln zu Bruch gehen. Ein hoher Widerstand gegen Wälzermüdung bei gleichzeitig hoher Bruchfestigkeit sind folglich die Grundanforderungen an den Wälzlagerwerkstoff.

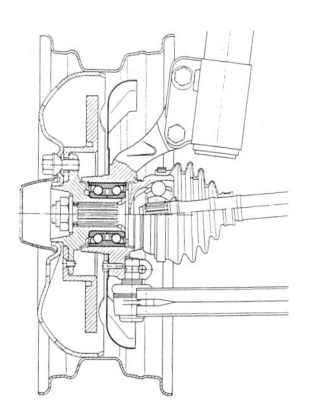

Beanspruchung p_{Hertz}:

Bei Geradeausfahrt zeitweilig bis 3000 MPa

Bei Kurvenfahrt zeitweilig bis 4500 MPa

Bild 1: Einbaubeispiel: PKW-Radlager-Einheit

Der für die Herstellung von Wälzlagern weltweit am meisten verwendete Werkstoff ist ein Stahl mit 1 % Kohlenstoff und 1,5 % Chrom entsprechend der DIN- Bezeichnung 100 Cr 6. Dieser Stahl wird üblicherweise einer Wärmebehandlung auf Martensitgefüge mit einer Härte zwischen 58 und 64 HRC unterzogen. Die wesentlichen Voraussetzungen zum Erzielen einer hohen strukturellen Festigkeit und langen Lebensdauer sind: einwandfreie konstruktive Gestaltung, Freiheit von Oberflächen- und anderen Herstellfehlern, ein geringer Gehalt an schädlichen nichtmetallischen Einschlüssen im Stahl sowie ein einwandfreies Wärmebehandlungsgefüge.

Lagerlebensdauer

Die traditionell in der Wälzlagerindustrie verwendeten Verfahren
zur Berechnung der Lebensdauer, z.B. nach ISO 281/1-1977 (E) bauen
auf den grundlegenden Arbeiten von Lundberg und Palmgren aus
der Zeit von 1930 bis 1950 auf (1,2). Die Berechnungsverfahren
bezogen sich auf den Erkenntnisstand jener Jahre hinsichtlich
Werkstoff- und Fertigungsqualität, Schmierung und Testmethoden.
Sie wurden in den letzten Jahren korrigiert, um die Verbesserung
der Lagerlebensdauer insbesondere als Folge einer höheren Stahl-
qualität zu berücksichtigen. Kennzeichnend für alle Berechnungsverfahren ist, daß sie eine endliche Lagerlebensdauer für alle
Betriebsbedingungen voraussagen, selbst für geringe Kontaktspannungen.

Nach der Lundberg-Palmgren Beziehung ist die Überlebenswahrscheinlichkeit S eines Lagerringes gegen unterhalb der Laufbahnoberfläche eingeleitete Ermüdungsschäden gegeben durch

$$\ln \frac{1}{S} \sim \frac{N^e \tau_o^c V}{z_o^h}$$

N ist die Anzahl Überrollungen, V das beanspruchte Volumen, τ_o die
maximale Orthogonalschubspannung und z_o die Tiefe, in der diese
Spannung auftritt. e, c und h sind Konstanten.

Wälzlagerausfälle als Folge von Werkstoffermüdung sind heute
sehr selten. Lebensdauerversuche an Rillenkugellagern 6309 haben
selbst unter hohen Belastungen praktisch unbegrenzte Laufzeiten
ergeben, vorausgesetzt, daß die Lager aus hochwertigem Stahl
sorgfältig hergestellt waren (3). Ausgehend von diesen Feststellungen haben Ioannides und Harris (4) ein neues Berechnungsverfahren zur Voraussage der Lagerlebensdauer entwickelt, das
die Einschränkungen der Lundberg-Palmgren Beziehung nicht mehr
aufweist. Ioannides und Harris gehen von kleinen Volumenelementen
unterhalb der Oberfläche aus, die nur dann der Gefahr einer Werkstoffermüdung unterliegen, wenn die lokale Spannung einen Grenzwert überschreitet. Für die von Lundberg und Palmgren als Ermü-
dungskriterium verwendete Orthogonalschubspannung erhält man

als Wahrscheinlichkeit S für einen Ermüdungsschaden nach der
Ioannides-Harris Beziehung:

$$\ln \frac{1}{S} \sim \frac{N^e (\tau_o - \tau_u)^c V}{z_o^h}$$

In diesem Ausdruck ist τ_u ein Schwellenwert für die ohne Ermüdung ertragbare maximale Orthogonalschubspannung. τ_u ist abhängig vom Reinheitsgrad des Werkstoffes, vom Wärmebehandlungszustand, von der Lauftemperatur des Lagers und anderen Faktoren. Das neue Berechnungsverfahren besitzt auch für andere Vergleichsspannungshypothesen Gültigkeit, z.B. für die Gestaltänderungsenergiehypothese oder die Hauptschubspannungshypothese, wobei selbstverständlich eine Anpassung hinsichtlich der jeweiligen Höhe der Vergleichsspannung und der Tiefe ihres Maximums erforderlich ist.

Die Anwendung des neuen Berechnungsverfahrens sagt voraus, daß sich die Wahrscheinlichkeit für Ermüdungsfehler bei der Vergleichsspannung τ_u asymptotisch gegen Null nähert. Bild 2 zeigt nach dem alten und neuen Berechnungsverfahren ermittelte Lebensdauerwerte für Rillenkugellager 6309 und Schrägkugellager 7205 (5) in Abhängigkeit von der Hertz'schen Pressung.

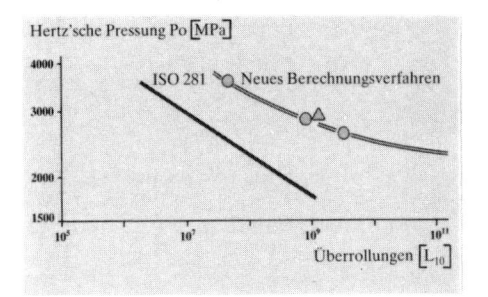

O Lagertest an 7205 B

△ Lagertest an 6309

Bild 2: Lagerlebensdauer nach ISO 281 und nach dem neuen SKF Berechnungsverfahren

Unterhalb einer Pressung von etwa 2000 MPa wird nach dem neuen Berechnungsverfahren Dauerfestigkeit erreicht. Dies entspricht einen τ_u-Wert von etwa 350 MPa nach der Orthogonalschubspannungshypothese und von etwa 600 MPa nach der Gestaltänderungsenergiehypothese. Die eingetragenen Punkte aus Lagerlebensdauerversuchen bestätigen die Gültigkeit des neuen Berechnungsverfahrens.

Lagerversuch und neues Berechnungsverfahren bestätigen somit,
daß auch für Wälzlager eine Dauerfestigkeit existiert.

Strukturänderungen

Über Gefügeänderungen unterhalb der Laufbahnoberfläche von Wälzlagern hat erstmals Jones 1946 berichtet (6). Etwa in der Tiefe
der höchstbeanspruchten Materialbereiche wird ein unterschiedliches Anätzverhalten des Gefüges gegenüber dem Ausgangszustand
beobachtet, wie in Bild 3 gezeigt. Die Strukturänderungen unterhalb des Wälzkontaktes wurden im Detail von Voskamp beschrieben
(7). Als sehr empfindlicher Indikator zum Erkennen der ersten
Strukturänderungen hat sich die Messung des Restaustenitgehaltes
erwiesen.

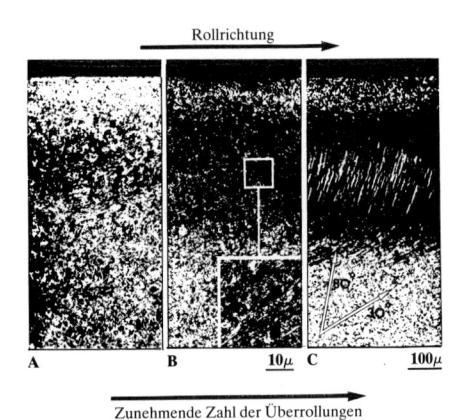

Testbedingungen:

p_{Hertz} = 3300 PMa
A: 10^8 Umdrehungen
B: 4×10^8 Umdr.
C: 10^9 Umdrehungen

Bild 3: Gefügeveränderungen beim Überrollen eines Rillenkugellager-Innenringes 6309

Lange bevor durch unterschiedliches Anätzverhalten mikroskopisch
sichtbare Gefügeveränderungen erscheinen, läßt sich ein Zerfall
des im martensitischen Wärmebehandlungsgefüge enthaltenen Restaustenits nachweisen. Bild 4 zeigt für ein Rillenkugellager 6309
die Veränderungen des Restaustenitgehaltes unter der Laufbahnoberfläche bei zunehmender Anzahl von Überrollungen unter einer Pressung von 3300 MPa.

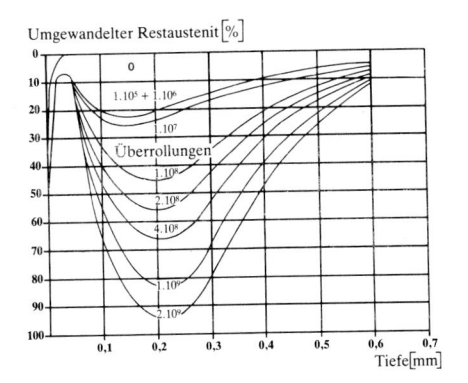

Testbedingungen:

P_{Hertz} = 3300 MPA
6000 Umdr./Minute
53 °C IR-Temperatur
Ölschmierung

Bild 4: Umwandlung des Restaustenits beim Überrollen eines Rillenkugellager-Innenringes 6309

Als Ergebnis einer systematischen Auswertung der Restaustenitänderungen bei verschiedenen Hertz'schen Pressungen erhält man Bild 5.

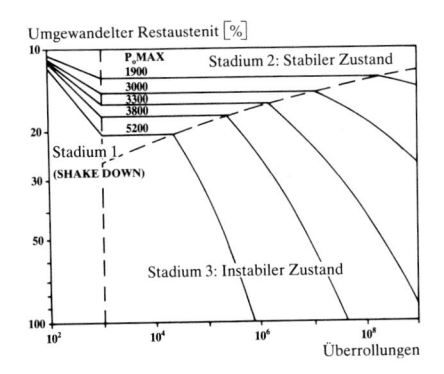

Bild 5: Umwandlung von Restaustenit als Funktion der Hertz'schen Pressung und der Überrollungszahl

Der Restaustenitzerfall kann in 3 Stadien unterteilt werden:

Stadium 1: Eine schnelle Abnahme des Restaustenitgehaltes während einiger weniger 100 Überrollungen (Shakedown-Phase)
Stadium 2: Eine Beharrungsphase, in der der Restaustenitgehalt unverändert bleibt (Stabile Phase) und
Stadium 3: Zerfall des Restaustenits auf Werte unterhalb der Nachweisgrenze (Instabile Phase).

Die Veränderungen in Stadium 3 sind eine Folge der Akkumulierung
von mikroplastischen Verformungen durch zyklische Beanspruchung
in den Zonen unterhalb der Laufbahnoberfläche. Die Strukturänderungen im Stadium 3 werden von einer Entfestigung des Grundgefü-
ges begleitet. Der Übergang vom Stadium 2 zum Stadium 3 ist von
verschiedenen Faktoren abhängig, wie Höhe der Belastung, Überrol-
lungsfrequenz und Temperatur. Wichtig ist, daß die Dauer des Be-
harrungszustandes in der stabilen Phase 2 mit zunehmender Belastung bei sonst gleichbleibenden Prüfbedingungen abnimmt. Bei
einer Hertz'schen Pressung kleiner etwa 2000 MPa setzt das Stadium 3 dagegen erst nach über 10^8 Umdrehungen ein. Diese Beobachtung deckt sich mit dem Konzept einer Schwellenwertspannung,
unter der die instabile Phase von Stadium 3 nicht erreicht wird.
Harris (8) schätzt τ_o für diese Testbedingungen auf etwa 475 MPa,
was eine gute Übereinstimmung mit den Vorhersagen nach dem
Ioannides-Harris-Modell (4) ergibt.

Die lokale Werkstoffentfestigung und die Strukturänderungen in
den Zonen unterhalb der Laufbahnoberfläche deuten einen unterschiedlichen Widerstand gegen Werkstoffermüdung im Vergleich zu
nicht gelaufenen Lagerringen an (5,7). Im neuen Berechnungsmodell
(9) werden diese Veränderung dadurch berücksichtigt, daß die
Ermüdungsgrenze als eine Funktion der Anzahl der Testzyklen ge-
nommen wird, abhängig z.B. von der Kombination von Belastungen,
von der Frequenz der Belastungen und von der Temperatur.

Neben den Änderungen im Restaustenitgehalt können noch andere
Strukturänderungen beobachtet werden. Wie von Voskamp (7,10)
und anderen berichtet, entstehen Druckeigenspannungen in einer
Ebene parallel zur Laufbahn in Überrollungsrichtung und senkrecht dazu, wofür Bild 6 ein Beispiel zeigt.

Senkrecht zur Laufbahnoberfläche werden Zugspannungen erzeugt,
Bild 7.

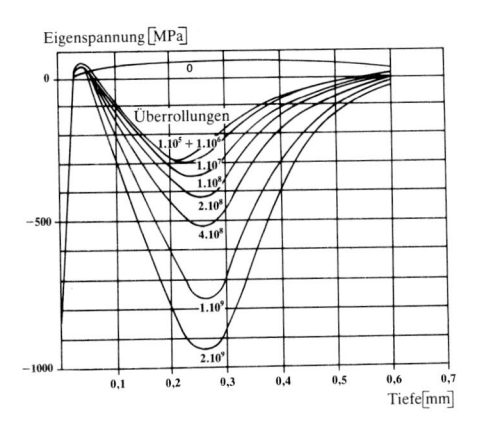

Bild 6: Aufbau von Eigenspannungen beim Überrollen eines Rillenkugellager-Innenringes 6309

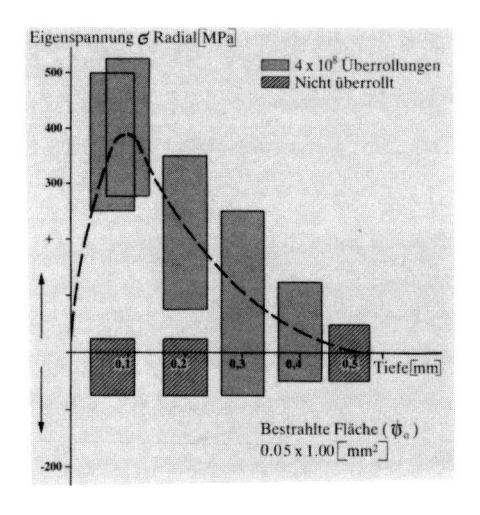

Testbedingungen:

p_{Hertz} = 3300 MPa
6000 Umdr./Minute
53 °C IR-Temperatur
Ölschmierung

Bild 7: Eigenspannungen senkrecht zur Oberfläche im Ausgangszustand und nach 4×10^8 Überrollungen

Testbedingungen:

6309 Innenring
p_{Hertz} = 3800 MPa
60000 Umdr./Minute
53 °C IR-Temperatur
Ölschmierung

Als kennzeichnendes Merkmal des Stadiums 3 der Strukturänderungen bilden sich Texturen im Gefüge aus (7), was bisher nicht bekannt war. Bild 8 zeigt die relative Änderung der Beugungsintensität an Gitterebenen (211) in Abhängigkeit von der Tiefe unter der Laufbahn.

Analysen von Polfiguren haben ergeben, daß sich bevorzugt eine (100) Ebene parallel zur Laufbahn mit der [110] Orientierung in Überrollungsrichtung legt. Folglich orientieren sich andere {100} Ebenen senkrecht zur Laufbahnoberfläche unter einem Winkel von 45° zur Überrollungsrichtung. Die {100} Ebenen sind bevorzugte Rißebenen im krz-Eisen. Da eine (100) Ebene parallel zur Laufbahnoberfläche und damit senkrecht zur beobachteten Zugspannung ausgerichtet wird, kann man davon ausgehen, daß die Rißausbreitung durch die Zugeigenspannung und die Textur gesteuert wird. Dieser Mechanismus ist in Bild 9 schematisch wiedergegeben.

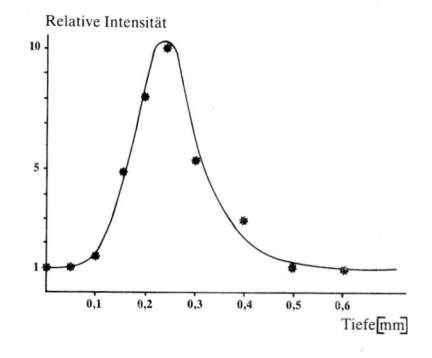

Testbedingungen:

6309 Innenring
P_{Hertz} = 4500 MPa
60000 Umdreh./Minute
53 °C IR-Temperatur
Ölschmierung

Bild 8: Intensität der (211) Beugungslinien in unterschiedlichen Tiefen unter der Laufbahn nach 20×10^7 Überrollungen

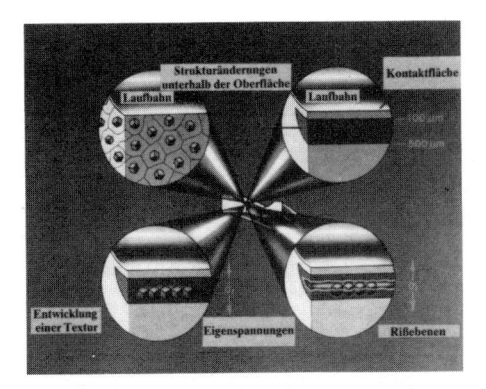

Bild 9: Mechanismus der Anrißbildung im Wälzkontakt

In reinen Stählen wurden unter sehr hohen Hertz'schen Pressungen Risse beobachtet, die sich unterhalb der Laufbahnoberfläche über große Bereiche erstrecken ohne Ermüdungsschälungen zu verursachen, Bild 10.

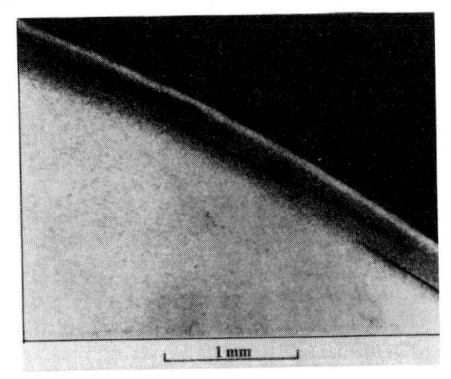

Testbedingungen
6309 Innenring
p_{Hertz} = 5200 MPa
60000 Umdr./Minute
53 °C IR-Temperatur
Ölschmierung

Bild 10: Anrisse unter der Laufbahn nach 7×10^6 Überrollungen

In Stählen mit einem hohen Gehalt an oxidischen Einschlüssen entstehen bei geringeren Pressungen relativ kleine Schälungen, die eine unregelmäßige Form aufweisen, Bild 11. Demgegenüber können Ermüdungsschälungen in reinen Stählen zu wesentlich größerer Ausbreitung wachsen, sie entstehen aber später und sind flach ausgebildet, Bild 12.

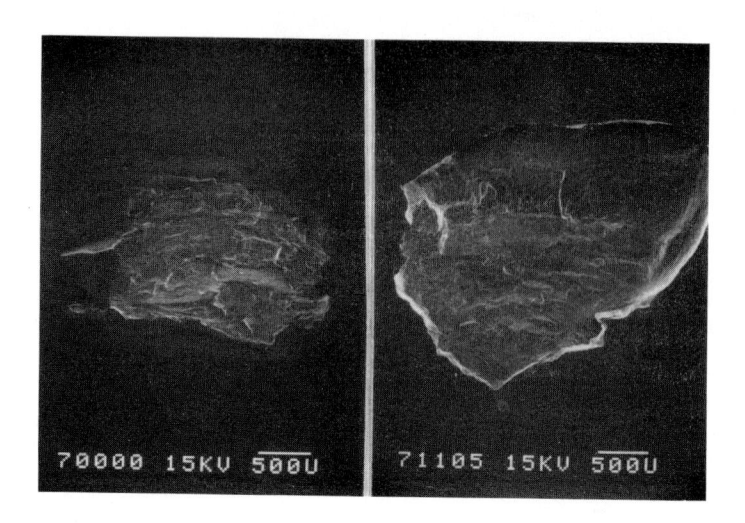

Bild 11: Ermüdungsschälungen in
Ringen mit hohem Gehalt
an oxidischen Einschlüssen

Bild 12: Ermüdungsschälungen
in Ringen mit geringem Gehalt
an oxidischen Einschlüssen

Über 95 % der Ermüdungsschälungen, die wir in unseren Versuchen
an reinen Stählen beobachtet haben, stehen in Verbindung mit
ausgeprägten Texturen. Darüber hinaus weisen sie eine ausgeprägte
V-Form auf, wobei die Schenkel des V unter etwa 45° zur Überrollungsrichtung liegen. Die typische V-förmige Ausbildung stimmt
gut mit den beiden zusätzlichen Bruchebenen-Richtungen einer
(100) [110] - Textur überein.
Unter Berücksichtigung dieser Beobachtung liegt es nahe anzunehmen, daß die Einleitung von Rissen an verschiedenen Stellen in
der Umgebung von spannungserhöhenden Einschlüssen beginnen muß,
um die beschriebene unregelmäßige Ausbildungsform der Ermüdungsschälungen zu erhalten. In reinen Stählen, die nur wenige und
kleine Einschlüsse aufweisen, erlauben die mikroplastischen Verformungen in Stadium 3 und die Entwicklung von bevorzugten Orientierungen die Entstehung von regelmäßig ausgebildeten Ermüdungsschälungen.

Anforderungen an den Werkstoff

Wie das Lagerungsbeispiel in Bild 1 andeutet, liegen die tatsächlichen Hertz'schen Pressungen unter Betriebsbedingungen zeitweilig über dem Dauerfestigkeitswert von etwa 2000 MPa nach Bild 2. Um vorzeitige Lagerausfälle durch Werkstoffermüdung zu vermeiden, muß für einen homogenen Werkstoffzustand Sorge getragen werden. Dies gilt sowohl für den Reinheitsgrad des verwendeten Stahles, als auch für die Gleichmäßigkeit des Wärmebehandlungsgefüges.

Wie bereits früher gezeigt, sind oxidische Einschlüsse sowie Carbonitride bei Überrollbeanspruchung besonders gefährlich (11). Ihr Mengenanteil im Stahl kann nach unseren Erfahrungen verhältnisgleich dem Gehalt an Sauerstoff und Titan gesetzt werden. Darüber hinaus muß auch die chemische Zusammensetzung der oxidischen Einschlüsse beachtet werden. Besonders schädlich sind oxidische Einschlüsse mit hohem Kalziumgehalt, die nicht verformbar sind und als globulare Teilchen in den fertigen Lagerkomponenten vorliegen. Die für viele niedrig legierte Stähle übliche Desoxidation mit Kalzium-Silizium ist daher in den SKF Liefervorschriften für Wälzlagerstahl ausdrücklich untersagt.

Der Einfluß des Sauerstoffgehaltes auf die Lagerlebensdauer ist im Bild 13 gezeigt.

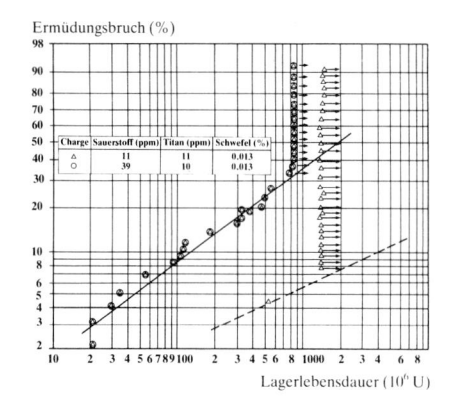

Testbedingungen:
6309 Innenring
P_{Hertz} = 3300 MPa
1000 Umdrehungen/Minute
Ölschmierung

Bild 13: Lagerlebensdauer von 100 Cr 6 mit unterschiedlichem Sauerstoffgehalt

Bei einer Hertz'schen Pressung von 3300 MPa und EHD-Schmierung wird für die L_{10}-Lebensdauer der 13fache Katalogwert erreicht. Stahl mit 40 ppm Sauerstoff hingegen erreicht den Katalogwert für Rillenkugellager 6309 gerade eben. Die für den sauberen Stahl gefundene Erhöhung der Lebensdauer muß als ein Mindestwert betrachtet werden, da selbst bei diesen hohen Belastungen nur wenige Ausfälle (<10 %) beobachtet werden.

Der Vorteil eines hohen Materialreinheitsgrades kann direkt in die Lebensdauerberechnung für eine bestimmte Lageranwendung eingebracht werden. Allerdings muß durch jeweils genaue Analyse des Einbaufalles sichergestellt sein, daß nicht andere Faktoren, wie beispielsweise ungünstige Schmierung diesen Vorteil wieder zunichte machen.

Neben dem Reinheitsgrad des Ausgangsmaterials hat die Wärmebehandlung eine herausragende Bedeutung zur Sicherstellung einer hohen Lagerlebensdauer. Bei Stählen mit 1 % Kohlenstoff darf die Wärmebehandlung nicht auf eine maximale Härte ausgelegt werden, um im gehärteten Zustand mit etwa 60 HRC (700 HV 30) noch eine ausreichende Zähigkeit und damit Sicherheit gegen Ringbruch zu gewährleisten. Bild 14 gibt Anhaltspunkte, wie ein Kompromiß zwischen Härte und Zähigkeit verwirklicht werden kann. Um einerseits eine Mindesthärte von etwa 700 HV 30 im angelassenen Zustand zu erhalten, andererseits aber spröde Gefüge mit hohen Restaustenitanteilen zu vermeiden, sollten Austenitisierungstemperaturen zwischen 830 und 850 °C gewählt werden. Da je nach Anwendungsfall eine hohe Tragfähigkeit, eine hohe Maßstabilität oder eine hohe Bruchzähigkeit im Vordergrund stehen können, müssen die Anlaßtemperaturen im Bereich von 160 bis 240 °C variiert werden, siehe Bild 15.

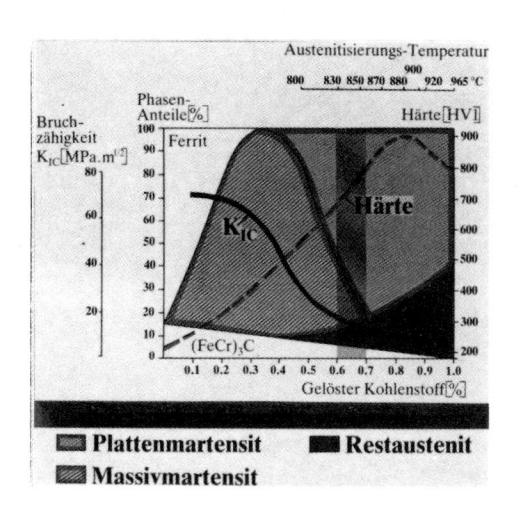

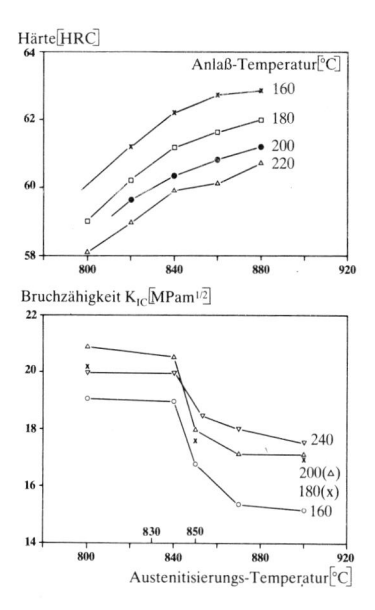

Bild 14: Gefügezusammensetzung, Härte und Bruchzähigkeit von gehärtetem Stahl

Bild 15: Wälzlagerstahl 100 Cr 6: Härte und Bruchzähigkeit als Funktion der Wärmebehandlung

Zusammenfassung

Der Überrollungsvorgang verursacht komplexe Strukturänderungen, aus deren Analyse ein Modell der Rißeinleitung abgeleitet werden kann. Dieses Modell in Verbindung mit Ergebnissen aus Lebensdauerversuchen an sorgfältig aus reinem Stahl hergestellten Wälzlagern hat die Entwicklung eines neuen Berechnungsverfahrens der Lagerlebensdauer ermöglicht. Mit diesem Verfahren können insbesondere auch lange Lebensdauern bei geringen Kontaktspannungen berechnet werden. Um diese hohen Lebensdauerwerte zu erreichen, ist eine sorgfältige Kontrolle der Stahlerschmelzung und der Wärmebehandlung der Lagerkomponenten erforderlich sowie eine konstruktiv einwandfreie Auslegung der Lagergeometrie und hohe Qualität in der Fertigung, um lokale Spannungskonzentrationen zu vermeiden.

Die Autoren danken dem Leiter des SKF Engineering and Research Centre B.V. für die Erlaubnis zur Veröffentlichung dieser Arbeit.

Literatur

(1) G. Lundberg, A. Palmgren:
Acta Polytechnica, Mechanical Engineering Series, Royal Swedish Academy of Engineering Sciences 1 (1947) 3,7

(2) G. Lundberg, A. Palmgren:
Acta Polytechnica, Mechanical Engineering Series, Royal Swedish Academy of Engineering Sciences 2 (1952) 4,96

(3) T. Andersson:
Ball Bearing Journal 217 (Aktiebolaget SKF) (1983) 14-23

(4) E. Ioannides and T.A. Harris:
Journal of Tribology 107 (1985) 367-378

(5) O. Zwirlein and H. Schlicht:
Rolling Contact Fatigue Testing of Bearing Steels, ASTM 771, J.J.C. Hoo, Ed., American Society for Testing and Materials (1982) 358-379

(6) A.B. Jones:
Steel 119 (1946) 68-70, 97-100.

(7) A.P. Voskamp:
Journal of Tribology 107 (1985) 359-366

(8) T.A. Harris:
"Rolling bearing analysis", John Wiley & Sons, 1984

(9) E. Ioannides:
Journal of the Society of Environmental Engineers 6 (1985)

(10) A.P. Voskamp:
Tagungsband der International Conference on Residual Stresses, Garmisch-Partenkirchen (1986) 15-17

(11) T. Lund and J. Akesson:
Technical report SKF Steel AB 1 (1986)

(12) J.B. Beswick:
Unveröffentlichter Bericht

Auslegung der Zahnfuß- und Zahnflankentragfähigkeit von Zahnrädern

M. Weck, H. Leube, W. Rautenbach, Laboratorium für Werkzeugmaschinen und Betriebslehre der RWTH Aachen, Lehrstuhl für Werkzeugmaschinen, Aachen

1. Einleitung

Zahnradgetriebe gehören zu den Maschinenteilen, bei denen das Bestreben nach immer kleineren Abmessungen und Gewichten bei höheren installierten Leistungen, einer enormen Größen- und Gewichtsreduzierung geführt hat. Die Zahlenwerte in Bild 1 zeigen

Werkstoff	Ri und Ra: C 45	Ri und Ra: 42 Cr Mo 4	Ri : 20 Mn Cr 5 Ra: 42 Cr Mo 4	Ri und Ra: 31 Cr Mo V 9	Ri und Ra: 34 Cr Mo 4	Ri und Ra: 20 Mn Cr 5
Wärmebehandlung	normalisiert	vergütet	Ri : einsatzgeh. Ra: vergütet	gasnitriert	ind. flank. geh.	einsatzgeh.
Bearbeitung	wälzgefräst	wälzgefräst	Ri : geschliffen Ra: wälzgefräst	feinstgefräst	gefräst, geläppt	geschliffen
Achsabstand mm	830	650	585	490	470	390
Baugröße	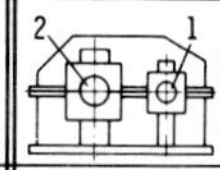	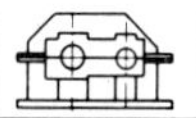	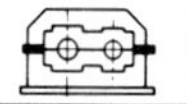	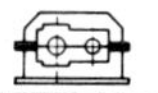	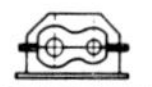	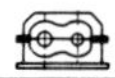
Baujahr (ca.)	1935	1945	1950	1960	1970	1978
Gewicht kg	8505	4860	3465	2620	2390	1581
Gewicht %	174	100	71	54	49	33
Preis %	132	100	85	78	66	63
Sicherheit S_H	1,3	1,3	1,3	1,3	1,4	1,6
Sicherheit S_F	6,1	5,7	3,9	2,3	2,3	2,3

Ritzel : Ri
Rad   : Ra

Nenndaten der Getriebe: $M_1 = 21400$ Nm; $n_1 = 500$ min^{-1}; $i = 3$

$S_{H,F}$: Sicherheit gegen Grübchenbildung, Zahnfußbruch

nach: Winter

<u>Bild 1</u>: Der Entwicklungstrend im Getriebebau am Beispiel eines einstufigen Stirnradgetriebes

diesen Trend anschaulich am Beispiel eines einstufigen Industriegetriebes mit jeweils gleichen Nenndaten /1,2/. Der Vergleich der Sicherheitsfaktoren gegen Zahnflankenermüdung S_H und gegen Zahnfußbruch S_F macht überdies deutlich, daß sich gleichzeitig mit dieser Entwicklung eine Belastungsoptimierung im Getriebebau vollzogen hat.

Bei dieser Optimierung spielt neben den Geometriedaten der Werkstoff sowie die Wärmebehandlung eine große Rolle. Neben einer kurzen Beschreibung der Belastungsverhältnisse und Schadensbilder von Zahnradgetrieben werden in diesem Beitrag Beispiele zur Zahnfuß- und Zahnflankentragfähigkeit von Stirnrädern bei verschiedenen Wärmebehandlungen vorgestellt.

2. Bauteilverhalten von Zahnrädern

Bei hochbelasteten Stirnradgetrieben kann es zu unterschiedlichen Schäden kommen. Bild 2 zeigt eine Bauteilkennlinie, die typisch für eine einsatzgehärtete Industrie-Stirnradverzahnung ist.

In Abhängigkeit von der Lastspielzahl und dem durchgesetzten Drehmoment kommt es zu unterschiedlichen Verzahnungsschäden. Bei der Auslegung von Zahnradgetrieben, für die heute genormte Berechnungsverfahren /3/ zur Verfügung stehen, werden in erster Linie die 3 Hauptschäden, Fressen, Zahnfußbruch und Pittingbildung auf den Flanken berücksichtigt. Die entsprechenden Wöhlerlinien dieser Schäden, die bei unterschiedlichen Lastwechselzahlen ihre Knickpunkte aufweisen, bilden zusammengesetzt die in Bild 2 durchgezogene Bauteilkennlinie. Während die Sicherheit gegen Fressen bei der Auslegung von schnellaufenden Turbogetrieben ein wichtiges Kriterium ist /4/, tritt bei der Dimensionierung von Industriegetrieben, die in mittlerem bis niedrigem Drehzahlniveau betrieben werden, als Belastungsgrenze Pittingbildung und Zahnfußbruch in den Vordergrund. Da ein Zahnfußbruch zum sofortigen Ausfall des Getriebes führt, wird hier eine größere Überlastsicherheit gegenüber der gegen Pittingbildung angestrebt.

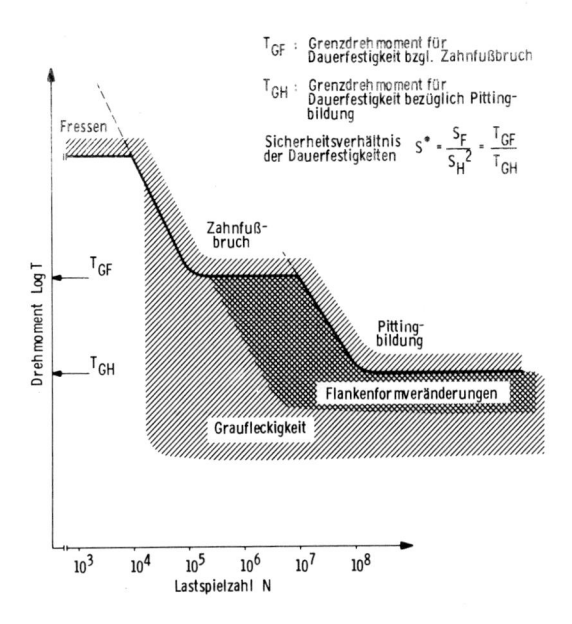

Bild 2: Beispiel einer Bauteilkennlinie eines Zahnradpaares

Es kommt hinzu, daß im Bereich der jeweiligen Dauerfestigkeiten ein eventueller Ausfall durch Zahnfußbruch bei deutlich niedrigeren Lastwechselzahlen (im Bereich $N = 10^5$) erfolgt, als der Ermüdungsschaden Pittingbildung (Bereich $N = 10^8$). Unter Berücksichtigung von Lastkollektiven wird daher in vielen Fällen eine größere Zahnfußfestigkeit benötigt.

Bereits bei Lasten, die deutlich unter dem Niveau der Dauerfestigkeit bezüglich Pittingbildung liegen, kommt es zur Graufleckigkeit, die in vielen Fällen im hohen Lastniveau zu Flankenformveränderung führt.

3. Zahnflankenschäden

Untersuchungen in /5,6,7/ zeigen, daß ein wesentlicher Einflußparameter die Oberflächentopographie bzw. die Schleifstruktur im Zusammenspiel mit den Schmierbedingungen ist.

So beobachtete man z.B. das Schadensbild Graufleckigkeit erstmals an langsam laufenden Zahnrädern oder in Getrieben, welche mit dünnflüssigen Turbinenölen geschmiert wurden. Dies deutet darauf hin, daß bei der Bildung von Graufleckigkeit ein ungünstiger Schmierzustand vorliegt.

Die Schadenseinleitung ist verbunden mit einer Veränderung der Rauheitskenngrößen schon bei den ersten Lastwechseln. Dies deutet auf einen verschleißartigen Schaden hin. Die Schadensbildung ist dagegen gekennzeichnet durch Werkstoffermüdung, was durch die Mikrorisse in der Oberfläche verbunden mit einem Ausbröckeln von winzigen Werkstoffbereichen deutlich wird. Außerdem spielen bei der Schadensentwicklung die tribologischen Verhältnisse eine wesentliche Rolle.

In der Mitte von <u>Bild 3</u> ist eine Fotografie einer graufleckigen Zahnflanke gezeigt. Es handelt sich hier um eine treibende Zahnflanke. Man erkennt deutlich die grau erscheinende Zone unterhalb des Wälzkreises. Dieser Effekt entsteht durch diffuse Lichtbrechung an den winzigen Ausbrüchen, welche sich an den horizontal verlaufenden Schleifriefen orientieren (linker Bildteil).

Daß die tribologischen Verhältnisse hier für die Schadensentwicklung bedeutsam sind, wird aus der Tatsache ersichtlich, daß im Gebiet negativen Schlupfes (unterhalb des Wälzkreises) eine wesentlich höhere Schadensdichte vorliegt als im Gebiet positiven Schlupfes, obwohl auch hier starke Einebnungen der Rauheiten stattgefunden haben. Zum Totalausfall der Verzahnungen kommt es durch die bekannte klassische Pittingbildung, im rechten Teil des Bildes 3 zu erkennen. Bei umfangreichen Laufversuchen zeigte sich, daß die Pittings, ebenso wie die Graufleckigkeit, ihr Häufigkeitsmaximum im Gebiet negativen Schlupfes haben. Wie die REM-Aufnahmen deutlich machen, beeinflussen die horizontal verlaufenden Mikrorisse auch den Pittingrißverlauf, indem sie ihn treppenstufenartig ablenken. Dadurch ist der flankierende Rißverlauf der Pittings im Graufleckigkeitsgebiet flacher als an Zahnrädern ohne diese kombinierte Schadensform.

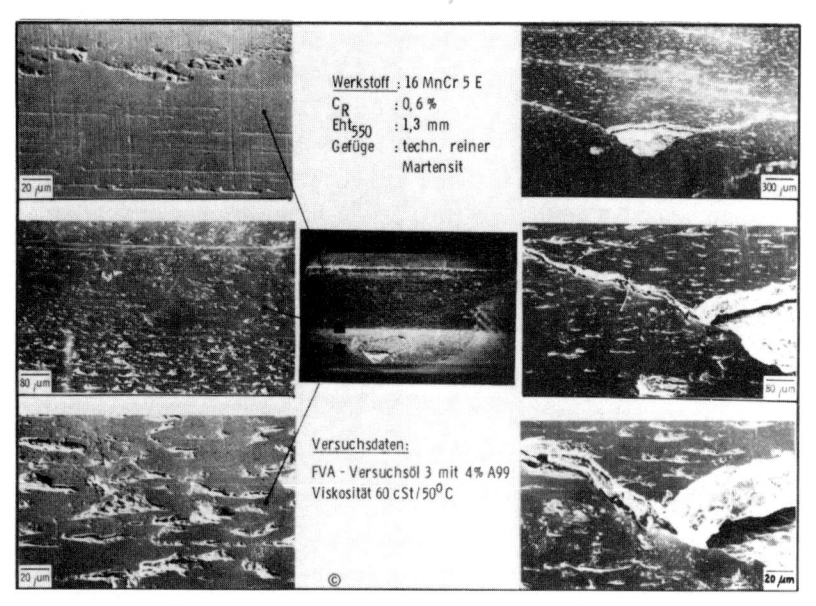

Bild 3: Oberflächenermüdung infolge Wälzbeanspruchung

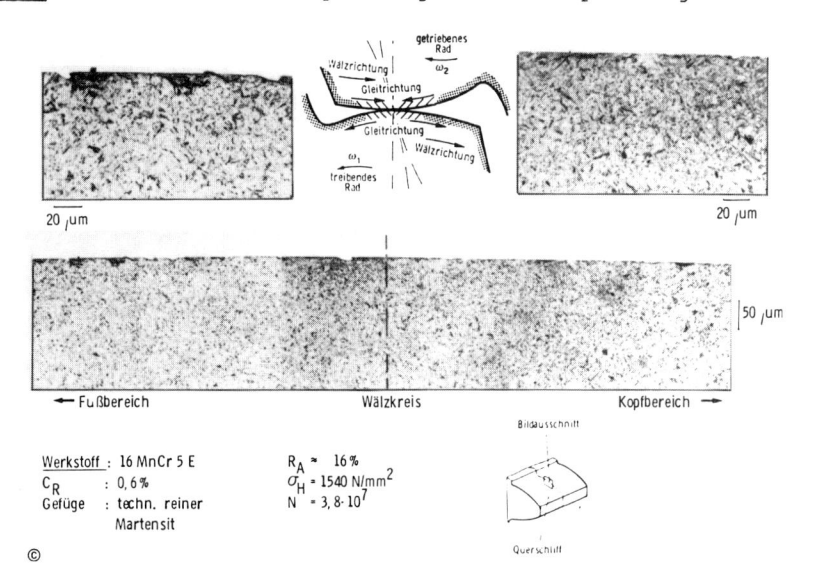

Bild 4: Oberflächenermüdung infolge Wälzbeanspruchung im Querschnitt

Bild 4 macht deutlich, daß es sich bei der Schadensentwicklung um eine reine Randschichtermüdung handelt. Der untere Querschliff aus dem Wälzkreisbereich des treibenden Rades zeigt, daß die Mikrorisse auf den Wälzkreis zu, also entgegengesetzt zur Gleitrichtung verlaufen. Die Risse verlaufen bis in eine Werkstofftiefe von 10 - 15 µm, was in den Ausschnittsvergrößerungen zu erkennen ist. Im Gebiet des negativen Schlupfes, linkes Bild, sind auch schon deutlich mehr Ausbröckelungen zu erkennen als im Gebiet positiven Schlupfes.

4. Zahnfußschäden

Kommt es zu Zahnfußbrücken bei Stirnradverzahnungen, liegt der Anriß des Bruchs im Bereich der Zahnfußausrundung, der mit einer Tangente angenähert werden kann, die 30° zur Symmetrieachse des Stirnschnitts des Zahnes liegt. Die genormten Rechenverfahren /3/ betrachten den einzelnen Zahn als Biegebalken und berechnen mit zusätzlich empirisch ermittelten Einflußzahlen die Zahnfußspannung in Richtung dieser 30°-Tangente.

Neuere Berechnungsverfahren auf Basis von Finite-Element-Ansätzen bestätigen den Berührpunkt der 30°-Tangente als gefährdeten Fußbereich. Für eine Schrägverzahnung zeigt Bild 5 die Belastungsverhältnisse auf der Flanke (links) und im Zahnfuß (rechts); von oben nach unten sind im Bild unterschiedliche Wälzstellungen aufgetreten, die Berührlinie auf der Flanke wandert dabei vom Kopf bis zum Fuß. Das Maximum der Zahnfußspannung liegt bei allen Wälzstellungen in der Nähe der gedachten Verbindungslinie zwischen den eingezeichneten Berührpunkten der 30°-Tangente auf den Stirnflächen der Verzahnung.

5. Beispiele ermittelter Zahnfuß- und Zahnflankentragfähigkeiten

Zur Ermittlung der Zahnfußtragfähigkeit werden Prüfverzahnungen auf einem Resonanzpulsator belastet, die Zahnflankentragfähigkeit wird anhand von Laufversuchen auf Verspannungsprüfständen untersucht /8/. Die im folgenden vorgestellten Wöhlerlinie gelten für eine Ausfallwahrscheinlichkeit von 50 %.

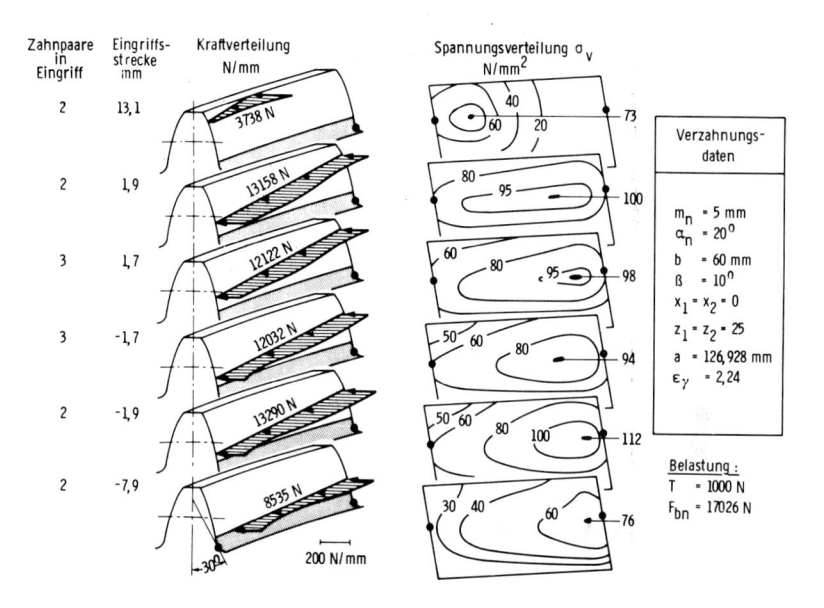

Bild 5: Kraftverteilung und Spannungsverteilung einer Schrägverzahnung

Für den bei kleinen und mittleren Zahnradgrößen am meisten eingesetzten Werkstoff 16 MnCr 5 soll im folgenden der Einfluß unterschiedlicher Wärmebehandlungen auf die Tragfähigkeit aufgezeigt werden.

Bild 6 zeigt die Ergebnisse der Härtemessungen und Kohlenstoffbestimmungen sowie die Gefügebilder für den Werkstoff 16 MnCr 5. Variante 1 besitzt einen Randkohlenstoffgehalt von $C_R \approx 0,6$ % und ein martensitisches Gefüge mit sehr geringen Anteilen von Restaustenit. Dementsprechend stellen sich Randhärten von ca. 780 HV1 ein. Die Einsatzhärtungstiefe Eht_{550} beträgt, wie bei allen Varianten, 1,4 - 1,5 mm. Variante 2 weist einen Randkohlenstoffgehalt von 0,83 % auf. Die Randhärte liegt bei 740 HV1. Das Gefügebild zeigt ein martensitisches Gefüge.

Diesem Gefüge wird die Variante 3 mit höherem Restaustenitanteil
sowie die Variante 4 mit geringem Restaustenitanteil, erzeugt
durch eine Tiefkühlbehandlung, gegenübergestellt. Um diese Verhältnisse zu erzeugen, wurden die Varianten 3 und 4 gemeinsam
bei 940° C auf einen Randkohlenstoffgehalt von $C_R \approx 0{,}88$ % aufgekohlt und von einer Härtetemperatur von 860° in Öl (60° C)
abgeschreckt.

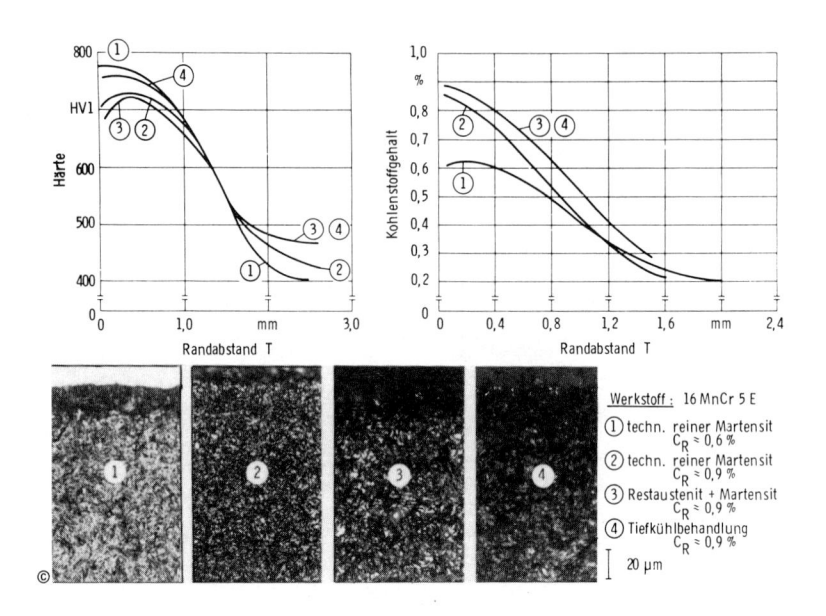

Bild 6: Ergebnisse der Wärmebehandlung

Zur genauen Ermittlung des Restaustenitanteils wurden röntgenographische quantitative Phasenanalysen durchgeführt.

In Bild 7 ist der Restaustenitgehalt über dem Randabstand T
aufgetragen. Die Zahnräder wurden nach dem Fertigschleifen
röntgenographisch vermessen, so daß die hier für den Randabstand
T = 0 mm angegebenen Werte den Restaustenitgehalt an der geschliffenen Oberfläche darstellen, gemittelt über die Eindringtiefe des Röntgenstrahles von ca. 13 µm.

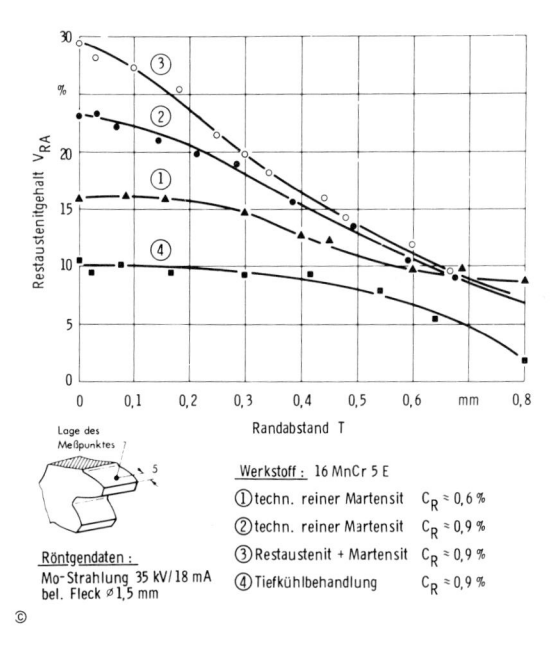

Bild 7: Restaustenitgehalte der Prüfräder

Die Variante 3 besitzt erwartungsgemäß den höchsten Anteil von Restaustenit mit ca. V_{Ra} = 30 %. Durch die Tiefkühlbehandlung sinkt der verbleibende Restaustenit um 20 % ab (Variante 4).

Die Variante 1 mit einem Randkohlenstoffgehalt von C_R = 0,6 % weist ca. 15 % Restaustenit in der Oberfläche auf. Mit steigendem Randkohlenstoffgehalt steigt auch der Restaustenitanteil bei Variante 3 auf etwa 25 % an.

Die Ergebnisse der Zahnfußtragfähigkeit zeigt Bild 8. Die nächsten Zahnfußtragfähigkeiten zeigen die beiden Varianten "technisch reiner Martensit" sowohl hinsichtlich des Absolutwertes der Dauerfestigkeit als auch des Verlaufs der Zeitfestigkeit ergeben sich Vorteile für den höheren Randkohlenstoffgehalt C_R = 0,9 %. Die Zahnfußtragfähigkeit der Variante 3 mit höherem Restaustenitgehalt ist deutlich niedriger als bei Variante 2. Eine Umwandlung des Restaustenits durch Tiefkühlen führt zu einer weiteren deutlichen Absenkung der Zahnfußtragfähigkeit.

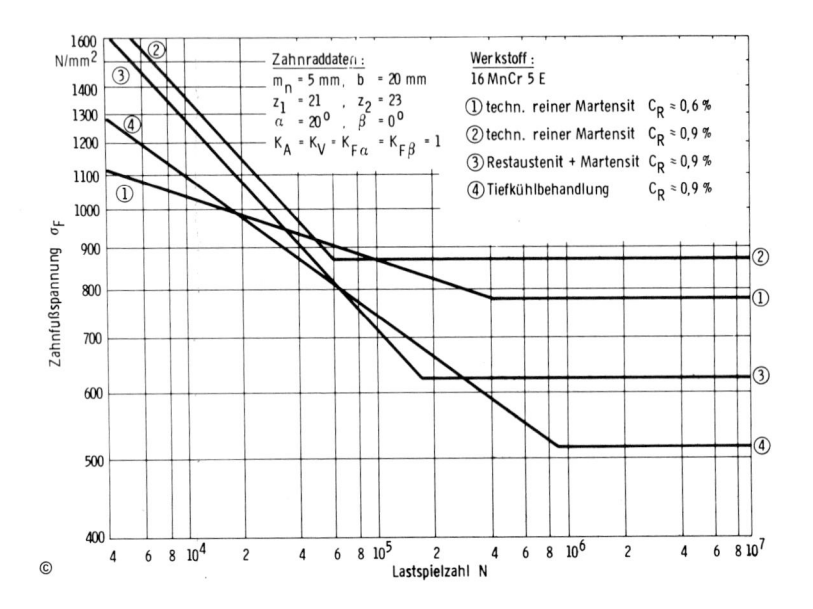

Bild 8: Zahnfußtragfähigkeit einsatzgehärteter Zahnräder

Hier erweist sich der höhere Randkohlenstoffgehalt von $C_R = 0,9$ % als günstig gegenüber $C_R = 0,6$ %, die Dauerfestigkeit liegt um ca. 100 N/mm^2 höher. Signifikante Unterschiede hinsichtlich des Dauerfestigkeitsniveaus ergeben sich für $C_R = 0,9$ % nicht, jedoch zeigt die tiefgekühlte Variante 4 eine deutlich geringere Überlastbarkeit. Im Bereich der oberen Zeitfestigkeit erfolgten die Ausfälle eine Dekade früher als bei den Varianten 2 und 3.

Bild 9 zeigt die Ergebnisse der Zahnflankentragfähigkeitsversuche der 4 Varianten.

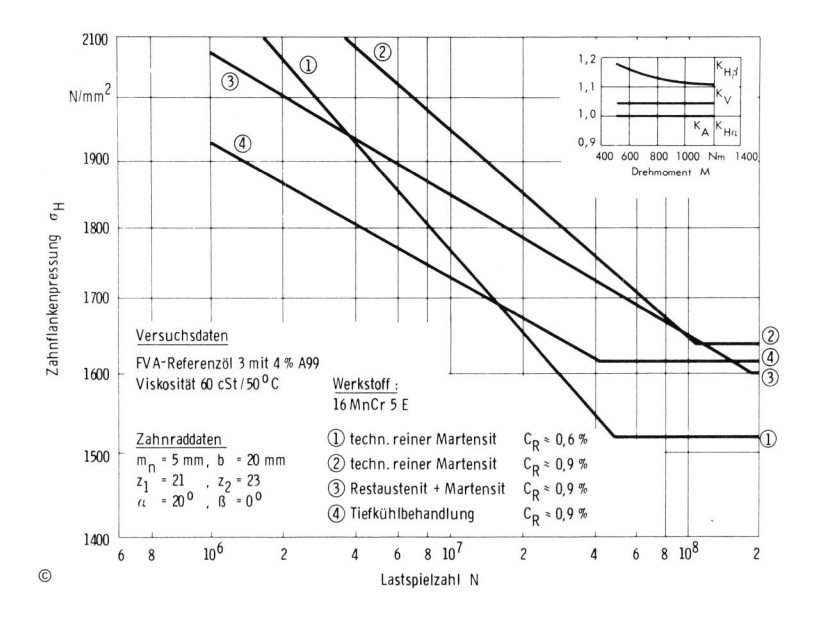

Bild 9: Zahnflankentragfähigkeit einsatzgehärteter
        Zylinderräder

6. Zusammenfassung

Die Belastungsmechanismen und die daraus resultierenden Schäden
an Verzahnungen werden im ersten Teil dieses Beitrages
vorgestellt. Am Beispiel des Einsatzstahles 16 MnCr 5 wird anschließend gezeigt, wie durch die Wärmebehandlung die Tragfähigkeit von Zahnfuß und Zahnflanke beeinflußt werden kann.

7. Literatur

/1/ J. Goebbelet: Tragbildprüfung von Zahnradgetrieben,
    Diss. TH Aachen, 1980
/2/ G. Niemann, H. Winter: Maschinenelemente Band II
    Springer Verlag Berlin, Heidelberg, New York, Tokyo, 1983

/3/ DIN 3990: Grundlagen für die Tragfähigkeitsberechnung von Gerad- und Schräg-Stirnrädern
Teil 1 - 4, Ausgabe 1985

/4/ M. Hirt, U. Lindemann: Optimierte Konstruktion von schnellaufenden Hochleistungsgetrieben
VDI-Bericht Nr. 488, VDI-Verlag, Düsseldorf, 1983

/5/ H. Leube: Untersuchungen zur Randschichtermüdung an einsatzgehärteten Zylinderrädern
Diss. TH Aachen, 1986

/6/ J.H. Blackburn, Galvin, G.D., Kara, W.H., Roper, G.W., Wirtz, H.: Der Einfluß des Schmierstoffes auf die Graufleckigkeit von Zahnflanken
Schmiertechnik und Tribologie, 27. Jg. (1980) 2

Verbesserung des Bauteilverhaltens durch Weiterentwicklung der Herstellungstechnik

P. Hora, S. Sailer, Daimler-Benz AG, Stuttgart

Die Funktion hochbelasteter Bauteile wird wesentlich durch die Struktur der Oberfläche beeinflußt. Diese wiederum ist durch die Herstellungstechnik vorgegeben und kann nur innerhalb eines Streubandes reproduziert werden. Die Aufgabe einer Großserienfertigung ist es, einen wirtschaftlichen Kompromiß zwischen der Beherrschung und Einengung dieses Streubandes und der damit verbundenen Kostenerhöhung zu finden. Es bieten sich drei Wege an, die an Beispielen dargestellt werden sollen:

1. Berücksichtigung vorgegebener Oberflächenstrukturen bei der Dimensionierung

2. Anheben der unteren Streugrenze durch Kompensation der negativen Einflüsse, z. B. durch Einbringen von Eigenspannungen

3. Gezielte Herstellung optimaler Strukturen.

1. Pleuelstange

Die hier betrachtete PKW-Pleuelstange ist ein Großserienbauteil, von dem mehrere Millionen im Jahr gefertigt werden. Die Ausfallwahrscheinlichkeit muß deutlich unter 1:1 000 000 liegen. Durch den Zwang, die Massenkräfte möglichst klein zu halten, muß das Bauteil möglichst an der Grenze ausgelegt sein - und zwar dauerfest für eine vorgegebene Grenzbeanspruchung - ohne die Möglichkeit einer festigkeitsmäßigen Inspektion während des Einsatzes. Entscheidend für die Beurteilung der Sicherheit gegen Versagen ist die Kenntnis des unteren Ausläufers der Häufigkeitsverteilung der Versagenslasten von serienmäßig gefertigten Bauteilen (1). Noch wichtiger ist es, die Fertigung so zu optimieren, daß die untere Streugrenze möglichst hoch liegt, und daß sie über den Fertigungszeitraum konstant gehalten werden kann. Am Beispiel der geschmiedeten PKW-Pleuelstange soll dies etwas näher erläutert werden.

Schliff   ⊢100 µm⊣   ⊢1 mm⊣

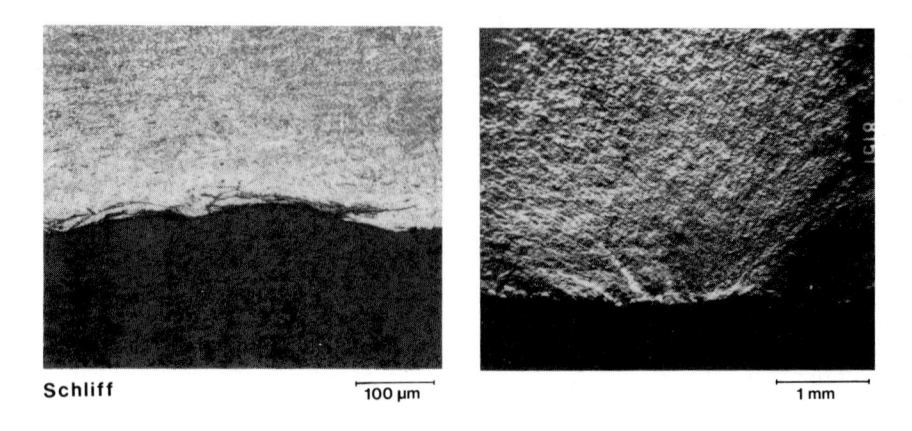

<u>Bild 1</u>: Schmiedeteil - Bruchausgang von Oberflächenfehlern

Die Schmiedeoberfläche weist im Schliff zahlreiche Überlappungen einer Tiefe von etwa 30 - 50 µm auf (siehe dazu Bild 1). Diese Oberflächenkerben wirken als Schwachstelle des Bauteils, bei einer Überlastung geht von ihnen der Bruch aus. Die Streuung der Bauteilfestigkeit ist daher durch die Ausbildung dieser Kerben weitgehend bestimmt, die Festigkeitsdaten des Materials spielen hier eine relativ unbedeutende Rolle (2).

Die Überlappungen treten mit abnehmender Häufigkeit auch in größeren Ausdehnungen auf. Die zerstörungsfreie Prüfung (Magnetpulverprüfung), die die Pleuelstangen durchlaufen, findet die größeren Fehler, jedoch sinkt die Auffindwahrscheinlichkeit mit abnehmender Fehlergröße. Für die weitere Betrachtung muß daher die Fehlergröße zugrunde gelegt werden, die eine Auffindwahrscheinlichkeit von 100 % zuläßt. Da diese Prüfung in erster Linie der Kontrolle des Schmiedeprozesses dient, kann der bei der subjektiven Magnetpulverprüfung mögliche Durchschlupf außer Betracht gelassen werden. Bei serienmäßigen Prüfbedingungen muß daher bei einer unbearbeiteten Schmiedeoberfläche mit Überlappungen bis etwa 0,2 mm gerechnet werden. Dies bedeutet, daß so dimensioniert werden muß, daß diese Überlappungen dauerfest ertragen werden. Wichtig ist, daß die Erprobung ebenfalls auf dieser Basis erfolgt und nicht besonders ausgewählte Teile eingesetzt werden.

Eine Erhöhung der Werkstoffestigkeit alleine bringt keine nutzbare Verbesserung. In Bild 2 sind Dauerschwingfestigkeitswerte von Pleuelstangen unterschiedlicher Festigkeit dargestellt. Es zeigt sich, daß die mittlere Belastbarkeit einer Stange mit höherer Festigkeit etwa im Verhältnis der Zugfestigkeit zugenommen hat, gleichzeitig ist aber die Streuung erheblich größer geworden. Bereits der Abstand der 10 %-Linien ist nur relativ gering geworden; für eine 10^{-6}-Linie, die wir in der Großserienproduktion beachten müssen, ist keine Verbesserung zu erwarten.

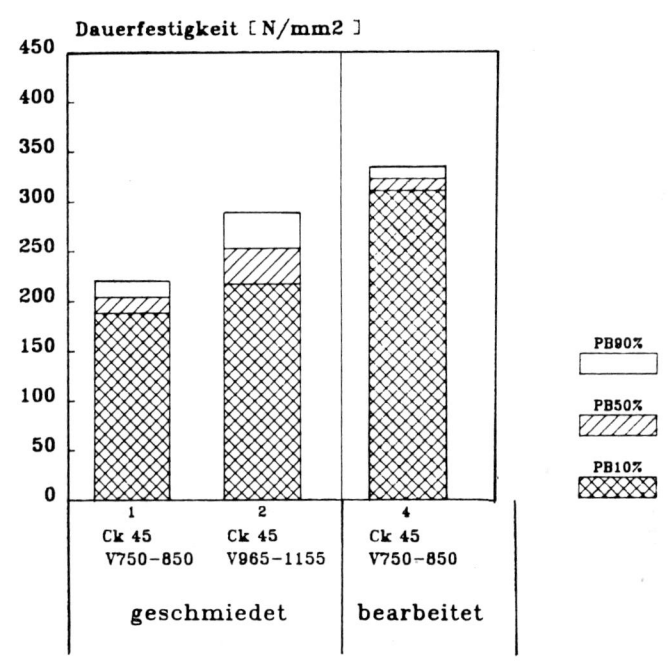

Bild 2: Einfluß der Bauteiloberfläche auf die Dauerschwingfestigkeit am Beispiel einer Pleuelstange

Wenn wir die ausnutzbare Belastbarkeit erhöhen wollten, müssten wir gezielt die potentielle Schwachstelle, in diesem Fall die Schmiedeüberlappungen, ausschalten - z. B. durch eine allseitige Bearbeitung. Dann hätten wir nicht nur die mittlere Belastbarkeit, sondern auch die Streuung der Eigenschaften verbessert (Bild 2). Die hohen Kosten erlauben diese Lösung jedoch nur in Sonderfällen (z.B. Großmotoren, Rennmotoren).

2. Ventilfeder

Am Beispiel der Ventilfeder soll gezeigt werden, wie der negative Einfluß von Oberflächenfehlern kompensiert werden kann. Da diese Bauteile einer noch höheren spezifischen Beanspruchung als die Pleuelstange unterliegt, ist hier ein höherer Aufwand erforderlich.
Wie Bild 3 zeigt, ist auch die Oberfläche des Federdrahtes mit kleinen Oberflächenfehlern übersät. Meistens handelt es sich um Längsriefen von einer Tiefe zwischen 5 - 20 µm oder kleine Überwalzungen mit einer ähnlichen Tiefe. Beim Pulsen brechen die Federn durch einen Dauerbruch, der an der Oberfläche an einer solchen Riefe anfängt, sich senkrecht in das Material fortpflanzt und schließlich als Torsionsdauerbruch zum Versagen der Feder führt (3). Die Haltbarkeit der Feder ist also hauptsächlich von der Tiefe der Oberflächenfehler bestimmt. Eine Erhöhung der Werkstoffestigkeit alleine hätte hier keine Bedeutung. Wenn wir hier die ausnutzbare Belastbarkeit erhöhen wollen, müssen wir dies gleichzeitig durch 2 Maßnahmen tun:

1. die Fehlertiefe durch eine 100 %ige objektive zerstörungsfreie Prüfung begrenzen

2. die Wirkung von Oberflächenfehlern unterhalb dieses Grenzwertes durch Aufbau von Druckeigenspannungen zu kompensieren.

Oberfläche 200 µm   **Bruchfläche** 100 µm

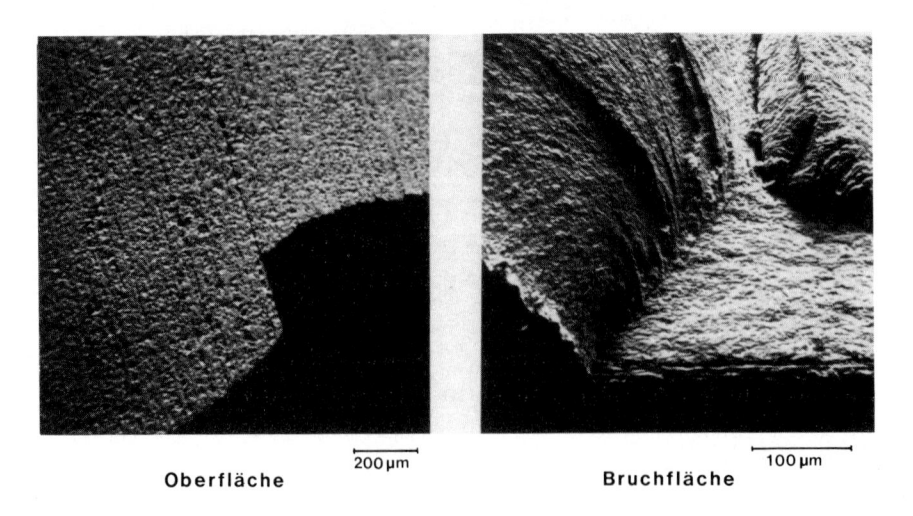

<u>Bild 3</u>: Ventilfeder, nicht kugelgestrahlt - Bruchausgang von Oberflächenfehlern

Bei der ersten Maßnahme spielt die Empfindlichkeit der zerstörungsfreien Prüfung eine entscheidende Rolle. Der Draht wird doppelt geprüft, die erste Prüfung auf Längsfehler erfolgt mit rotierenden Wirbelstromsonden, die zweite Prüfung auf Querfehler mit Durchlaufspulen. Die Empfindlichkeit kann dabei auf einen Wert für die Fehlertiefe von etwa der 5fachen Oberflächenrauhigkeit eingestellt werden, um einen genügend großen Rauschabstand zu bekommen. Das Verfahren wird mit einem Testfehler von etwa 30 µm eingestellt, es muß jedoch effektiv mit Oberflächenfehlern von 40 µm Tiefe gerechnet werden. Durch das Kugelstrahlen der Federn werden Druckeigenspannungen aufgebaut. Diese bewirken, daß die untere Streugrenze der Dauerfestigkeit soweit angehoben wird, daß bei der geforderten Beanspruchung auf die für die hohen Stückzahlen notwendige geringe Ausfallwahrscheinlichkeit abgesenkt werden konnte.

Wird die Feder einer Überbelastung ausgesetzt, die zum Versagen führt, dann wandert durch die aufgebauten Druckeigenspannungen der Bruchanfang unter die Oberfläche.
Die Schwachstellen des Bauteils sind jetzt die Schlacken im Material (Bild 4). Weitere Verbesserungen wurden daher über die Optimierung der Erschmelzungsverfahren erreicht.

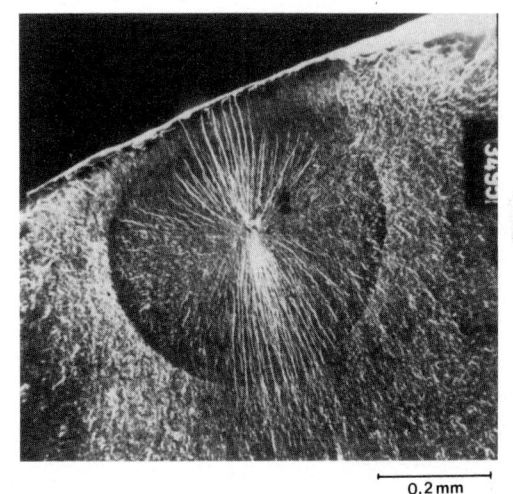

Bild 4: Ventilfeder kugelgestrahlt - Bruchanfang unter der Oberfläche

Für die Haltbarkeit der Feder ist die Überdeckung beim Kugelstrahlen besonders wichtig. Das Bild 5 zeigt einen Schadensfall, der durch eine ungenügend bestrahlte Oberfläche eingeleitet wurde.

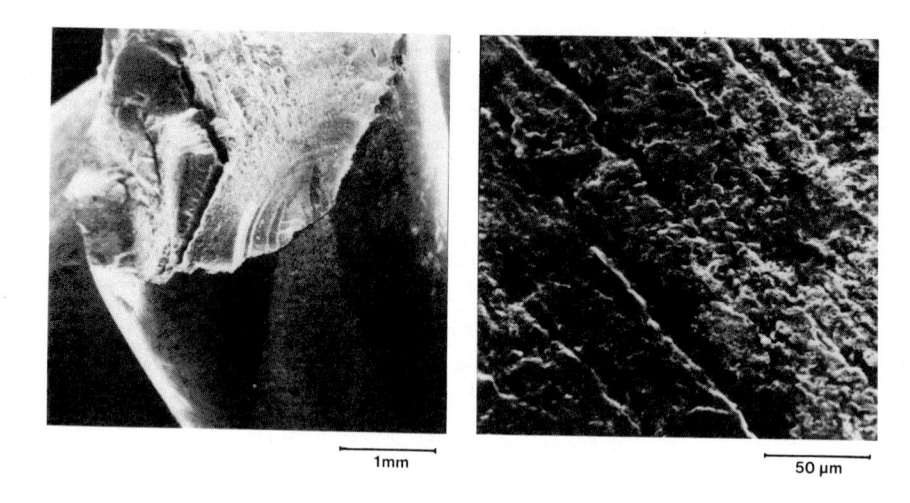

Bild 5: Ventilfeder - Bruchanfang an der Oberfläche aufgrund
ungenügender Strahlverfestigung

3. Zylinderlaufbahnen aus übereutektischer Al-Legierung

Zum Schluß soll ein Beispiel gezeigt werden, bei dem eine Oberflächenstruktur gezielt hergestellt und optimiert wird.

Die meisten Motoren besitzen Zylinderlaufbahnen aus Grauguß. Die gewünschte Oberflächenstruktur, die für die Laufeigenschaften ausschlaggebend ist, wird durch das Honen hergestellt (vergl. Bild 6). Dabei entstehen Plateaus als Lauffläche für die Kolbenringe und Riefen als ölführende Kanäle. Einerseits dürfen diese Kanäle nicht zu tief sein, da sonst der Ölverbrauch zu hoch und das Abgasverhalten schlecht ist, andererseits muß stets ein ausreichender Schmierfilm vorhanden sein.

Es war die Aufgabe gestellt, ein Al-Gehäuse ohne Graugußbüchsen zu entwickeln. Es sollte eine verschleißarme Lauffläche mit gleichmäßiger Ölversorgung in Anlehnung an die Honstruktur dargestellt und Fresser der Aluminiummatrix vermieden werden.

Es wurde eine übereutektische Al-Legierung verwendet, bei der die Silizium-Primärkristalle die Funktion der Lauffläche für die Kolbenringe übernehmen sollen. Dazu mußte erreicht werden, daß die Si-Kristalle plateauartig aus der zurückgesetzten Aluminiummatrix herausragen.

Werkstoff: GG-26Cr   0,1mm

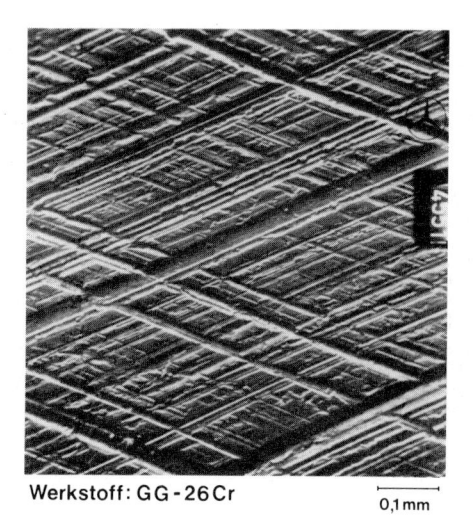

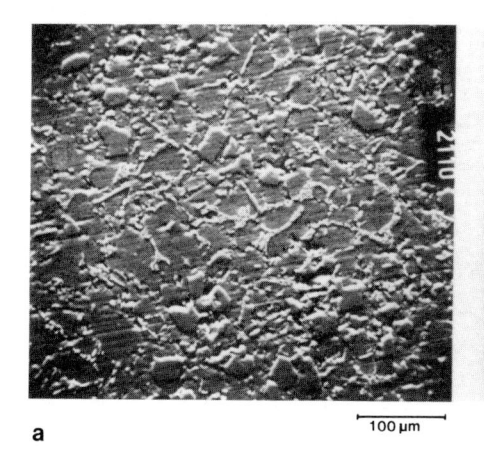

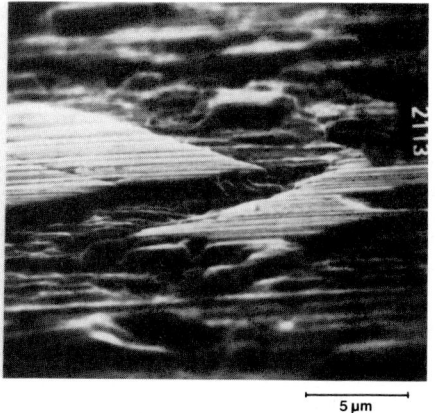

Bild 6: Zylinderlaufflächen von Verbrennungsmotoren, Oberflächenstruktur

Nach langwierigen Versuchen wurde ein Fertigungsverfahren entwickelt, das mit der gewünschten Produktionssicherheit die Si-Kristalle freiätzt.

Die Freilegungstiefe der Si-Kristalle muß dabei genau eingehalten werden. Bei einer zu geringen Freilegungstiefe mit einer Toleranzbreite von ca. 1 μm besteht die Gefahr von Fressern, in umgekehrtem Fall würde der Ölverbrauch steigen. Der Unterschied zwischen einer richtigen und einer zu großen Freilegungstiefe zeigen die Bilder 7a und 7b.

a   100 µm   5 µm

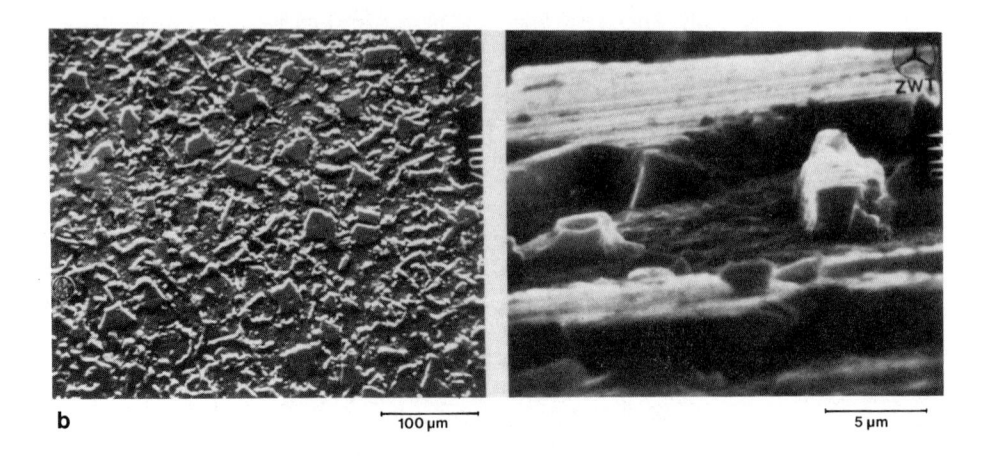

Bild 7: Al-Zylinderlauffläche
a) richtig abgetragen
b) zu stark abgetragen

Literatur

(1) E. Macherauch
Festlegung und Bedeutung von Sicherheitsbeiwerten
Berichtsband Werkstofftechnische Probleme bei Gasturbinenwerkstoffen
Werkstofftechnische Verlagsgesellschaft, Karlsruhe, 1978

(2) Wiegand, H., Tolasch, G. (o. ä.)
Dauerfestigkeit einsatzgehärteter Proben
HTM 22 (1967), 4. S. 330

(3) P. Hora, V. Leidenroth
Qualität von Schraubenfedern
Dr. Riederer Verlag (demnächst)

Neuere Ergebnisse der Kriechforschung mit praktischer Relevanz

W. Blum, Institut für Werkstoffwissenschaften, Lehrstuhl I, Universität Erlangen-Nürnberg, Erlangen

1. Einleitung

Unter den Beanspruchungsbedingungen des Kriechens und der Warmumformung ist die Versetzungsbewegung der wichtigste Mechanismus der plastischen Verformung kristalliner Stoffe (1). Parallel dazu kann in genügend feinkörnigen Werkstoffen die Verformung durch Diffusion und durch Korngrenzengleiten wichtig werden (1). Beide Prozesse zeigen eine relativ geringe Abhängigkeit der Geschwindigkeit $\dot{\epsilon}$ der plastischen Verformung von der Spannung σ, gekennzeichnet durch einen Spannungsexponenten n von 1 bis 2. In der Regel liegt n jedoch wesentlich höher, was auf Versetzungsgleiten als dominanten Prozeß schließen läßt.

Charakteristisch für das Hochtemperaturkriechen durch Versetzungsbewegung ist, daß Verfestigung und Erholung der Versetzungsstruktur zusammenwirken und im Verlauf des Kriechens in einen stationären Verformungszustand münden. Eine frühe Veranschaulichung der stationären Verformung hat Weertman (2) gegeben. Seine Überlegungen werden im folgenden in der auf Nix und Ilschner (3) zurückgehenden Version wiedergegeben. Der Elementarprozeß der stationären Verformung, der die Versetzungsstruktur im Mittel unverändert läßt, besteht aus einem Gleitschritt und einem Kletterschritt (Bild 1a). Betätigung von Gleitebenen im Abstand h bewirkt Abgleitung um b/h (b: Burgersvektor) und führt gleichzeitig zur Bildung von Versetzungsdipolen mit einem Abstand von h/2 zwischen den Dipolpartnern. h beeinflußt die Geschwindigkeit $\dot{\epsilon}_s$ der stationären Verformung in dreierlei Weise: Mit abnehmender Höhe h wächst die Abgleitung b/h und sinkt der Zeitbedarf $h/(2 v_c)$ bis zur Vernichtung der erzeugten Versetzungen, da sich die durch Klettern zu überbrückende Distanz h/2 verringert und die Klettergeschwindigkeit v_c aufgrund zunehmender Anziehung der Dipolpartner umgekehrt proportional zu h erhöht. Nimmt man nun an, daß die Höhe h wie $1/\sigma$ mit der Spannung σ variiert, ergibt sich schließlich ein Potenzgesetz des Kriechens, auch als "natürliches Kriechgesetz" bezeichnet, da es ohne ad hoc-Annahmen auskommt, in dem die stationäre Kriechgeschwindigkeit von der dritten Potenz der Spannung abhängt und dessen genaue Form mit

$$\dot{\epsilon}_s = 0.5\ D\ (Gb/kT)\ (\sigma/G)^3 \qquad (1)$$

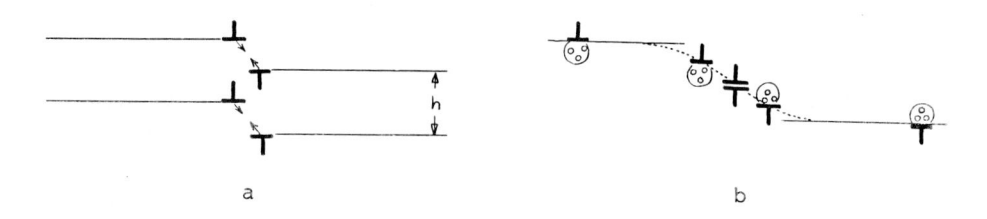

Bild 1: Elementarprozeß der stationären Verformung in Stoffen a) der Klasse M: Klettermodell nach Weertman, b) der Klasse A: Modell der viskosen Gleitung von Versetzungen mit Fremdatomwolke.

angegeben wird. Dabei sind D der Selbstdiffusionskoeffizient, G der Schubmodul, k die Boltzmannkonstante und T die Temperatur.

Ein ganz ähnliches Kriechgesetz ergibt sich übrigens aus einem völlig anderen Modell (Bild 1b), das das Kriechen mischkristallgehärteter Legierungen beschreibt und bei dem der Gleitschritt des Elementarprozesses als geschwindigkeitsbestimmend angesehen wird. Wir werden im folgenden Abschnitt darauf zurückkommen. Legierungen, auf die dieses Modell anwendbar ist, bezeichnet man als Werkstoff der Klasse A (A wie alloy) im Gegensatz zu reinen Stoffen und nur schwach mischkristallgehärteten Legierungen mit Klasse M-Verhalten (M wie Metall) (4).

Leider steht das Klettermodell für die Stoffklasse M in deutlichem Widerspruch zu experimentellen Befunden. Zum einen werden anstelle der Versetzungsmultipolwände des Bildes 1a Subkorngrenzen als typisches Merkmal der stationären Versetzungsstruktur gefunden. Zum anderen ist der Spannungsexponent nicht drei, sondern höher. Die Frage nach dem Erholungsprozeß, der die Kriechgeschwindigkeit in Stoffen der Klasse M bestimmt, muß daher überdacht werden. Wir werden dies in der Diskussion ansatzweise tun auf der Basis der experimentellen Ergebnisse, die im folgenden in vier Teilen behandelt werden sollen. Die Abschnitte 2 und 3 behandeln die Einflüsse legierter Fremdatome auf das Kriechverhalten. Ihre Wirkung läßt sich auch ohne detaillierte Einsicht in den Erholungsprozeß qualitativ verstehen. Abschnitt 4 gibt einen Aufriß der versetzungsstrukturellen Entwicklung während des Kriechens. In Abschnitt 5 werden die Konsequenzen angesprochen, die sich aus der Beobachtung der durch eine Spannungsänderung ausgelösten Kriechtransienten ziehen lassen. Abschließend wird die Modellierung des Kriechens auf mikrostruktureller Basis besprochen.

2. Wirkung gelöster Atome

Gelöste Atome beeinflussen das Kriechverhalten nicht nur indirekt, indem sie Stoffparameter wie den Schmelzpunkt, die elastischen Konstanten, die Stapelfehlerenergie und den Diffusionskoeffizienten verändern, sondern vor allem dadurch, daß sie mit dem Versetzungskern oder dem Spannungsfeld der Versetzungen in Wechselwirkung treten und damit als Hindernisse wirken. Viel untersucht wurde die Mischkristallhärtung (Härtung durch gelöste Atome) unter Bedingungen, bei denen die gelösten Atome als unbeweglich im Vergleich zu den Versetzungen angesehen werden können. Unter den Bedingungen des Hochtemperaturkriechens liegen die Verhältnisse völlig anders (4). Die relativ leichte Beweglichkeit der Fremdatome erlaubt diesen, sich aufgrund ihrer Wechselwirkung mit Versetzungen in deren Nähe anzureichern. Eine "Cottrell-Wolke" von Fremdatomen klebt gewissermaßen an der Versetzung und versucht, sich mitschleppen zu lassen. Dieses passiert, sofern die Zugkraft, ausgedrückt durch die "effektiv" auf die Versetzung wirkende Spannung σ^*, nicht einen kritischen Wert überschreitet, der der Versetzung erlaubt, sich loszureißen. Wird die Wolke mitgeschleppt, so ist die Gleitgeschwindigkeit der Versetzungen gleich der Diffusionsgeschwindigkeit der Wolke und damit proportional zu σ^* ("viskoses Gleiten"). Im Vergleich zu reinen Stoffen bei gleicher effektiver Spannung ist die Gleitgeschwindigkeit stark herabgesetzt auf einen der Geschwindigkeit des Kletterns vergleichbaren Wert. Dann kann die Erholung der Versetzungsdichte quasi im Vorbeigleiten erledigt werden: Versetzungen entgegengesetzten Vorzeichens, die sich zufällig innerhalb eines gewissen Annihilationsabstandes begegnen, finden genügend Zeit, während des Gleitens aufeinanderzu zu klettern und sich damit zu vernichten (Bild 1 b). Ist σ^* etwa gleich der angelegten Spannung, kann man sagen, daß die Erholung der Versetzungsdichte durch viskoses Gleiten kontrolliert wird. Als Ausdruck für die Kriechgeschwindigkeit ergibt sich dann:

$$\dot{\epsilon}_s = A \ (DGb/kT) \ (\sigma/G)^3 \qquad (2)$$

Die Spannung taucht in der dritten Potenz auf. Zwei dieser Potenzen werden von der Versetzungsdichte geliefert, eine von der Versetzungsgeschwindigkeit. In vielen Fällen, z.B. für die viel untersuchte Legierung AlMg, liefert Gleichung (2) eine gute Beschreibung der stationären Kriechrate in einem gewissen Spannungsbereich (4). Außerhalb dieses Bereiches kommt es jedoch zu Abweichungen. Der beobachtete Spannungsexponent ist hier wesentlich höher als drei (4). Bei niedrigen Spannungen ist also die stationäre Kriechgeschwindigkeit niedriger als vom Modell vorhergesagt wird. Dies läßt sich folgendermaßen deuten: Der im Modell betrachtete Dipoleinfang betrifft nur die Erholung der freien Versetzungsdichte. Neben den freien Versetzungen werden aber auch Subkorngrenzen gebildet, die sich ebenfalls erholen müssen. Das Modell der viskosen Gleitung gilt nur, wenn die Erholung der Subkorngrenzen vergleichsweise schnell ist. Bei niedrigen Spannungen ist dies nicht mehr der Fall. Dementsprechend findet man hier im Gegensatz zu dem Bereich des viskosen Gleitens ausgeprägte Subkornbildung und eine Spannungsabhängigkeit der stationären Kriechrate wie im reinen Metall.

Bisher wurde nur viskoses Gleiten behandelt. Am Beginn eines Kriechversuches kann es jedoch durchaus zum Losreißen der Versetzungen von ihrer Fremdatomwolke kommen mit drastischen Auswirkungen auf den den Übergangskriechbereich. Dieser Sachverhalt, der für dotierte Halbleiter seit langem bekannt ist (5), wird bei Metallen erst seit kurzem näher untersucht. Bild 2 zeigt in halblogarithmischer

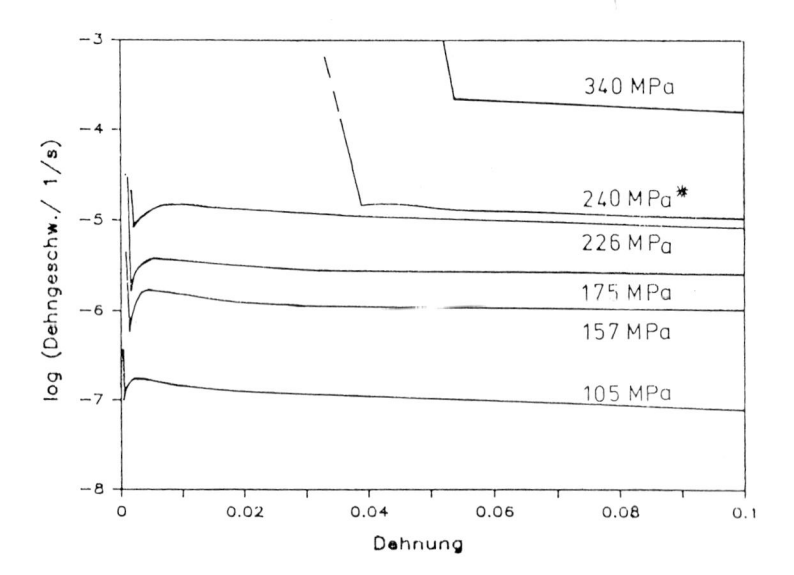

Bild 2: Kriechgeschwindigkeit von NiCr22Co12Mo bei 1073 K und konstanter Spannung in Abhängigkeit von der (wahren) Dehnung (6). Vor Beginn des Kriechens wurden die Proben 3 bis 5h auf Versuchstemperatur gehalten (mit Ausnahme der durch einen Stern gekennzeichneten Probe ohne Haltezeit mit geringerer Teilchenhärtung und größerer Belastungsdehnung (6)).

Auftragung den Verlauf der Kriechgeschwindigkeit mit der Dehnung in der Ni-Basislegierung NiCr22Co12Mo (Inconel 617) bei 800°C. Die Kurven bestehen aus zwei Bereichen, die voneinander durch einen Knick bzw. ein Minimum der Kriechgeschwindigkeit getrennt sind. Der erste Bereich setzt sich zusammen aus der Belastungsdehnung, die während der Spannungserhöhung von Null auf den Endwert in dem für die Belastung notwendigen Zeitraum erbracht wird, und einem daran anschließenden Steilabfall der Kriechgeschwindigkeit auf ein Niveau, das sich im weiteren Versuchsverlauf nur noch vergleichsweise schwach ändert. Bei Spannungen oberhalb etwa 230 MPa nimmt die Dehnung des ersten Bereiches dramatisch zu. Der extreme Unterschied der Kriechgeschwindigkeit in beiden Bereichen läßt vermuten, daß die Versetzungsbewegung qualitativ unterschiedlich erfolgt, nämlich mit und ohne Fremdatomwolke. Bild 3 zeigt in schematischer Form den Verlauf der Versetzungsgeschwindigkeit in Abhängigkeit von der effektiven Spannung in einem Material mit gelösten Atomen. Bei Erhöhung von σ^* springt die Versetzungsgeschwindigkeit bei einem kritischen σ^*-Wert von dem Kurvenast für langsame Versetzungsbewegung mit Fremdatomwolke auf den für "nackte", nicht durch die Wolke gebremste Versetzungen gültigen Ast. Dieses Losreißen passiert am Beginn eines Kriechversuches im Laufe der Spannungszunahme bei der ersten Belastung der Probe, sofern die Endspannung groß genug ist. Die plastische Dehnung erfolgt dabei räumlich inhomogen (7): Eine Folge von "Portevin-LeChatelier-Bändern" mit nackten Versetzungen bewegt sich über die Probe hinweg. Die Belastungsdehnung kann also als ein Bereich mit dynamischer Reckalterung in einem Versuch mit ansteigender Spannung aufgefaßt werden. Mit zunehmender Dehnung wächst die Versetzungsdichte. Damit verringert sich die effektive Spannung. Schließlich ist die Spannung nicht mehr ausreichend zur Bildung neuer Bänder und die Versetzungen können sich nur noch "langsam", gebremst durch ihre Wolken, bewegen. Damit beginnt der zweite Bereich der Kriechkurven.

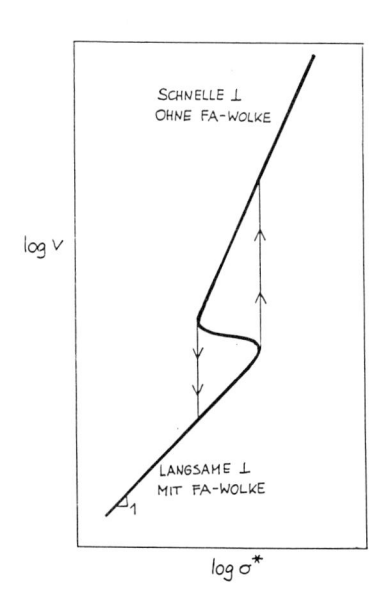

Bild 3: Versetzungsgeschwindigkeit in Abhängigkeit von der effektiven Spannung σ^*

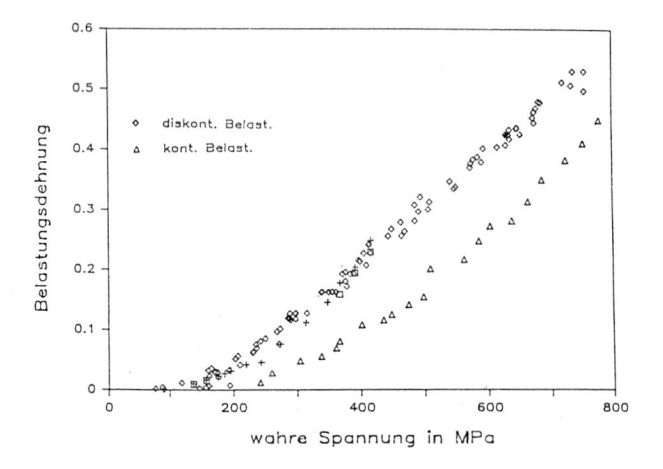

Bild 4: Belastungsdehnung am Beginn des Kriechens von X6CrNiMo17 13 bei 550°C in Abhängigkeit von der Spannung (8).

Die oben gegebene Deutung ist nicht auf die Legierung NiCr22Co12Mo beschränkt. Vielmehr sind in allen hochlegierten Werkstoffen vergleichbare Vorgänge zu erwarten. In der Tat werden für austenitische Stähle oft hohe Belastungsdehnungen gefunden. Bild 4 zeigt am Beispiel von X6CrNiMo17 13, daß bei 550°C die Belastungsdehnung oberhalb etwa 150 MPa etwa linear mit der Spannung zunimmt bis hin zu extrem hohen Werten von über 0.5 (50% wahre Dehnung!). Wenn die Interpretation der Belastungsdehnung richtig ist, muß sie in ihrer Größe von der Belastungsgeschwindigkeit abhängen. Läßt man nämlich dem Material genügend Zeit, so kann die Erhöhung der Versetzungsdichte, die mit der Belastungsdehnung verbunden ist, auch im Zuge langsamer Verformung erreicht werden, bei der die Losreißspannung nicht überschritten wird. Der in Bild 4 dargestellte Versuch mit quasikontinuierlicher, langsamer Belastung in kleinen Spannungsschritten mit anschließender Haltezeit zeigt, daß das Einsetzen des Losreißens auf diese Weise stark verzögert werden kann. Die Belastungsdehnungen werden dadurch im Vergleich zu rascher, diskontinuierlicher Belastung in einem oder wenigen Schritten um bis zu 0.16 verringert; es wurde also "schnelle" Belastungsdehnung durch "langsame" Kriechdehnung ersetzt. Daß in ferritischen Stählen hohe Belastungsdehnungen seltener sind, kann zwanglos dadurch erklärt werden, daß in diesen Werkstoffen bereits im Ausgangszustand hohe, durch die $\gamma-\alpha$-Umwandlung bedingte Versetzungsdichten, oft in der Form von Subkornstrukturen, vorliegen, so daß die effektive Spannung den kritischen Wert meist nicht überschreitet.

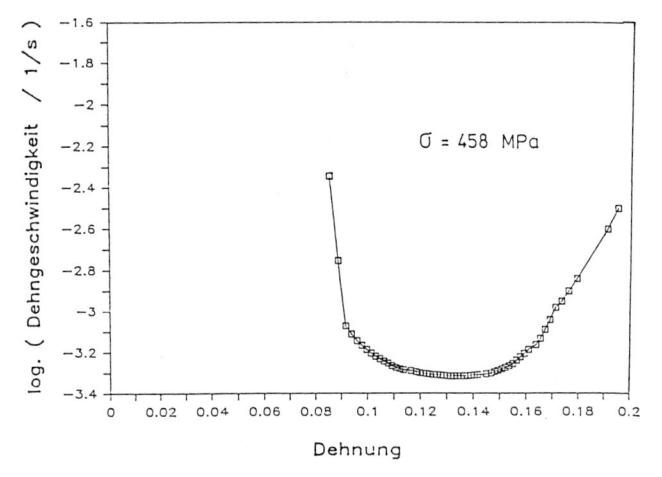

Bild 5: Kriechgeschwindigkeits-Dehnungs-Kurve bei
konstanter Spannung und 550°C für 10CrMo9 10 (8).

Bei Anwendung genügend hoher Spannungen werden jedoch auch hier hohe Belastungsdehnungen erreicht, wie Bild 5 für 10CrMo9 10 zeigt. Im bainitischen Ausgangszustand nach Luftabkühlung enthält dieses Material Subkörner von 0.4 μm Größe, wie sie sich beim Kriechen unter einer Spannung von etwa 440 MPa einstellen (9). Dementsprechend sind die Belastungsdehnungen bei Spannungen unterhalb dieses Wertes recht gering. Dagegen wird bei 458 MPa während der Belastung der für das Losreißen der Versetzungen notwendige Wert der effektiven Spannungen überschritten.

In einem Kriechversuch bei konstanter Spannung ist die dynamische Reckalterung im allgemeinen eine einmalige, auf den Beginn des Kriechversuches begrenzte Erscheinung. Wird jedoch das Kriechen durch eine Erholungsphase unterbrochen, in der die Versetzungsdichte genügend abnimmt, ist nach Wiederbelastung erneut eine durch Losreißen der Versetzungen bedingte Phase rascher Dehnung zu erwarten. Bild 6 zeigt einen entsprechenden Versuch an NiCr22Co12Mo. In ihm wechselt die Spannung dreimal von 193 MPa auf 371 MPa. Zum Vergleich ist eine Kriechkurve für konstanter Spannung von 193 MPa eingetragen. Nach dem ersten Wechsel von 193 auf 371 MPa ergibt sich eine relativ große Belastungsdehnung von knapp 2%. Eine relativ kurze Entlastung auf 193 MPa (bei $\epsilon \approx 0.13$) bewirkt nur eine geringe Belastungsdehnung bei Wiederbelastung, da die Versetzungsstruktur während der Entlastung nicht genügend abnimmt. Anders ist dies nach der letzten Entlastung ($\epsilon \approx 0.17$). Wie man an dem Verlauf der Kriechgeschwindigkeit bei reduzierter

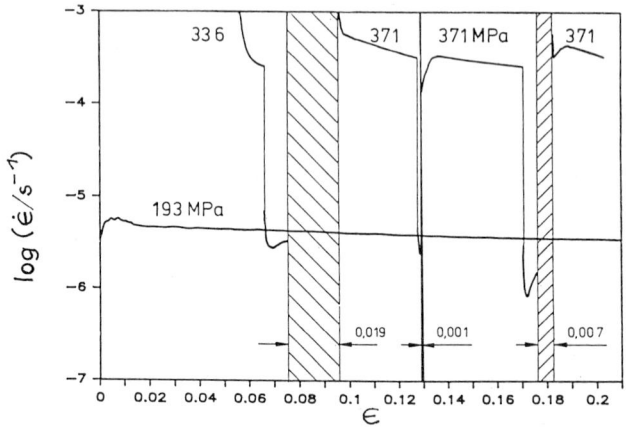

Bild 6: Kriechgeschwindigkeits-Dehnungs-Kurve von NiCr22Co12Mo bei 1073 K eines Versuchs mit mehreren Spannungswechseln und eines Versuchs bei konstanter Spannung (193 MPa) (6). Die Bereiche "schneller" Dehnung nach Spannungswechsel von 193 auf 371 MPa sind schraffiert.

Spannung erkennt, ist der der Entlastung folgende Übergang von der bei 371 MPa gebildeten Versetzungsstruktur zu der für 193 MPa charakteristischen Struktur noch nicht vollständig vollzogen. Die Abnahme der Versetzungsdichte und die damit verbundene Zunahme der effektiven Spannung reicht aber jetzt aus, um eine Belastungsdehnung von etwa einem Drittel des ersten Wertes hervorzurufen. Damit ist die Reversibilität des Vorganges gezeigt.

3. Wirkung härtender Teilchen auf das Kriechverhalten

Durch Ausscheidung oder Dispersion eingebrachte intermetallische oder keramische Teilchen sind die Grundlage der Hochwarmfestigkeit von Metallen. Allerdings erfolgt unter Hochtemperaturbeanspruchung ein im Prinzip unaufhaltsamer Abbau der Teilchenhärtung. Der Grund liegt darin, daß feinverteilte Teilchen thermodynamisch nicht stabil sind. Eine zusammenfassende Darstellung der mit der Teilcheninstabilität verbundenen Entfestigungsvorgänge ist in (10) gegeben worden. Wir beschränken uns hier auf eine kurze Aufzählung. Besonders empfindlich reagieren metastabile Teilchen, wie sie in aushärtbaren Al-Legierungen für Festigkeit sorgen. Das Schneiden dieser Teilchen im Laufe des Kriechens führt zur Keimbildung der Gleichgewichtsphase unter Auflösung der metastabilen Teilchen und Festigkeitsverlust. Wenn die härtende Phase stabil ist, stellen Änderungen in Form und Größe der Teilchen (einfachster Fall: Ostwaldreifung) die entfestigenden Prozesse dar. In vielen Fällen wird der Entfestigungsprozeß durch Verformung induziert oder beschleunigt. Dann kommt es zu Verformungsinstabilitäten im Sinne lokaler Konzentration der Verformung in Transformationsbändern. Der Verlust an Teilchenhärtung ist insofern von der Schädigung durch Hohlraumbildung zu unterscheiden, als er im Prinzip durch eine reine Wärmebehandlung, die das Ausgangsgefüge wiederherstellt, rückgängig gemacht werden kann. Der Teilchenhärtungsverlust sollte daher besser als Werkstofferschöpfung statt als Schädigung bezeichnet werden (11).

Da die Teilchenhärtung nach dem Gesagten zeitabhängig ist, erscheint in dem Ausdruck für die Kriechgeschwindigkeit neben Spannung und Temperatur die Zeit als weiterer Parameter. Eine zusätzliche Komplikation tritt auf, wenn die Ausscheidung bei Beginn des Kriechens noch nicht abgeschlossen ist, sondern durch Keimbildung an Versetzungen in der ersten Phase des Kriechens mitbestimmt wird. Dies kann vorkommen, wenn, wie in austenitischen Fe- und Ni-Basislegierungen, die Keimbildung der Teilchen aus dem homogenisierten Zustand relativ schwierig ist.

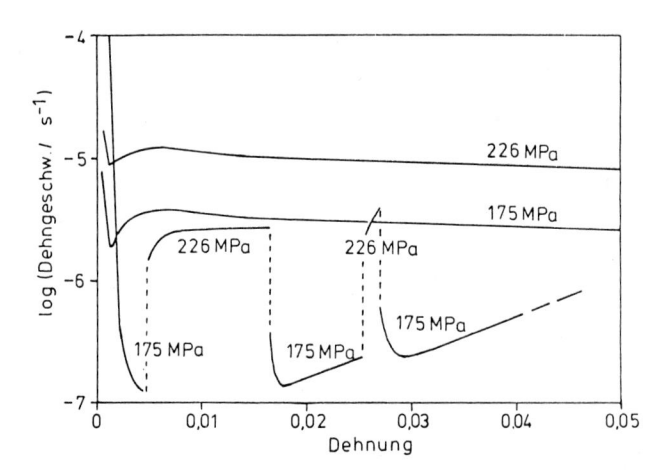

Bild 7: Eine bei Raumtemperatur durch Torsion kaltverformte NiCr22Co12Mo-Probe, die abwechselnd bei 175 und 226 MPa beansprucht wird, zeigt bei 1073 K wesentlich geringere Kriechgeschwindigkeiten als die nicht kaltverformten Vergleichsproben (6).

Zwei Beispiele sollen das Gesagte erläutern. Bild 7 zeigt, daß die Kriechgeschwindigkeit der Legierung NiCr22Co12Mo durch eine Kaltverformung drastisch erniedrigt wird. Offenbar führt die leichte Keimbildung von Karbiden an den durch die Vorverformung eingeführten Versetzungen während der Aufheizung auf Versuchstemperatur zu feinerer Teilchenverteilung. Durch Vergröberung der Karbide baut sich die Teilchenhärtung allmählich ab. Die Karbidvergröberung ist im wesentlichen zeitabhängig. Dementsprechend macht sich die Entfestigung bei niedriger Spannung und niedriger Kriechgeschwindigkeit in einem stärkeren Anstieg der Kriechgeschwindigkeit mit der Dehnung bemerkbar als bei hoher Spannung. Nach der Unterbrechung des Kriechens bei 226 MPa durch eine langsame Kriechphase bei 175 MPa setzt sich das Kriechen bei 226 MPa in einem deutlich höheren $\dot{\varepsilon}$-Bereich fort. Insgesamt nähert sich die $\dot{\varepsilon}(\varepsilon)$-Kurve des vorverformten Materials allmählich der des nur homogenisierten Materials an, da sich die anfänglichen Unterschiede in der Teilchenhärtung kontinuierlich verringern.

Das zweite Beispiel ist 10CrMo9 10. Bild 8 zeigt Kriechversuche bei konstanter

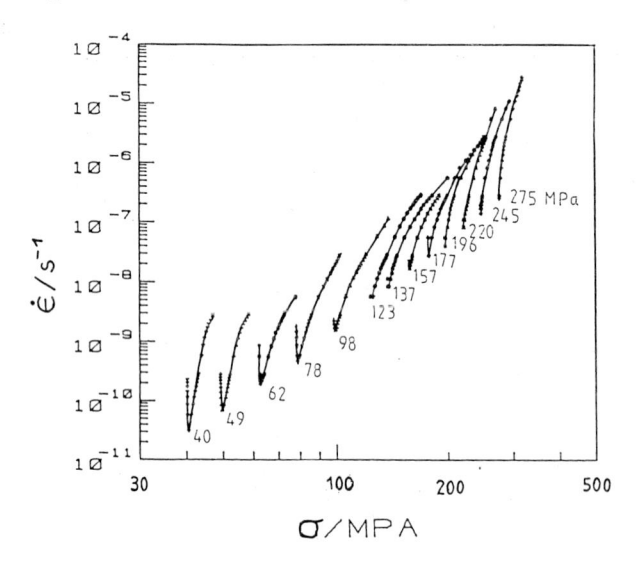

Bild 8: Kriechgeschwindigkeit von 10CrMo9 10 als Funktion der Spannung $\sigma(\varepsilon)$ aus Zeitstandversuchen bei konstanter Last und 550°C von Kooy und Granacher (12). Jede Kurve entspricht einem Zeitstandversuch. Die Zahlenwerte bezeichnen die jeweilige Anfangsspannung σ_o.

Last. Bei solchen Versuchen steigt die Spannung im Bereich der Gleichmaßdehnung in einfacher Weise mit der Dehnung an ($\sigma = \sigma_o \exp(\epsilon)$, σ_o: Anfangsspannung (1)). Statt über der Dehnung kann man also den Verlauf der Kriechgeschwindigkeit für Versuche mit fester Anfangsspannung über der Spannung auftragen. Dies ist in Bild 8 geschehen. Gäbe es eine eindeutige Beziehung zwischen der Geschwindigkeit $\dot\epsilon_s$ des stationären Kriechens und der Spannung bei fester Temperatur, müßten alle Einzelkurven in die gemeinsame $\dot\epsilon_s(\sigma)$-Kurve einmünden. Das ist aber nach Bild 8 nicht der Fall. Vergleicht man die Kriechgeschwindigkeiten benachbarter Kurven bei gleicher Spannung, so stellt man fest, daß Kurven mit geringerer Anfangsspannung, also höherer Dehnung und erheblich höherer Dauer der Kriechbeanspruchung, deutlich (oft mehr als eine Größenordnung) höhere $\dot\epsilon$-Werte aufweisen. Als Gründe kommen Schädigung (Porenbildung und Querschnittsverringerung durch Oxidation) und Erschöpfung (Verlust an Teilchenhärtung) in Frage. Daß die Erschöpfung zumindest in bestimmten Zeitbereichen eine Rolle spielt, geht aus Bild 9 hervor. Sowohl eine Anfangsglühung bei Versuchstemperatur vor Beginn des Kriechens als auch eine Zwischenglühung führen zu beträchtlicher Erhöhung der Kriechgeschwindigkeit bei gleicher Dehnung (Bild 9a). Allerdings kann der Anstieg der Kriechgeschwindigkeit im Versuch bei konstanter Spannung nicht allein auf den Zeiteinfluß zurückgeführt werden, wie der uneinheitliche Anstieg der Kurven in Bild 9 b zeigt, ein Hinweis darauf, daß auch dehnungsabhängige Entfestigungsvorgänge (z.B. Subkornwachstum, siehe Abschnitt 4) mitwirken.

Eine technisch wichtige Größe ist die minimale Kriechgeschwindigkeit $\dot\epsilon_{min}$. Bei Versuchen bei konstanter Last ergibt sie sich aus der Überlagerung von Verfestigung einerseits und Anstieg der Spannung, Verlust an Teilchenhärtung und Schädigung durch Poren andererseits. Ihre Abhängigkeit von Spannung und Temperatur kann durch eine Beziehung vom Typ der Gleichung (1), also mit einem Term σ^n für die Spannungsabhängigkeit und einem Term $\exp(-Q/kT)$ für die Temperaturabhängigkeit (Q: Aktivierungsenergie) von $\dot\epsilon_{min}$, beschrieben werden. Allerdings darf man nicht erwarten, daß die Aktivierungsenergie und der Spannungsexponent der minimalen Kriechgeschwindigkeit einfache Größen sind, die sich aus Versetzungsmodellen ableiten lassen. Der Grund ist, daß die Minima der Kriechgeschwindigkeit in Kriechkurven bei verschiedener Anfangsspannung jeweils bei unterschiedlichen Zeiten beobachtet werden. Verschiedene Zeiten bedeuten unterschiedliches Phasengefüge, falls im Werkstoff Erschöpfungsvorgänge ablaufen. Bezogen auf den Fall konstanten Phasengefüges liegt $\dot\epsilon_{min}$ umso höher, je niedriger die Last ist und je langsamer das Material kriecht. Der Spannungsexponent

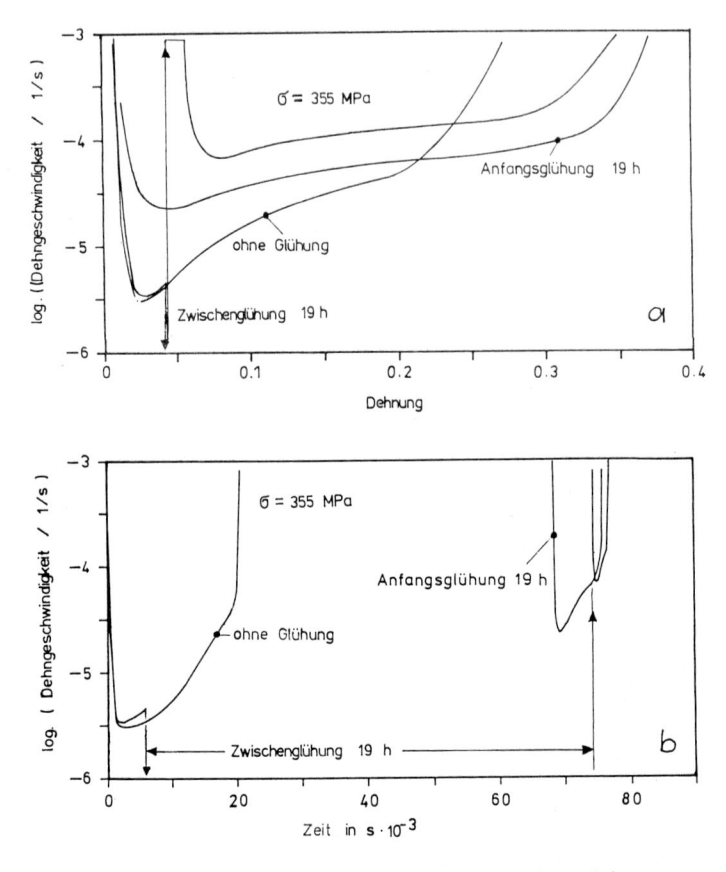

Bild 9: Kriechgeschwindigkeit von 10 CrMo9 10 bei konstanter Spannung (355 MPa) und 550°C a) als Funktion der Dehnung, b) als Funktion der Zeit für Versuche ohne und mit zusätzlicher 19-stündiger Anfangs- beziehungsweise Zwischenglühung bei Versuchstemperatur (6).

der minimalen Kriechgeschwindigkeit kann also völlig andere Werte annehmen als der Spannungsexponent der Kriechgeschwindigkeit bei konstantem Phasengefüge. Letzterer kann aus Spannungswechselversuchen ermittelt werden, wenn der durch den Wechsel ausgelöste Übergangskriechbereich geeignet berücksichtigt wird. Wie aus Bild 8 hervorgeht, ist der Spannungsexponent der minimalen Kriechgeschwindigkeit von 10CrMo9 10 bei 550°C etwa 5. Demgegenüber werden für den Spannungsexponenten bei konstantem Phasengefüge Werte von 10 und höher gefunden (8, 9). Ganz ähnlich liegen die Verhältnisse in der Legierung 800H (13). Das für den Spannungsexponenten Gesagte gilt sinngemäß auch für die Aktivierungsenergie.

Die Abhängigkeit der Kriechgeschwindigkeit von der Zeit beruht auf der Abhängigkeit der Teilchenhärtung von der Zeit. Es ist daher sinnvoll, die Teilchenhärtung direkt in der Kriechgleichung zu berücksichtigen. In erster Näherung kann dies dadurch geschehen, daß man die Spannung in der Kriechgleichung durch den Term $\sigma - \sigma_p$ ersetzt, wobei σ_p die zur Überwindung der Teilchen durch Umgehen oder Schneiden notwendige Spannung ist. Die Begründung für diesen Ansatz, nämlich daß bei Spannungen unterhalb σ_p kein Kriechen erfolgen kann, weil die Teilchen nicht überwunden werden können, ist aber bei genauer Betrachtung nicht haltbar. Bei hoher Temperatur kommt das Überklettern der Teilchen als weitere Möglichkeit der Überwindung der Teilchen ins Spiel. Zwar ist auch für diesen Prozess eine Mindestspannung aufzubringen. Diese liegt aber, wie die detaillierte Betrachtung zeigt (10), relativ weit unterhalb der für das Umgehen der Teilchen nach dem Orowan-Mechanismus gültigen Spannung σ_{Or}. Umso überraschender ist es, daß die experimentell beobachtete Spannungsschwelle des Hochtemperaturkriechens in vielen Fällen nicht weit von σ_{Or} entfernt ist (10). Der Grund dafür wird in einer attraktiven Wechselwirkung zwischen Versetzungen und Teilchen gesucht, die bewirkt, daß Versetzungen an den Teilchen haften.

4. Versetzungsstruktur

Die Versetzungsstruktur entwickelt sich im Laufe des Kriechens in Richtung auf eine stationäre Struktur, die gegebenenfalls über die Teilchenhärtung $\sigma_p(t)$ von der Zeit t abhängig ist. Je nach dem Ausgangszustand sind zwei Fallgruppen zu unterscheiden. Im einen Fall bringen die Stoffe aufgrund einer Phasenumwandlung (z.B. ferritische Stähle) oder einer mechanischen Vorbehandlung (z.B. Warmverformung) eine hohe Ausgangsversetzungsdichte mit. Die zweite Gruppe umfaßt solche Stoffe, die im rekristallisierten und homogenisierten Zustand eingesetzt werden und eine relativ geringe Ausgangsdichte an Versetzungen haben. Die primären Übergangsbereiche hängen naturgemäß stark von dem Verhältnis zwischen Ausgangsversetzungsstruktur und der bei der gegebenen Beanspruchung zu erwartenden stationären Versetzungsstruktur ab. Bei der ersten Fallgruppe geht das Kriechen bei niedriger Spannung meist mit Abbau an Versetzungsdichte einher, während bei der zweiten Gruppe die Versetzungsdichte beim Kriechen meist anwächst.

Ein Beispiel aus der ersten Fallgruppe ist der bereits erwähnte Stahl 10CrMo9 10. Das Übergangskriechen wird davon beeinflußt, ob sich die Subkornstruktur während des Kriechens vergröbert oder verfeinert, was einer Entfestigung beziehungsweise einer Verfestigung entspricht.

Zur zweiten Fallgruppe gehören in der Regel die einphasigen Stoffe, aber auch technische Werkstoffe wie austenitische Stähle. Auch NiCr22Co12Mo ist ein Beispiel. Das Ergebnis der versetzungsstrukturellen Untersuchungen an Stoffen dieser Gruppe, insbesondere den bei Versuchstemperatur einphasigen Legierungen AlZn (Stoffklasse M) (14) und AlMg (Klasse A) (15), ist in Bild 10 zusammengefaßt. Als erste Kenngröße erreicht die Dichte ϱ_i freier, nicht in Subkorngrenzen gebundener Versetzungen einen Maximalwert. Dies geschieht innerhalb eines Dehnungsintervalls, das bei mittleren Spannungen etwa 0.01 beträgt. Als nächstes sättigt sich der Volumenanteil f_{sub} des Materials, der eine Subkornstruktur enthält. Die mittlere Größe der Subkörner in diesem Volumenanteil ist durch die Spannung weitgehend festgelegt und nur schwach dehnungsabhängig. Der Dehnungsbereich, innerhalb dessen f_{sub} den Wert 1 erreicht, ist nun stark stoffabhängig. In Stoffen der Klasse M

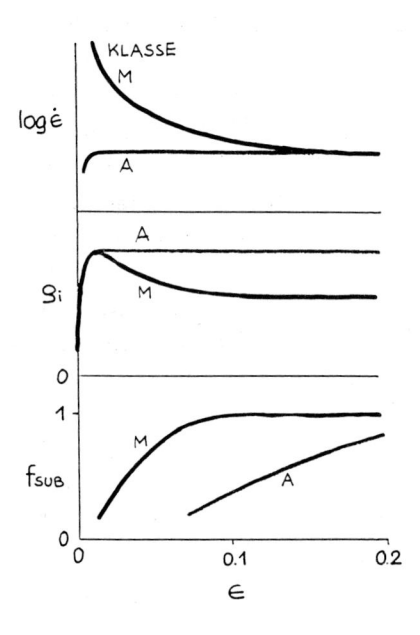

Bild 10: Entwicklung der Kriechrate $\dot{\varepsilon}$, der Dichte ϱ_i freier Versetzungen und des Volumenanteils mit Subkornstruktur, f_{sub}, mit der Dehnung ε für Stoffe der Klassen M und A (schematisch)

sättigt sich f_{sub} bei mittleren Spannungen bei Dehnungen von etwa 0.1. Mit dem Wachstum von f_{sub} ist eine erhebliche Verringerung der Kriechgeschwindigkeit verbunden. Dagegen erfolgt in Werkstoffen der Klasse M mit mehr viskosem Versetzungsgleiten der Aufbau von f_{sub} verzögert oder ist im Extremfall sogar ganz unterdrückt. Die Kriechgeschwindigkeit wird nur schwach oder gar nicht beeinflußt, so daß der primäre Übergangsbereich viel kürzer als in Stoffen der Klasse M ausfällt. Auch beobachtet man in Stoffen der Klasse A keine Abnahme der Versetzungsdichte ϱ_i im Gegensatz zu Stoffen der Klasse M. Die Subkorngrenzstruktur wird durch den Mittelwert s der Versetzungsabstände in Subkorngrenzen oder den mittleren Orientierungsunterschied Θ benachbarter Subkörner gekennzeichnet. Diese Kenngrößen sättigen vergleichbar langsam wie f_{sub}. Es gibt Hinweise, daß sie sich selbst im stationären Bereich des Kriechens noch verändern (z.B. (16)).

Die stationäre Versetzungsstruktur wird mit zunehmender Spannung dichter. Für reine Metalle gilt die Faustformel (10), daß die Subkorngröße das 30-fache des mittleren Versetzungsabstandes im Subkorninnern, $\varrho_i^{-1/2}$, ist und dieser wiederum gleich bG/σ gesetzt werden kann (b: Burgersvektor, G: Schubmodul). In mischkristallgehärteten Stoffen sind bei gegebener Spannung $\varrho_i^{-1/2}$ und L größer als in reinem Stoffen, d.h. die Versetzungsstruktur ist vergleichsweise weniger dicht, da von der Gesamtspannung ein Mischkristallhärtungsterm in Abzug gebracht werden muß (15). Analoges gilt für teilchengehärtete Werkstoffe bezüglich $\varrho_i^{-1/2}$, während die Subkorngröße durch Teilchenhärtung kaum beeinflußt wird.

Als Beispiel betrachten wir im folgenden NiCr22Co12Mo. Bild 11 zeigt die Änderung der Kriechgeschwindigkeit und der Versetzungsstruktur mit der Dehnung bei zwei Spannungen. In seinem Verhalten steht der Werkstoff zwischen den Klassen M und A. Bei der niedrigeren Spannung neigt es eher der Klasse M zu: zügige Ausbildung einer geschlossenen Subkornstruktur, begleitet von Abnahme von $\dot{\varepsilon}$ und ϱ_i. Bei der höheren Spannung dagegen erfolgt die Subkornbildung zögernd und hat nur noch geringe Auswirkung auf $\dot{\varepsilon}$ und ϱ_i, wie für Klasse A typisch. Die mittlere Subkorngröße L in Gebieten mit Subkornstruktur variiert nur schwach mit der Dehnung. Der mittlere Orientierungsunterschied Θ benachbarter Subkörner, der umgekehrt proportional zum Abstand s der Versetzungen in Subkorngrenzen ist, variiert zwischen 0.3 und 1°. Die breite Verteilung der für verschiedene Subkorngrenzen erhaltenen Werte bedingt eine große Unsicherheit in der Bestimmung von Θ, so daß über dessen Dehnungsabhängigkeit keine klare Aussage gemacht werden kann.

Als für das Verständnis des Kriechens wichtigstes Ergebnis bleibt festzuhalten, daß sich Subkorngrenzen in unterschiedlicher Weise auf das Kriechverhalten auswirken: Die Abnahme von $\dot{\varepsilon}$ und ϱ_i ist ein Hinweis darauf, daß in Stoffen der Klasse M die Subkorngrenzen weitreichende Rückspannungen auf das Subkorninnere ausüben (3). Diese setzen die im Subkorninnern wirksame Spannung herab. Andererseits sind in Stoffen der Klasse A die Auswirkungen der sich bildenden Subkorngrenzen vernachlässigbar. Offensichtlich sind die Rückspannungen nicht

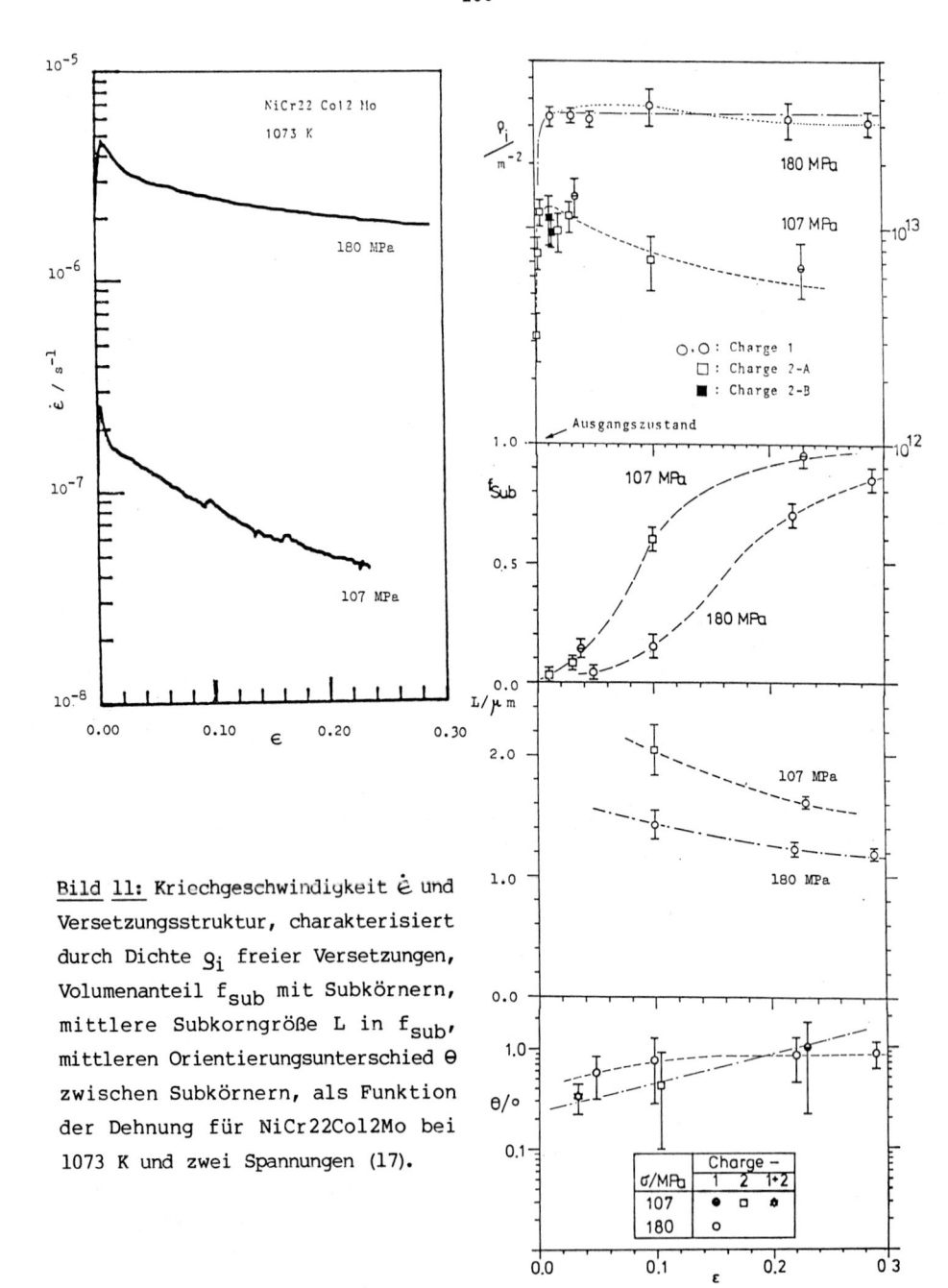

Bild 11: Kriechgeschwindigkeit $\dot{\varepsilon}$ und Versetzungsstruktur, charakterisiert durch Dichte ϱ_i freier Versetzungen, Volumenanteil f_{sub} mit Subkörnern, mittlere Subkorngröße L in f_{sub}, mittleren Orientierungsunterschied θ zwischen Subkörnern, als Funktion der Dehnung für NiCr22Co12Mo bei 1073 K und zwei Spannungen (17).

einfach eine Funktion von Abstandsparametern wie L oder s. Der Grund für die
Unterschiede im Subkorngrenzverhalten wird deutlich, wenn man die Ursache der
Rückspannungen betrachtet. Ideale Korngrenzen, die nach langer Glühung im
Material vorliegen, besitzen keine weitreichenden Spannungsfelder. Dies gilt
auch für Subkorngrenzen (= Kleinwinkelkorngrenzen). Weitreichende Spannungen
sind also durch die Abweichungen vom idealen Subkorngefüge bedingt (10). Darunter sind das Ausbauchen der Subkorngrenzen und Abweichungen vom Idealwert des
Subkorngrenzversetzungsabstandes, entsprechend Fehlpassungen im Subkornverband,
zu verstehen. Wie groß die weitreichenden Spannungen sind, hängt von der für
den Abbau der während des Gleitens entstehenden Verspannungen verfügbaren Zeit
ab. In Stoffen, in denen das Gleiten durch gelöste Atome gebremst wird, können
die Verspannungen leichter abgebaut werden als in reinen Stoffen. Dies erklärt
die geringe Wirksamkeit der Subkorngrenzen in Stoffen der Klasse A. Eine umfassende quantitative Theorie der mit Subkorngrenzen verbundenen inneren Spannungen, wie sie für das Verständnis des Kriechens notwendig wäre, fehlt bisher
noch.

5. Kriechtransienten

Während des stationären Kriechens laufen das Gleiten und die Erholung der
Versetzungsstruktur gekoppelt ab. Durch eine Spannungsänderung werden beide in
unterschiedlicher Weise beeinflußt. Die dadurch ausgelöste Veränderung der
Versetzungsstruktur drückt sich in einer Veränderung der Kriechgeschwindigkeit
mit der Dehnung, einem Übergangsbereich oder einer Kriechtransiente, aus. Die
Untersuchung von Kriechtransienten hat sich hinsichtlich der Bestimmung von
Parametern, die die Versetzungskinetik charakterisieren, als sehr ergiebig
erwiesen. Dies gilt insbesondere für die Versuche bei konstanter Struktur. Hier
geht es darum, das Kriechen in einem möglichst kurzen Dehnungsintervall nach
der Spannungsänderung zu erfassen, in dem sich die vor der Spannungsänderung
vorliegende Mikrostruktur noch nicht wesentlich verändert hat. Aus der Abhängigkeit der Kriechgeschwindigkeit von der Spannung nach einer (geringen) Spannungsreduktion kann auf die Abhängigkeit der Versetzungsgeschwindigkeit von der
effektiven Spannung geschlossen werden; diejenige Spannungsreduktion, nach der
die Kriechgeschwindigkeit gerade Null ist, ist gleich der effektiven Spannung
σ^*. Die Bestimmungsmethoden für σ^* unterscheiden sich in Einzelheiten (siehe
(18, 19)). Bild 12b zeigt, daß die effektive Spannung bei 180 MPa in
NiCr22Co12Mo mit der Dehnung leicht abnimmt. Dies korreliert nach den Ergebnissen des vorigen Abschnittes zur Versetzungsstruktur mit dem Aufbau der Sub-

kornstruktur mit ihren inneren Rückspannungen.

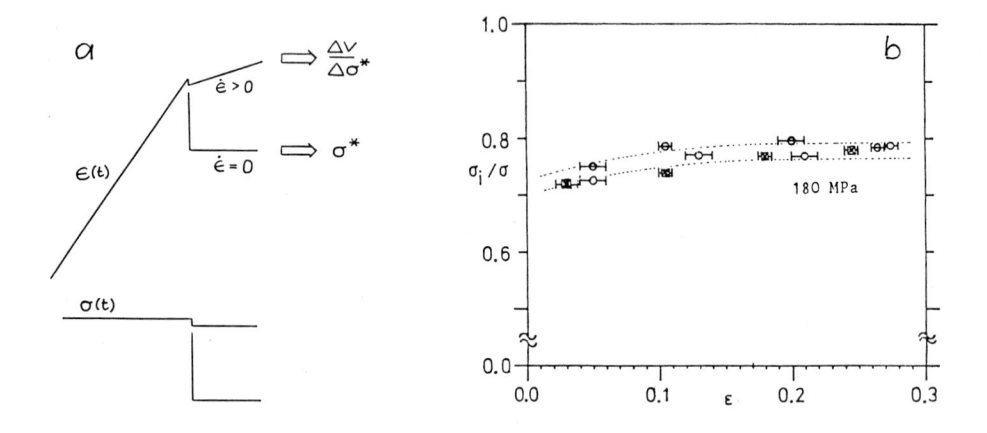

Bild 12: a) Versuchsschema zur Bestimmung der Spannungsabhängigkeit der Versetzungsgeschwindigkeit v und der effektiven Spannung σ^*, b) Anteil von $\sigma_i = \sigma - \sigma^*$ an der Spannung σ für NiCr22Co12Mo bei 1073 K und 180 MPa in Abhängigkeit von der Dehnung (17).

Die zweite Versuchsführung neben den Versuchen bei konstanter Struktur zielt auf das Einschwingen der Kriechgeschwindigkeit in den neuen stationären Zustand ab. Zwei wichtige Ergebnisse seien genannt anhand der in Bild 13 gezeigten Versuche an Al. Einer Spannungsreduktion im primären Übergangsbereich (ε =0.04) folgt zunächst ein schneller Anstieg der Kriechgeschwindigkeit, bevor sich die Abnahme der Kriechgeschwindigkeit ähnlich wie beim primären Übergangskriechen fortsetzt. Man hat also in Stoffen der Klasse M zwischen schnellen Umstrukturierungsprozessen (Abnahme der freien Versetzungsdichte, Subkornvergröberung) und dem relativ langsamen Aufbau der Subkornstruktur zu unterscheiden. Das zweite wichtige Ergebnis dieser Versuchsführung ergibt sich aus den Kriechtransienten bei relativ starker Entlastung: Wenn die Kriechgeschwindigkeit um mehr als eine Dekade abnimmt, erscheint in der Kriechtransiente ein neuer Bereich, in dem $\dot{\varepsilon}$ ausgehend von einem Maximalwert mit zunehmender Dehnung auf ein Minimum abnimmt, bevor der "normale" Teil der Transiente mit ansteigender Kriechrate wieder erscheint (14, 21). Ein solches Maximum der (positiven) Kriechrate wird selbst dann beobachtet, wenn die Spannung auf (nahezu) Null reduziert wird (22). Dies ist ein weiterer deutlicher Hinweis darauf, daß in Stoffen der Klasse M innere Spannungen vorliegen. Während die inneren Rückspannungen zu der unmittelbar auf eine starke Spannungsreduktion folgenden Rückverformung führen (in Bild 13 nicht dargestellt), bewirken die inneren Vorwärtsspannungen das anschließende Vorwärtskriechen (23 - 25). Analoge Beobachtungen wurden für die Erholung nach vorheriger Kaltverformung gemacht (26). Das Übergangskriechverhalten in technischen Legierungen (Bild 6) ist ähnlich zu interpretieren.

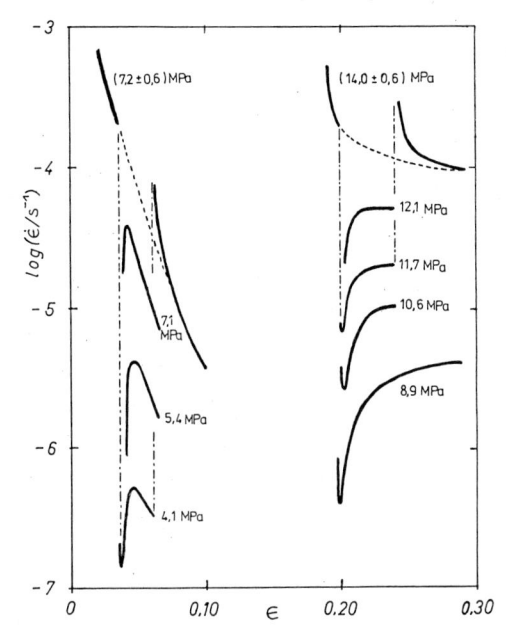

Bild 13: Kriechgeschwindigkeits-Dehnungs-Kurven von Versuchen (20) an Al99.99 bei 523 K mit Spannungsreduktionen im primären Übergangsbereich ($\epsilon \approx 0.04$, $\sigma \approx 7$ MPa) und unter fast stationären Bedingungen ($\epsilon \approx 0.20$, $\sigma \approx 14$ MPa). Von den verschiedenen Kurven bei 7 und 14 MPa ist jeweils nur ein Beispiel gezeigt.

6. Diskussion

Die vorstehend geschilderten Ergebnisse zeigen deutlich, daß das einfache, in der Einleitung dargestellte Modell des stationären Kriechens von Stoffen der Klasse M unzureichend ist. Sein Hauptmangel liegt in der fehlenden Berücksichtigung der Subkorngrenzen. Neuere Modelle versuchen, die Wechselwirkung der freien Versetzungen mit Subkorngrenzen in die Betrachtung wesentlich einzubeziehen (27 - 29). Bisher gibt es allerdings kein vollständig zufriedenstellendes Modell des Kriechens von Stoffen der Klasse M. Dementsprechend ist die Modellierung des Kriechens, der wir uns im folgenden zuwenden wollen, nur beschränkt möglich.

Die einfachste, weit verbreitete Näherung ist, das Kriechen durch die minimale Kriechgeschwindigkeit als einzigen Parameter zu charakterisieren. Das primäre Übergangskriechen bleibt hierbei ebenso unberücksichtigt wie das tertiäre Kriechen mit ansteigender Kriechgeschwindigkeit. Die nächsteinfache Näherung ist, das tertiäre Kriechen durch eine fiktive Verringerung des tragenden Querschnitts, also durch einen Spannungsanstieg, zu berücksichtigen. Auf diese Weise kann die Kriechschädigung durch Porenbildung erfaßt werden. Es erscheint allerdings wenig sinnvoll, den auf Teilchenhärtungsverlust zurückgehenden Anstieg der Kriechgeschwindigkeit, der in vielen Fällen den ersten Teil des tertiären Kriechens bestimmt, in derselben Weise zu beschreiben. Es gibt eine Reihe phänomenologischer Beschreibungen der Kriechkurve. Eine der bekanntesten ist das sogenannte Θ-Konzept von Wilshire und Mitarbeitern (30) und seine Modifikation durch Maruyama u.a. (31). Das Θ-Konzept benutzt vier Parameter Θ_1 bis Θ_4, um die Kriechrate als Funktion der Zeit zu beschreiben gemäß:

$$\dot{\varepsilon} = \Theta_1 \Theta_2 \exp(-\Theta_2 t) + \Theta_3 \Theta_4 \exp(\Theta_4 t) \qquad (3)$$

Diese Summe aus einem mit der Zeit t abfallenden und einem ansteigenden Term entspricht einer S-förmigen ε-t-Kurve. Damit ist die Modellierung beschränkt auf Werkstoffe mit normalem Übergangskriechen. Große Belastungsdehnungen erfordern einen weiteren Parameter.

Die detaillierteste Beschreibung des Kriechens ergibt sich auf der Basis von Versetzungsmodellen. Zwar gibt es, wie oben ausgeführt, noch kein vollständiges Modell. Jedoch hat sich seit Alexander und Haasen (32) bewährt, die Kriechgeschwindigkeit durch die Kriechgeschwindigkeit weicher Bereiche des Werkstoffes, die den größten Volumenanteil einnehmen, anzunähern. Dann gilt:

$$\dot{\varepsilon} = (b/M)\, \varrho_i\, v(\sigma^*) \qquad (4)$$

$$\sigma^* = \sigma - \alpha M G b\, \varrho_i^{1/2} - \sigma_b - \sigma_p \qquad M = 3\ (\text{Taylorfaktor}) \qquad (5)$$

Die Versetzungsgeschwindigkeit v ist eine Funktion der effektiven Spannung, die sich als Differenz zwischen angelegter Spannung und athermischer Spannungskomponente ergibt. Diese wiederum setzt sich zusammen aus drei Beiträgen, nämlich dem der freien Versetzungsdichte ϱ_i, der Subkorngrenzen (Rückspannung σ_b) und der Teilchen, σ_p. Das Modell wurde an NiCr22Co12Mo bei 1073K und einer Dehnung von 0.03, bei der Subkorngrenzen vernachlässigt werden können (d.h. $\sigma_b = 0$), geprüft (17). Das Ergebnis ist in Bild 14 dargestellt. Es zeigt den Verlauf des Anteils effektiver Spannung an der Gesamtspannung als Funktion der Spannung, wie er sich aus drei voneinander unabhängigen Auswertungen ergibt. Zum einen wurde σ* nach dem in Abschnitt 4 angesprochenen Verfahren direkt gemessen. Zweitens wurde σ* entsprechend Gleichung (5) aus der Spannungsabhängigkeit der gemessenen Versetzungsdichte berechnet. Es zeigt sich, daß die beiden Werte von σ* befriedigend übereinstimmen, wenn die Konstante α gleich 0.3 gesetzt und die Teilchenhärtung zu σ_p = 50 MPa angenommen wird. Drittens wurde σ* aus den Meßwerten der Kriechgeschwindigkeit bestimmt, indem Gleichung (4) nach σ* aufgelöst wurde unter Benutzung des aus Spannungsreduktionsversuchen (siehe Abschnitt 5) bis auf eine anzupassende Konstante ermittelten v(σ*)-Zusammenhangs. Der auf diese Weise bestimmte σ*-Verlauf ist in brauchbarer Übereinstimmung mit den beiden anderen. Das bedeutet, daß das Modell die Spannungsabhängigkeit der Kriechgeschwindigkeit richtig wiedergibt, wenn die aus unabhängigen Experimenten erhaltenen Daten für ϱ_i, σ* und v(σ*) benutzt und der Teilchenhärtungsparameter σ_p angepaßt wird.

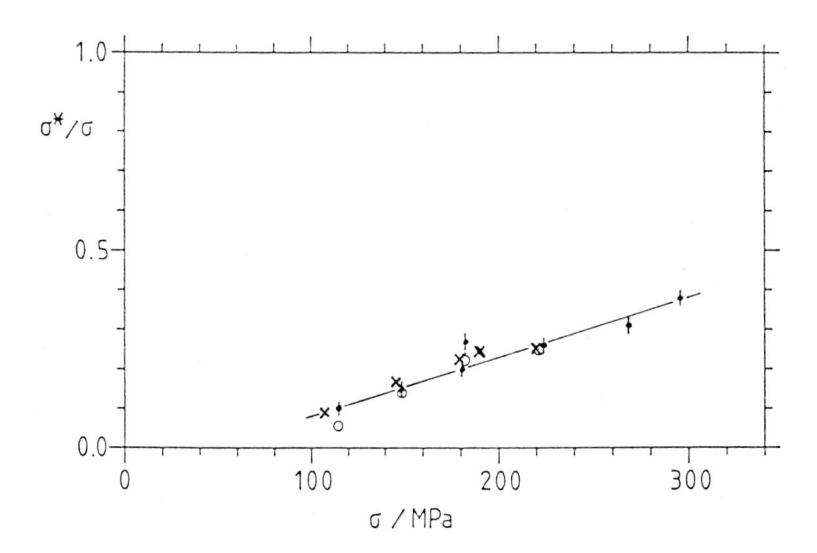

Bild 14: Anteil effektiver Spannung σ* an der Spannung σ in Abhängigkeit von σ für NiCr22Co12Mo bei 1073 K. ♦ : in Spannungsreduktionsversuchen gemessen, × : aus ϱ_i nach Gleichung (5) ermittelt (α = 0.3, σ_p = 50 MPa), O : aus $\dot{\varepsilon}$ und ϱ_i nach Gleichung (4) berechnet.

Das Modell hat den Vorteil, daß es nicht nur normales, sondern auch inverses Übergangskriechverhalten zu modellieren gestattet und daß es den Teilchenhärtungsparameter σ_p explizit enthält, wodurch eine übersichtliche Modellierung der Erschöpfung möglich wird. Es könnte ohne prinzipielle Schwierigkeiten um einen Ansatz für die Schädigung durch Poren erweitert werden. Aufgrund seiner Konstruktion gilt es nur, wenn die Verformung des weichen Bereiches dominiert; es ist also auf die durch die Verformung des harten Bereiches zurückzuführenden Übergangsphänomene nicht anwendbar. Trotz dieser Einschränkung erscheint das Modell für viele Anwendungsfälle geeignet. Sein besonderer Vorzug ist, daß die für die Modellierung verwendeten Parameterwerte zumindest in gewissen Bereichen durch unabhängige Messungen überprüft werden können. Die vermehrte Anwendung einfacher Versetzungsmodelle wie des vorgestellten läßt für die Zukunft ein besseres Verständnis des beobachteten Kriechverhaltens und damit eine größere Sicherheit bei der Auslegung kriechbeanspruchter Komponenten erwarten.

Danksagung

Ich danke an dieser Stelle der DFG und dem BMFT, die die Untersuchungen, auf denen die hier berichteten Ergebnisse basieren, durch Sachbeihilfen gefördert haben. Weiter danke ich den Herren Dr. Granacher und Dr. Kooy von der TU Darmstadt für Überlassung von Zeitstanddaten und Kooperation sowie den Herren Dipl.-Ing. H. Wolf, S. U. An, M. Engg., Dipl.-Ing. J. Eckert und Dipl.-Ing. R. Macher (Bild 8) und R. Zauter für die Überlassung unveröffentlichter Ergebnisse.

Literatur

(1) B. Ilschner: Hochtemperaturplastizität, Springer, Berlin 1973
(2) J. Weertman: J. Appl. Phys. 28 (1957) 1185
(3) W. D. Nix, B. Ilschner in: Proc. 5th Int. Conf. on the Strength of Metals and Alloys, herausgegeben von P. Haasen, V. Gerold und G. Kostorz, Pergamon Press, 3 (1980) 1503
(4) H. Oikawa, T. G. Langdon in: Creep Behaviour of Crystalline Solids, herausgegeben von B. Wilshire und R. W. Evans, Pineridge Press, Swansea (1985) 33
(5) H. G. Brion, P. Haasen, H. Siethoff: Acta metall. 19 (1971) 283
(6) H. Wolf: Dissertation, Universität Erlangen-Nürnberg 1987
(7) L. P. Kubin, Y. Estrin: Acta metall. 33 (1985) 397
(8) J. Eckert: Diplomarbeit, Universität Erlangen-Nürnberg 1986

(9) H. Wolf, M. Schießl, W. Blum in: Proc. 7th Int. Conf. on the Strength of Metals and Alloys, herausgegeben von H. J. McQueen u.a., Pergamon Press, 1 (1985) 607

(10) W. Blum, B. Reppich in: Creep Behaviour of Crystalline Solids, herausgegeben von B. Wilshire und R. W. Evans, Pineridge Press, Swansea (1985) 83

(11) W. Bendick, H. Weber: persönliche Mitteilung

(12) A. Kooy, J. Granacher: persönliche Mitteilung

(13) W. Blum, P. D. Portella in: Deformation of Multi-phase and Particle-containing Materials, Proc. 4th Risø Int. Symp. on Metallurgy and Materials Science, Roskilde (1983) 161

(14) W. Blum, A. Absenger, R. Feilhauer in: Proc. 5th Int. Conf. on the Strength of Metals and Alloys, herausgegeben von P. Haasen, V. Gerold unf G. Kostorz, Pergamon Press, 1 (1979) 265

(15) E. Weckert, W. Blum in: Proc. 7th Int. Conf. on the Strength of Metals and Alloys, herausgegeben von H. J. McQueen u.a., Pergamon Press, 1 (1985) 773

(16) F. Petry, F. Pschenitzka: Mater. Sci. Engg. 68 (1984) L7

(17) S. U. An: unveröffentlichte Ergebnisse, Universität Erlangen-Nürnberg 1986

(18) W. Blum, A. Finkel: Acta metall. 30 (1982) 1705

(19) K. Milicka: Acta metall. 35 (1987)

(20) R. Zauter: Studienarbeit, Universität Erlangen-Nürnberg 1986

(21) J. Hausselt, W. Blum: Acta metall. 24 (1976) 1027

(22) M. Pahutova, J. Cadek, P. Rys: Scr. metall. 11 (1977) 1061

(23) W. Blum, Scr. metall. 16 (1982) 1353

(24) W. Blum, H. Schmidt: Res Mechanica 9 (1983) 105

(25) J. Cadek: Mater. Sci. Engg. (1987)

(26) T. Hasegawa, T. Yakou, U. F. Kocks: Acta metall. 30 (1982) 235

(27) W. Blum: Z. Metallkde. 68 (1977) 484

(28) J. L. Martin in: Creep Behaviour of Crystalline Solids, herausgegeben von B. Wilshire und R. W. Evans, Pineridge Press, Swansea (1985) 1

(29) D. Caillard: Philos. Mag. A 51 (1985) 157

(30) R. W. Evans, B. Wilshire: Creep of Metals and Alloys, Institute of Metals, London 1985

(31) K. Maruyama, C. Harada, H. Oikawa: Technol. Rept., Tohoku University 50 (1985) 67

(32) H. Alexander, P. Haasen, Solid State Phys. 22 (1968) 28

Versagenssichere Bemessung von Bauteilen im Dampfturbinenbau

J. Ewald, E. E. Mühle, Kraftwerk Union AG., Mülheim a. d. Ruhr

Einleitung

Der vorliegende Beitrag behandelt im wesentlichen die Auslegung der Dampfturbinenbauteile, die mit zeitabhängigen Werkstoffkennwerten bemessen werden. Die Auslegung der unter ca.350°C, d. h. im Geltungsbereich der Streckgrenze beaufschlagten Komponenten, wird indirekt mit abgedeckt, da hierfür die Sprödbruchabsicherung maßgebend ist. Diese wiederum wird für warmgehende Teile auch beschrieben.

Beschreibung der wichtigsten Turbinenkomponenten und ihrer Einsatzbedingungen

Die Aufstellung eines typischen Turbosatzes - bestehend aus Hochdruck-, Mitteldruck- und Niederdruckteilen - zusammen mit der Fundamenttischplatte und den wichtigsten Dampfleitungen ist in Bild 1 dargestellt. Es gibt außerdem die Anordnung und Bezeichnung der Hauptkomponenten incl. Generator und Erreger wieder. Die Bilder 2 und 3 zeigen für den Bereich hoher Temperatur, der im folgenden eingehender betrachtet wird, die Dampfzustände sowie die typische Betriebsweise (1).

Die bei den beschriebenen Betriebstemperaturen benötigten Werkstoffeigenschaften werden im wesentlichen von ferritischen Werkstoffen erfüllt, die mit Cr, Mo, V legiert sind.

Wie in Tafel 1 gezeigt, wird für Turbinenwellen und Gehäuse bis ca.550°C ein 1 % Cr 1% Mo 1/4 % V-Stahl und für Wellen und Gehäuse bis ca.600°C ein 12 % Cr 1 % Mo 1/4 % V-Stahl eingesetzt. Bei niedrigeren Temperaturen kommen auch CrMo- und Mo-Stähle zum Einsatz. Für Wellen bis 350°C Einsatztemperatur werden im wesentlichen NiCrMoV-Stähle eingesetzt.

Tafel 2 und 3 zeigt die erreichbaren mechanischen Eigenschaften

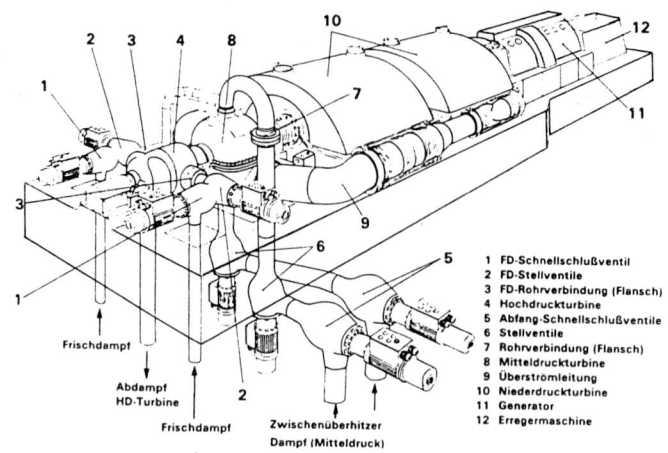

1	FD-Schnellschlußventil
2	FD-Stellventile
3	FD-Rohrverbindung (Flansch)
4	Hochdruckturbine
5	Abfang-Schnellschlußventile
6	Stellventile
7	Rohrverbindung (Flansch)
8	Mitteldruckturbine
9	Überströmleitung
10	Niederdruckturbine
11	Generator
12	Erregermaschine

Gesamtansicht einer 800 MW-Turbine

Bild 1

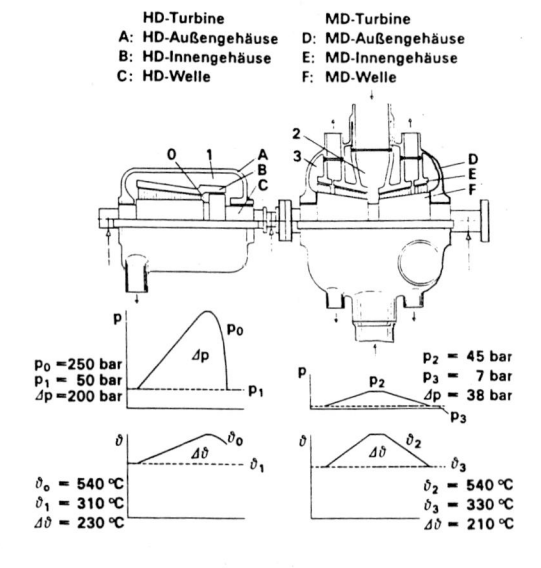

HD-Turbine
A: HD-Außengehäuse
B: HD-Innengehäuse
C: HD-Welle

MD-Turbine
D: MD-Außengehäuse
E: MD-Innengehäuse
F: MD-Welle

$p_0 = 250$ bar
$p_1 = 50$ bar
$\Delta p = 200$ bar

$p_2 = 45$ bar
$p_3 = 7$ bar
$\Delta p = 38$ bar

$\vartheta_0 = 540\ °C$
$\vartheta_1 = 310\ °C$
$\Delta\vartheta = 230\ °C$

$\vartheta_2 = 540\ °C$
$\vartheta_3 = 330\ °C$
$\Delta\vartheta = 210\ °C$

Längsschnitt durch die HD- und MD-Teilturbine, Dampfzustände in Vollastbetrieb

Bild 2

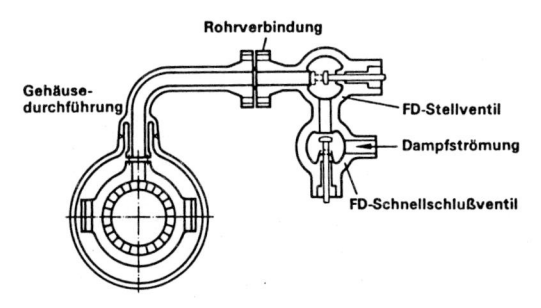

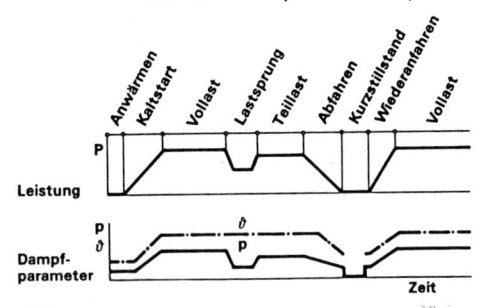

Einströmung einer HD-Teilturbine
mit Lastfahrplanausschnitt
und Dampfparameter

Bild 3

Wellen Typ	Chemische Zusammensetzung in Gew.-%					Service Temp. °C	Gehärtet in
	C	Cr	Mo	Ni	V		
HD; MD	0,28/0,30 0,22	1,20 12,0	0,90/1,10 1,10	0,70 0,70	0,30 0,30	<550 <600	Öl
ND S* Gen.	0,26	1,60	0,40	2,8/3,5	0,10	<350	Wasser

* S bedeutet: HD-Welle der Sattdampfturbine

Wellen Typen,
Verwendete Werkstoffe

Tafel 1

Stahl Typ / Wellen Typ	$R_{P0,2}$ N/mm²	R_m N/mm²	A %	Z %	NDTT °C Innenwerte
1 % CrMoNiV HD-, MD-Welle	≥ 550	≤ 900	≥ 15	≥ 40	FATT ≤ 85 °C
12 % CrMoV HD-, MD-Welle	≥ 590	≤ 930	≥ 13	≥ 40	
2,8 % NiCrMoV S-Welle (HD-Sattdampf) ND-Welle Gen.-Welle	≥ 605	≤ 835	≥ 16	≥ 50	≤ −20
3,5 % NiCrMoV ND-Welle Gen.-Welle	≥ 705	≤ 980	≥ 15	≥ 45	≤ −20

Eigenschaften von Wellen nach KWU-Spezifikationen

Tafel 2

Stahl Typ / Gehäuse Typ	$R_{P0,2}$ N/mm²	R_m N/mm²	A %	Z %	A_v J (Rt)
1 % CrMoNiV Ventile HD-Gehäuse MD-Innengehäuse	> 440	590–780	> 15	> 40	> 27
12 % CrMoV Ventile HD/MD-Gehäuse	> 540	740–880	> 15	–	> 21
1 % Cr 0,5 % Mo MD-Außengehäuse	> 315	490–640	> 20	> 40	> 27
C Mn Sattdampf-Ventile	> 245	440–590	> 22	> 40	> 40
2 1/4 % Cr 1 % Mo Sattdampf-Gehäuse	> 400	590–740	> 18	> 40	> 40
12 % CrNi Sattdampf-Innengehäuse	> 355	540–690	> 18	> 45	> 35

Eigenschaften von Gußteilen nach KWU-Spezifikationen (DIN 17 245)

Tafel 3

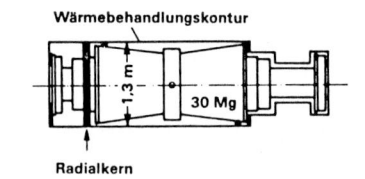

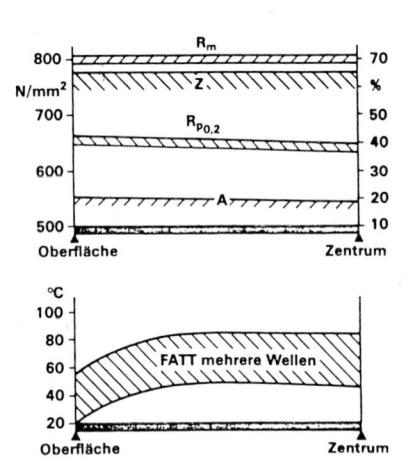

**Prüfung der Durchvergütung
— Radialkern — Eigenschaften 1 % CrMoV Wellen**

Bild 4

der für die wesentlichsten Komponenten eingesetzten Stähle.

Die für Turbinenwellen und Turbinengehäuse mit großen Durchmessern bzw. Wanddicken benutzten Werkstoffe müssen gute Durchvergütbarkeit und ausreichende Zähigkeitseigenschaften bei guten Zeitstandeigenschaften aufweisen. Dies wird neben gezielter Einstellung der Legierungsgehalte vor allem durch die Vergütungsbehandlung erreicht. So hat sich für die niedriglegierten CrMoV-Stähle das im Inneren durch Ölvergütung eingestellte bainitische Vergütungsgefüge als besonders günstig herausgestellt (2).

Die Eigenschaften im Inneren von Wellen werden bei KWU individuell durch Entnahme von Bohrkernen aus niedrigbeanspruchten, aber für die Durchvergütung repräsentativen Stellen geprüft, <u>Bild 4</u>.

Neben den mechanischen Eigenschaften ist die Fehlerfreiheit der Bauteile für deren Sicherheit von Bedeutung. So werden alle wesentlichen Teile zerstörungsfrei auf Herstellungsfehler überprüft, <u>Bild 5</u> (3). Art und Umfang der ZfP richten sich dabei
- einerseits nach Art und Lage möglicher Herstellungsfehler und
- andererseits nach deren zulässiger Größe und möglicher ungünstigster Ausrichtung in Bezug auf die Hauptbeanspruchungen, <u>Bild 6</u>.

<u>Beschreibung der Beanspruchungen</u>
Werkstoffbeanspruchungen werden im wesentlichen durch den hochgespannten Dampf, die Strömungs- und Fliehkräfte, Temperaturspannungen, Gewichtskräfte und Leistungsmomente hervorgerufen. An zusammengesetzten Teilen treten außerdem durch Schrumpfpressungen bedingte Belastungen auf. Ein Teil dieser Kräfte ist hochzyklisch, d. h. er bewirkt eine Dauerschwingbeanspruchung. Beispiel hierfür sind dynamische Kraftanteile der Strömung, die sich insbesondere an den Turbinenschaufeln auswirken, sowie die auf die Welle wirkende Schwerkraft, die umlauffrequente Spannungen hervorruft. Sie werden hier nicht weiter verfolgt, da die Thematik auf Langzeiteinflüsse im Bereich hoher Temperaturen beschränkt bleiben soll.

Bauteil	Herstellungsart	Fehlerarten	zerstörungsfreie Prüfverfahren *
Welle	geschmiedet	Trennungen, Einschlüsse	US, OR
Scheiben	geschmiedet	Trennungen, Einschlüsse	US, OR
Schrauben	geschmiedet / gewalzt	Trennungen, Einschlüsse	US, OR
Schaufeln	geschmiedet / gewalzt	Trennungen, Einschlüsse, Härterisse	US, OR
Gehäuse	gegossen	Gasblasen, Einschlüsse, Lunker, Risse	US, DS, OR
Rohrleitungen	gewalzt / geschweißt	Dopplungen, Einschlüsse, Trennungen / Poren, Einschlüsse, Bindefehler, Risse	US, DS, OR

* US — Ultraschallprüfung
DS — Durchstrahlungsprüfung
OR — Oberflächenrißprüfung (Magnetstreuflußprüfung — MP)
(Farbeindringprüfung — FE)

**Wesentlich beanspruchte Bauteile einer Turbine —
Zerstörungsfreie Prüfung auf herstellungsbedingte Fehler**

Bild 5

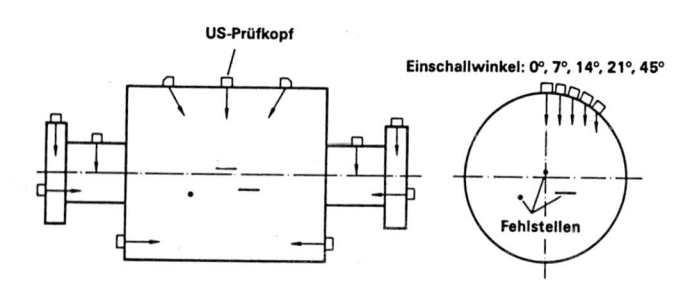

**US-Prüfung von Turbinenwellen im Lieferzustand
— Einschallrichtungen**

Bild 6

In den <u>Bildern 7 und 8</u> sind Beispiele hierfür behandelt, die zugleich zeigen, daß die Beanspruchungen nicht streng konstant sind. Die Gehäusespannungen und -Temperaturen in <u>Bild 7</u> schwanken während des Betriebes mit wechselnder Leistung, sind aber überdies durch An- und Abfahrvorgänge bedingt schwellend oder schwingend mit entsprechend großen Perioden. Im Prinzip gilt dies auch für die in <u>Bild 8</u> dargestellten Beanspruchungen in der Welle mit deutlich ausgeprägtem dreiachsigen Spannungszustand vor allem im instationären Bereich (1).

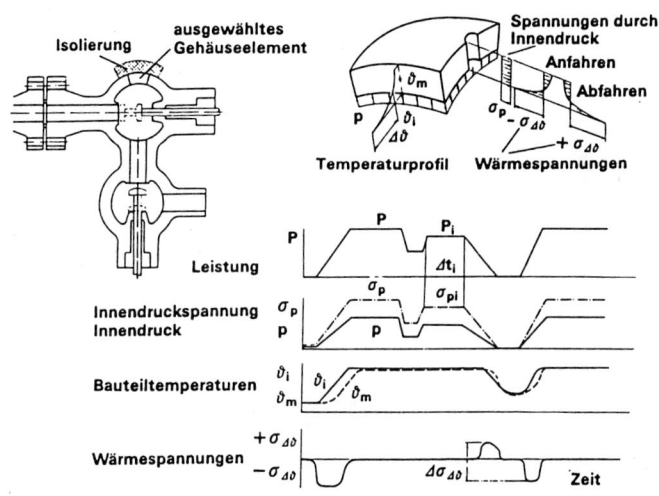

Bild 7 **Beanspruchungen in einem Ventilgehäuse**

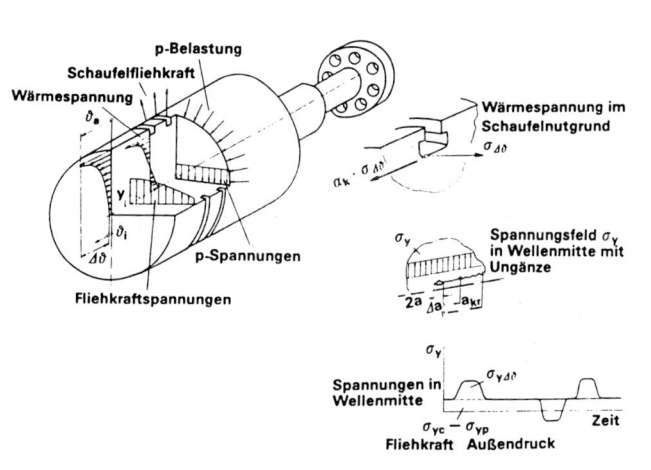

Bild 8 **Beanspruchungen in einer Turbinenwelle**

Der Werkstoff muß also - vereinfacht gesagt - neben begrenzt variierenden Spannungen und Temperaturen im Kriechbereich noch überlagerte langperiodische Schwell- oder Wechselbeanspruchungen ertragen, wobei die Spannungen häufig mehrachsig sind. Es müssen bei der Beurteilung Zeiträume abgedeckt werden, die sich bis über 30 Betriebsjahre hinaus erstrecken (4).

Erwähnt sei hier noch, daß im kalten Bereich der Turbine - Niederdruckteile, Kondensatoren - die Kriechproblematik entfällt, jedoch wegen der zunehmenden Nässeanteile im Dampf Korrosions- und Erosionsprobleme auftreten (5).

Mögliche Versagensarten
Bei nicht ausreichender Beachtung der genannten betrieblichen Einflüsse kann es zum Werkstoffversagen und damit zu unerwünschten Beeinträchtigungen des Turbinenbetriebes - von leichteren Funktionsstörungen bis zum Totalschaden der gesamten Anlage - kommen. Für letzteres gibt es in der Geschichte des Dampfturbinenbaus leider nicht wenige Beispiele. Bei ihnen hatte das Brechen oder Bersten von Turbinenwellen die dramatischste Wirkung nach außen.

Die Überschreitung zulässiger Spannungen unter ruhender Beanspruchung (Streckgrenze, Zugfestigkeit) ist bei den verwendeten zähen Werkstoffen in den seltensten Fällen Versagensursache. Häufiger jedoch kommt es zu Kriechverformungen und Kriechanrissen mit Beeinträchtigung der Funktionsfähigkeit (Ventildichtheit, Wellenanstreifen, Schraubenrelaxation). Anrißgefahr besteht aber auch durch niederfrequente Dehnungswechselbeanspruchungen (LCF = Low Cycle Fatigue), besonders an konstruktionsbedingten Kerben an Wellen und Gehäusen, Bild 8. Somit hat man sich häufig mit der Frage zu befassen, ob und wie lange der Betrieb mit angerissenen Bauteilen zu verantworten ist, bevor die aufwendigen Maßnahmen mit u. U. langen und teuren Betriebsunterbrechungen zur Sanierung oder zum Austausch der Bauteile ins Auge gefaßt werden müssen.

Weiterhin können rißartige Fehler aus dem Herstellungsprozeß im Innern der Guß- und Schmiedeteile vorhanden sein. Diese können ebenso wie Kriech- oder Dehnungswechselanrisse einem Rißwachstum bis zum Erreichen kritischer Rißgrößen unterliegen, was letztlich zu einem spontanen Spröd- oder Zähbruch führen würde.

Hier setzen die Methoden der Bruchmechanik zur Absicherung gegen Werkstoffversagen ein, wie im weiteren dargelegt (4, 6).

Für die Auslegung maßgebende Werkstoffeigenschaften
Aus der Beschreibung der Beanspruchungs- und Versagensarten der Turbinenkomponenten ersah man, welche Werkstoffeigenschaften zur Bemessung benötigt werden.

Wesentlich ist es bei der Festlegung der Auslegungskurven den "End of Life"-Zustand im Auge zu haben, denn die Bauteile sollen nicht nur die ersten 10.000 Stunden, sondern auch zum Ende der vorgesehenen Betriebszeit - heute 200.000 Stunden, bzw. 25 bis 30 Jahre - einen ausreichenden Sicherheitsabstand gegen Versagen und gute Verfügbarkeit haben (7).

Basisdaten für die zeitabhängige Auslegung der Turbinenbauteile sind die Zeitstandeigenschaften (Beispiel Bild 9, Werte nach SEW 555, (8), Stähle für große Schmiedestücke für Turbinen- und Generatoranlagen).

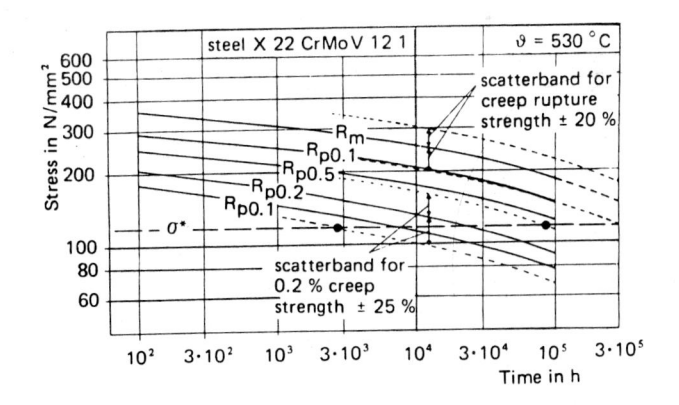

Creep Rupture and Creep Behaviour (SEW 555)

Bild 9

Zeitstandfestigkeiten, d. h. Bruchdaten, liegen für die gängigen Werkstoffe bis 10^5 und 2×10^5 h vor, weniger gut belegt sind zur Zeit die Dehngrenzkurven. Es ist üblich, Zeitstandergebnisse bis zum Dreifachen der belegten Versuchskurven zu extrapolieren. Z. T. sind jedoch auch weitere Extrapolationen notwendig, nämlich dann, wenn - wie hinten gezeigt - für die Auslegung bis 2×10^5 h einzelne niedrige Lasthorizonte mit der Lebensdaueranteilregel aufsummiert werden müssen.

In Deutschland werden seit dem Beginn der Langzeitprüfung immer gekerbte Zeitstandproben mitgeprüft, Bild 10, (9, 10, 11), die neben den Zeitstandverformungswerten (Bruchdehnung und Brucheinschnürung) der glatten Zeitstandproben Indikatoren für mögliche Kerbzeitstandversprödung sind. Die Vermeidung dieser Kerbzeitstandversprödung ist, neben ausreichender Zeitstandfestigkeit an sich, die wesentlichste Maßnahme für die Sicherheit "warmgehender" Bauteile. Denn nur dann sind Spannungsumlagerungen ohne frühzeitigen Anriß an Verschneidungsstellen von Gehäusen (s. z. B. Bild 19), an Kerben und an Herstellungsfehlern möglich (11).

Gleichermaßen wichtig ist das Zeitstandverformungsvermögen bei allen Kriechrißeinleitungs- und Kriechrißwachstumsbetrachtungen. Auch bei der Deutung des LCF-Verhaltens wird es zunehmend beachtet.

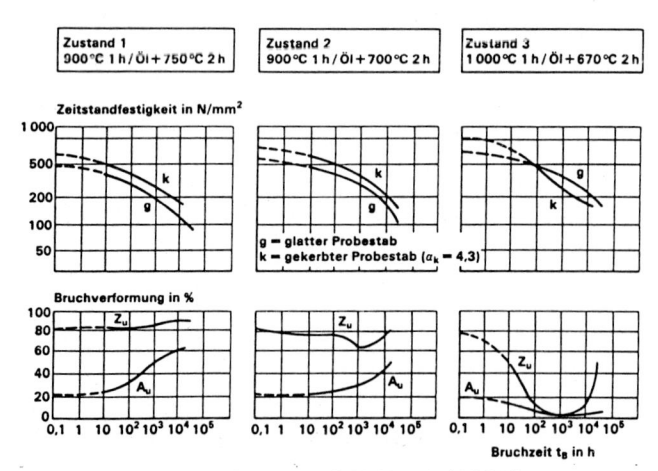

Bild 10 Zeitstandverhalten des Stahles 21 CrMoV 5 7 bei 550 °C in drei Wärmebehandlungszuständen

Wir sehen daraus, daß die Sicherstellung ausreichenden Zeitstandverformungsvermögens bzw. die Vermeidung von Kerbzeitstandversprödung ein wesentlicher inhärenter Beitrag zur versagenssicheren Bemessung im Zeitstandbetrieb ist.

Bei zyklischen Beanspruchungen, die - wie gezeigt - neben wechselnden Fliehkraft- bzw. Innendruckbeanspruchungen vor allem aus den Temperaturdifferenzen beim An- und Abfahren entstehen, wird mit LCF-Kurven ausgelegt. Beim LCF-Verhalten gibt es, anders als beim Zeitstandverhalten, keine gemeinsam festgelegten Kurven für Turbinenwerkstoffe. Jede Turbinenfirma hat eigene Auslegungskurven (z. B. 12), die z. T. die bauartspezifischen Beanspruchungen mit berücksichtigen. Bild 11 zeigt die (Mittelwert-)Auslegungskurve der KWU für Temperaturen oberhalb der Überschneidungstemperatur nach Bild 12. Die Grundlagen für die LCF-Kurven wurden vorwiegend in Gemeinschaftsversuchen an der MPA Stuttgart und dem IfW Darmstadt, etwa beginnend 1965, erarbeitet (z. B. 13, 14). Die meisten Versuche wurden bei konstanten Temperaturen mit mehr oder weniger langen Haltezeiten durchgeführt. Es ist nachgewiesen, daß derartige Konstanttemperaturversuche gegenüber ähnlichen Versuchen mit wechselnden Temperaturen auf der sicheren Seite liegen (14).

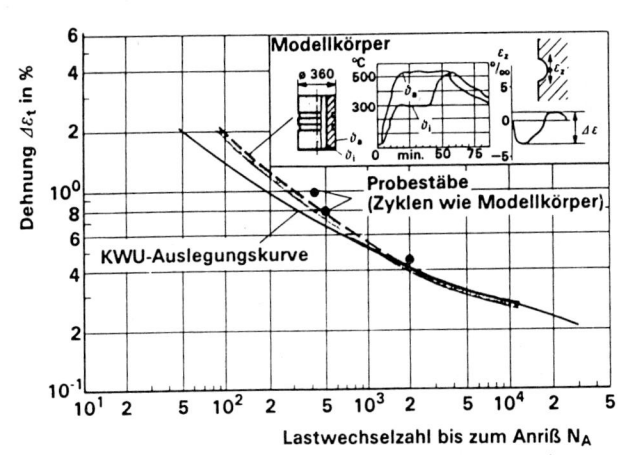

Dehnungswechselfestigkeit, 1 % CrMoV, 530 °C
KWU-Auslegungskurve — Versuchsergebnisse

Bild 11

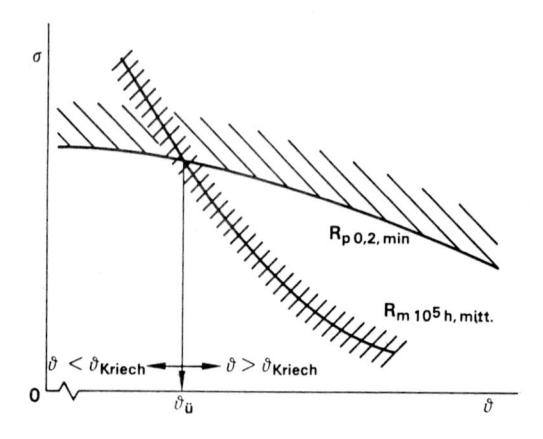

Bild 12   Definition der Überschneidungstemperatur

Um diesen Effekt möglichst praxisnah auszuloten, wurden an der MPA Stuttgart Modellkörperversuche an rotationssymmetrischen Proben, die über induktive Heizung und Innenkühlung betriebsähnliche Zyklen erfuhren, Bild 11 oben, durchgeführt (15). Deren Ergebnisse und die von betriebsähnlich beanspruchten Probestäben des IfW Darmstadt sind in diesem Bild gezeigt. Man sieht, daß die Versuche die KWU-Auslegungskurve im wesentlichen Beanspruchungsbereich bestätigen.

Neben der Bewertung des globalen Verhaltens der Bauteile, einschließlich konstruktiv vorgegebener Abzweige oder Hohlkehlen, muß das Verhalten von Herstellungsfehlern oder in Altanlagen von LCF-Anrissen infolge thermischer Beanspruchung beherrscht werden.

Herstellungsfehler, die aus technischer und wirtschaftlicher Hinsicht nicht völlig vermeidbar sind, werden in der Regel konservativ als rißartig angenommen. Zur Bewertung sind daher die Kennwerte der Rißbruchmechanik - und zwar abgesichert bis zum "End of Life"-Zustand - notwendig.

Bild 13 zeigt beispielhaft die zyklische Rißwachstumskurve für 1 % CrMoV-Stähle bei RT, ergänzt um einige Versuche an langzeitig ausgelagertem Material. Derartige Kurven liegen bei KWU für gestuft steigende Temperaturen vor. (Gewisse Wissenslücken bestehen

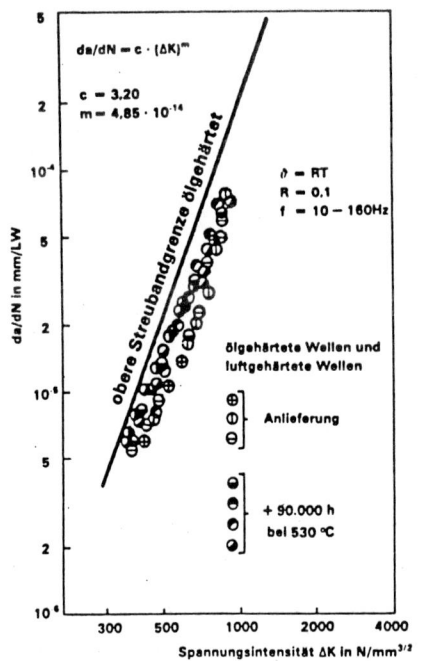

Bild 13 **Zyklisches Rißwachstumsverhalten im Inneren von 1 % CrMo(Ni)V-Wellen**

bei der Berücksichtigung des Haltezeiteinflusses >450°C. Hierzu sind aber eigene sowie nationale und internationale Gemeinschaftsuntersuchungen im Gange.)

Das Verhalten von rißartigen Herstellungsfehlern unter statischer Beanspruchung findet in den letzten Jahren unter dem Begriff "Kriechbruchmechanik" ebenfalls zunehmend Beachtung.

Von seiten der Turbinenhersteller (KWU, Parsons) sind sowohl Untersuchungen zum Zeitpunkt der (mikroskopischen bzw. makroskopischen) Rißeinleitung, Bild 14, (16), wie auch zum Kriechrißwachstum, Bild 15, (11), durchgeführt worden. Es liegen verschiedene mathematische Modelle (K_{Iid}, $K_{Iid}/\tilde{\sigma}_n$, C^x, C_t, $\tilde{\sigma}_n$) zur Bewertung und Übertragbarkeit der Versuchsergebnisse vor, deren Gültigkeit ebenfalls national und international untersucht wird.

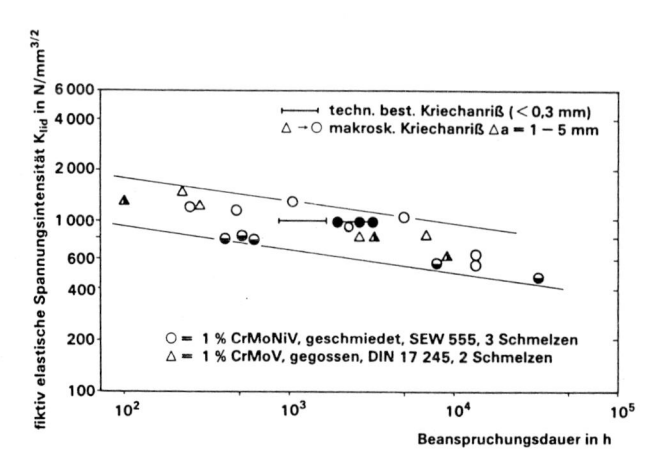

Bild 14 — Ergebnisse von Kriechrißeinleitungs-Versuchen, CT1-Proben 1 % CrMo(Ni)V-Stähle, 530 °C

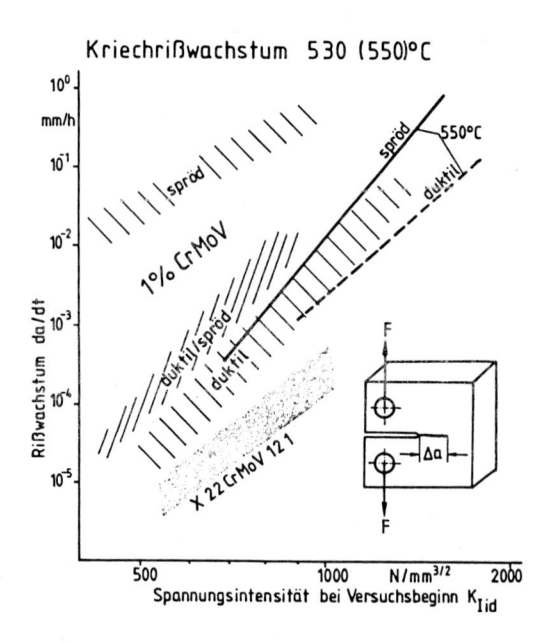

Bild 15 — Unterkritisches Kriech-Risswachstum an CT-Proben

Aus den Ergebnissen der Bilder 14 und 15 deutet sich an, daß zumindest für Turbinenwellen Kriechrißeinleitung und -wachstum kein Problem darstellen dürften, wenn keine spannungserhöhenden Geometrieeinflüsse wie Bohrungen o. ä. vorhanden sind. Denn die für das An- und Abfahren notwendige Sprödbruchabsicherung begrenzt die zulässige Anfangs- und Endfehlergröße auf genügend kleine Abmessungen. (Bei kleiner Fehlergröße und niedriger Zeitstandbeanspruchung ist die fiktiv elastische Spannungsintensität dann relativ klein.) Allenfalls für Gußstücke, bei denen generell größere Herstellungsfehler toleriert werden müssen, könnte man in Extremsituationen zu Fehlergrößen kommen, die nach langen Zeiten begrenztes Kriechrißwachstum bewirken könnten.

Bild 16 zeigt die für die Sprödbruchabsicherung maßgebende Bruchzähigkeitskurve von 1 % CrMoV-Wellenstählen. Neben einer KWU-Mindestwertkurve für ölvergütete Wellen sind zwei weitere Kurven für die luftvergütete amerikanische Variante im Neuzustand und nach Betrieb eingetragen. Zur KWU-Kurve sind Beispiele der Bruchzähigkeit nach Langzeitauslagerung mit angegeben.

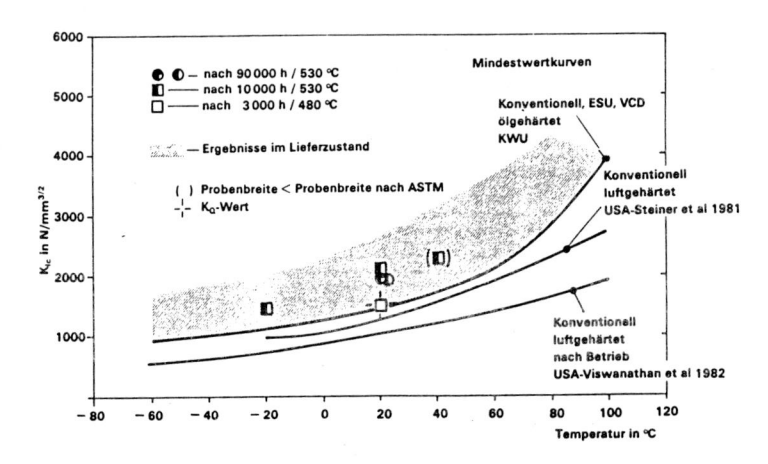

Bruchzähigkeit von 1 % CrMo(Ni)V-Wellenstählen

Bild 16

Es ist das laufende Bestreben von Turbinenwerken und interessierten Stahlherstellern, die Bruchzähigkeit und damit die Fehlerverträglichkeit der Wellenwerkstoffe - bei zumindest gleichbleibenden Kriecheigenschaften - zu verbessern, da dann bei heutiger tolerierbarer Fehlererstreckung größere thermische Beanspruchungen, d. h. schnelleres Hochfahren der Turbinen, möglich würde.

Neben den vorerwähnten wichtigen zeitabhängigen mechanischen Werkstoffkennwerten müssen entsprechende Daten für die unter 350°C beaufschlagten ND-Wellen, Generatorwellen, Generatorkappenringe sowie für die nuklearen Sattdampfturbosätze zur Verfügung stehen. Besonders zu beachten ist in diesem Temperaturbereich (teilweise nasser Dampf, Dampfkondensation) der Korrosions- und Erosions-Korrosions-Einfluß.

Bevorzugt aus den englisch sprechenden Ländern weiß man, daß erhebliche Probleme mit Spannungskorrosionsrissen an ND-Scheibenläufern bestehen (17). Obwohl vergleichbare Schäden in Deutschland und auf dem europäischen Festland nicht aufgetreten sind, wird international das Rißwachstumsverhalten unter Spannungsrißkorrosion untersucht. Als Beispiel zeigt Bild 17 die Rißwachstumsgeschwindigkeit (Plateaubereich) von ND-Turbinenwerkstoffen (18) in Abhängigkeit von Streckgrenze und Temperatur. Mit Hilfe derartiger Kurven können die Inspektionsintervalle bei Gefahr von Spannungsrißkorrosion festgelegt werden.

Intensive Korrosionsuntersuchungen werden außerdem an den 12 % Cr-Wellenwerkstoffen der ND-Beschaufelung durchgeführt (19).

Schließlich noch ein Wort zur Qualität von Schweißnähten, denen als meist hochbeanspruchte Schmelzverbindungen besondere Bedeutung zukommt. Bild 18 gibt als Beispiel einen Hinweis auf die Verbesserung der Schweißgüter für 1% CrMoV-Gußgehäuse (GS-17 CrMo 5 11) (20). Die Schweißgüter werden für Konstruktions- und Reparaturschweißungen (sogenannte Fertigungsschweißungen) benutzt. Bei im Vergleich zum Grundwerkstoff niedrigerer Schweißgutfestigkeit (links im Bild) war die Schwachzone das Schweißgut an sich. Bei den heute verbesserten Schweißgütern (rechter Teil des Bildes)

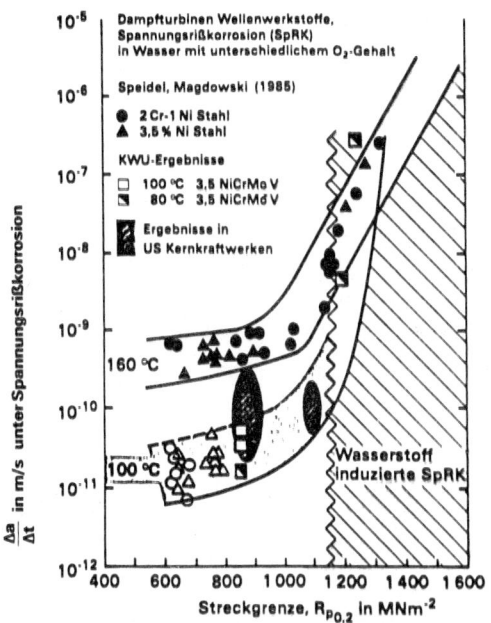

Bild 17   Einfluß der Streckgrenze und der Temperatur
           auf das Wachstum von Spannungskorrosionsrissen

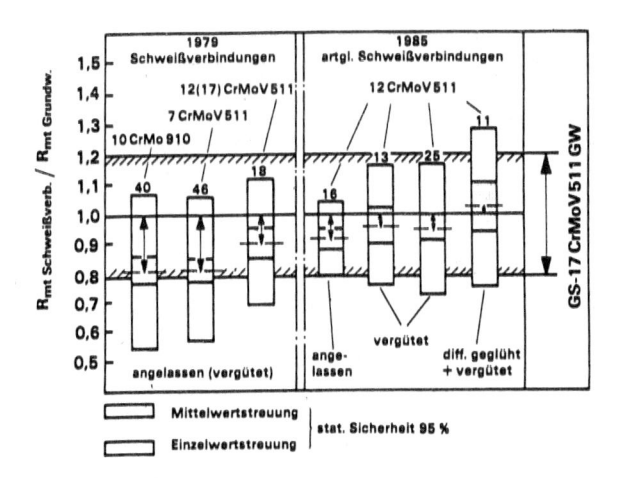

Bild 18   Zeitstandfestigkeit von Schweißverbindungen
           des GS-17 CrMoV 511 und Grundwerkstoff

wird die feinkörnige WEZ der Schweißverbindung häufig die
schwächste Zone. Das Verhalten des Schweißverbundes wird aber mit
den neueren Verbindungen trotzdem verbessert.

Bemessungsbeispiele

Der Werkstoffbeurteilung muß eine Spannungs-Dehnungsanalyse vorausgehen, für die heute sehr leistungsfähige Berechnungsverfahren zur Verfügung stehen, die sich die Strukturen und Operationsgeschwindigkeiten moderner Computer zunutze machen.

Im Bereich hoher Temperaturen treten zeitabhängig Spannungsumlagerungen gegenüber dem elastischen Anfangszustand auf. Beispiele hierfür zeigen <u>Bild 19</u> für ein Gehäuse und <u>Bild 20</u> für eine Welle. In beiden Fällen wurde das Kriechverhalten mit dem Werkstoffgesetz $\varepsilon = k \cdot \sigma^n \cdot t^m$ simuliert, das eine gute Annäherung an Meßfelder gestattet.

Nach Regelwerk (TRD - Technische Regeln für Dampfkessel) ist das Gehäuse mit einer über den doppelschraffierten Bereich (Bild 19) ermittelten mittleren Spannung gegen Zeitstandfestigkeit abzusichern. Eine Lebensdaueraussage ist damit jedoch nicht möglich, sondern dazu sind die maximalen Spannungen und Dehnungen nötig, wozu etwa die Maximaldehnung im Punkt A von Bild 19 oder die Vergleichsspannung im Bereich des Elementes Nr. 49 in Bild 20 geeignet sein kann. Bild 20 zeigt weiterhin, daß unter Kriechen die für die Lebensdauer im fehlerfreien Werkstoff maßgebende Vergleichsspannung σ_v über die Zeit abfällt, während die für bruchmechanische Gesichtspunkte maßgebende Spannungskomponente σ_t ansteigt - eine erst mit größerem Rechenaufwand zu quantifizierende Aussage (21).

Wichtig ist auch die Beachtung der Mehrachsigkeitsgrade in kompakten Bauteilen. <u>Bild 21</u> zeigt den Mehrachsigkeitsgrad (nach Schnadt) in Abhängigkeit der Kriechzeit mit der Tendenz zu kleineren Werten mit wachsender Betriebsdauer - also in Richtung hydrostatischem Spannungszustand (21).

Auch überlagerte instationäre Spannungen können kurzzeitig einen Zustand hoher Mehrachsigkeit hervorrufen. Daher ist bei bruchmechanischen Modellen in jedem Fall der ebene Dehnungszustand heranzuziehen. Ein Beispiel für die Vorgehensweise bei einer Wellenberechnung ist in <u>Bild 22</u> dargestellt. Mit dem Temperatur-

Kriechspannungen in einer
Mitteldruckwelle unter Fliehkraft

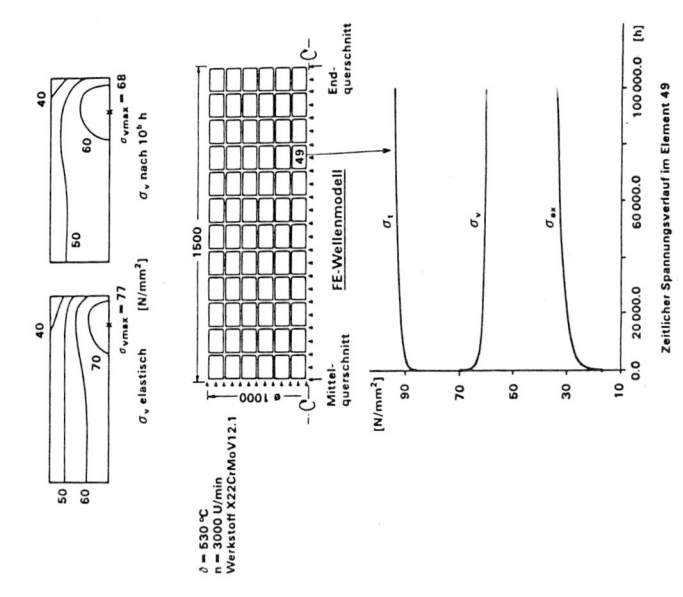

Bild 20

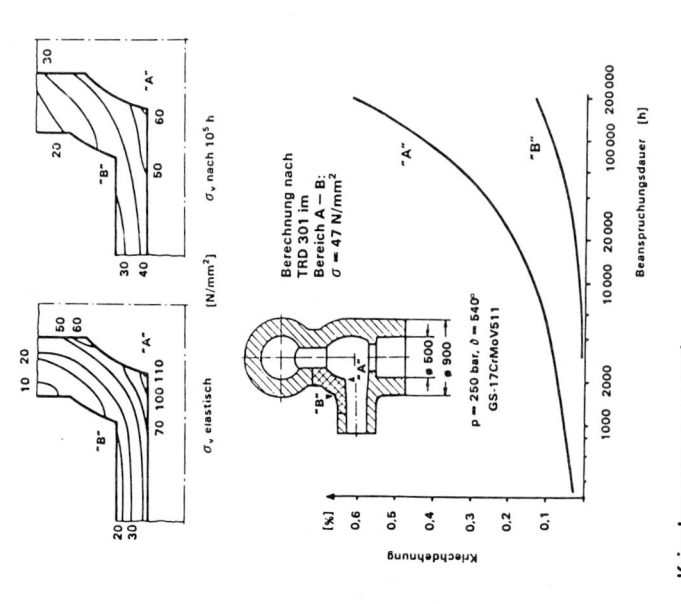

Kriechspannungen und
-Dehnungen eines Hochdruck-
Ventilgehäuses unter Innendruck

Bild 19

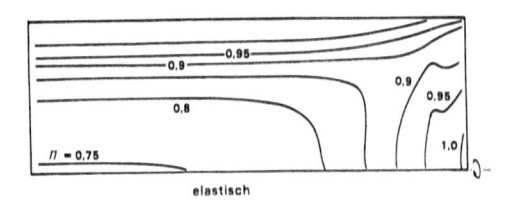

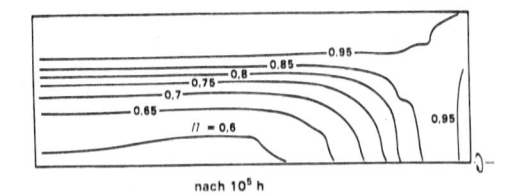

$$\eta = \frac{1}{\sqrt{2}\cdot\sigma_1}\cdot\sqrt{(\sigma_1-\sigma_2)^2 + (\sigma_2-\sigma_3)^2 + (\sigma_3-\sigma_1)^2}$$

σ_i Hauptspannungen

σ_1 Größte Hauptspannung

Bild 21 **Mehrachsigkeitsgrad der Kriechspannungen in einer Mitteldruckwelle**

a) instationäre Temperaturverteilung (zum Zeitpunkt der maximalen Spannungen)

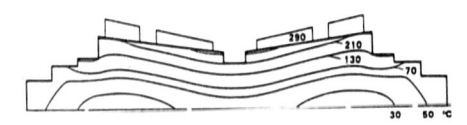

b) instationäre Spannung (aus Fliehkraft und Wärme)

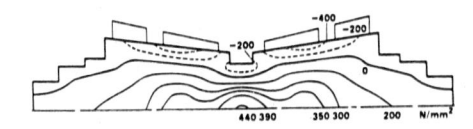

c) zulässige Fehlergröße (KSR) im Lieferzustand

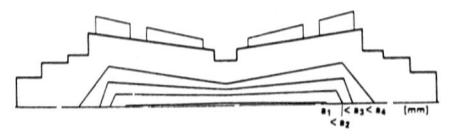

Bild 22 **Temperatur-, Spannungs- und zulässige Fehlergrößenverteilung einer MD-Welle**

feld und den zugeordneten maximalen Spannungskomponenten werden die bruchmechanisch ermittelten zulässigen Fehlergrößen - nach Bereichen unterteilt - ermittelt.

Das Zusammenwirken der verschiedenen Beurteilungskriterien zur versagenssicheren Bemessung von Bauteilen ist in dem Berechnungsschema in <u>Bild 23</u> zu erkennen. Nach Bereitstellung der Belastungsdaten (erste Spalte), die einer vorangehenden Temperatur-, Spannungs- und Dehnungsberechnung sowie den betrieblichen Aufgaben in Form von Lastwechselzahl und Einwirkungsdauer zu entnehmen sind, werden diese mit den werkstückspezifischen Daten (zweite Spalte)

Belastungs-daten	Werkstückdaten	Grenz-werte	zulässige Werte
	Spannungsabsicherung		
	$R_{p0,2}$, R_m	$R_{p0,2}$	$\sigma_i \leq \sigma_{zul}$
	Sprödbruchabsicherung		
σ_i	Kurzzeitabsicherung: a_o, K_{IC}	a_c	$a_o \leq a_{c1}/S$
	Langzeitabsicherung		
$\Delta\sigma_i$	wechselnd: a_o, da/dN	Δa_i	$a_o + \Sigma \Delta a_i \leq a_{c2}/S$
ϑ_i	statisch : a_o, da/dt	Δa_i	
	Ermüdungsabsicherung		
	mit Ungänze (a_o)		
N_i	wechselnd: $da/dN = f(\Delta K)$	N_{Bi}	
t_i	statisch : $da/dt = f(K_{Id})$	(t_{Bi})	
	ohne Ungänze (mit Kerbe)		$\Sigma \frac{N_i}{N_{Bi}} + \Sigma \frac{t_i}{t_{Bi}} \leq E_{zul}$
	wechselnd: $N_{Bi} = f(\Delta\varepsilon)$	N_{Bi}	
	statisch : $t_{Bi} = f(R_{mt})$	t_{Bi}	

Bauteilabsicherung gegen Werkstoffversagen

<u>Bild 23</u>

abgestimmt. Dies geschieht durch Auswertung der gemessenen Werkstoffeigenschaften wie $R_{p0,2}$, R_m, R_{mt}, K_{Ic}, da/dN usf. in Abhängigkeit von Temperatur, Anfangsfehlergröße sowie der Spannungs- oder Dehnungsgröße. Aus diesen Beziehungen wiederum ergeben sich die für das Bauteilversagen maßgebenden Grenzwerte (dritte Spalte), deren Erreichen durch Einhaltung der Ungleichungen aus der letzten Spalte sicher vermieden wird, in denen sich also die eigentliche Bauteilabsicherung ausdrückt.

Die optimale Bauteilbemessung erfolgt dann durch Variation der Geometrie und Werkstoffwahl im Rahmen der durch die Bauteilfunktion vorgegebenen Bedingungen. Dabei ist zusätzlich die Einhaltung der zulässigen Anfangsfehlergröße zu gewährleisten. Das geschieht - wie gezeigt - durch zerstörungsfreie Prüfungen.

Das Verfahren eignet sich in gleicher Weise zur Errechnung des Werkstofferschöpfungsgrades nach längeren Betriebszeiten, wobei dann aktuell gemessene Fehlergrößen einzusetzen sind und je nach Möglichkeiten gemessene Abnahmewerte oder aus Proben nachträglich ermittelte Werkstoffeigenschaften verwendet werden können (4). Diese Aufgabe stellt sich heute in zunehmendem Maße bei Kraftwerksturbinen, die Laufzeiten von 10 bis 20 Jahren hinter sich haben und für den sicheren Weiterbetrieb beurteilt werden müssen.

Erforderliche Kenntnisvertiefung

In den vorausgehenden Ausführungen wurde z. T. schon auf bestehende Wissenslücken hingewiesen. Eine Zusammenfassung des Wissensstandes und zukünftige Untersuchungsschwerpunkte gibt der Orientierungsrahmen "Turbomaschinenforschung" der FVV und der DFVLR aus dem Jahre 1982 (22).

Vertiefte Kenntnis der werkstofftechnischen Zusammenhänge erlaubt es dem Turbinenhersteller, einerseits die Sicherheit und Zuverlässigkeit von Bauteilen mit hohen Vertrauensgrenzen zu verbessern, andererseits aber auch unnötige Konservativitäten bei der Auslegung der Turbinen abzubauen sowie den Umfang gewisser vorsorglicher Revisionsempfehlungen auf das notwendige Maß zu beschränken.

Literatur:

(1) A. Czeratzki, P. Kordel, K.-H. Mayer: "Vorstellung der wesentlichen Turbinenbauteile einschließlich der lebensdauerbegrenzenden Kriterien", VGB-Konferenz "Werkstoffe und Schweißtechnik im Kraftwerk 1985", Essen, Tagungsband

(2) J. Ewald, C. Berger, K.-H. Keienburg, W. Wiemann: "Present quality level of large heat resistant rotor forgings made of 1 % CrMoV steels - Part I and Part II", Steel Research 57 (1986) No. 2, 83-92 und No. 4, 172-177

(3) H.-A. Jestrich: "Erkennbarkeit von Fehlern in Bauteilen des Turbogeneratorenbaues", DVM Arbeitskreis "Bruchvorgänge", Aachen, Febr. 1986

(4) E. E. Mühle: "Grundsätzliches zur Lebensdauer von Dampfturbinen", VGB Kraftwerkstechnik 54 (1974), 296-300

(5) H. Keller: "Erosionskorrosion an Naßdampfturbinen", VGB Kraftwerkstechnik 54 (1974), 292-295

(6) C. Berger: "Bewertung von Fehlern in Bauteilen des Turbogeneratorenbaues", wie (3)

(7) J. Ewald, K.-H. Keienburg, W. Wiemann: "Untersuchungen zum Festigkeits- und Zähigkeitsverhalten warmfester Wellenstähle nach langzeitiger Beanspruchung im Kriechbereich zur Lebensdauerbeurteilung, wie (1)

(8) Stahl-Eisen-Werkstoffblatt 555 "Stähle für größere Schmiedestücke für Turbinen- und Generatoranlagen" (1984), Verlag Stahleisen mbH., Düsseldorf

(9) J. Granacher, H. Kaes, K.-H. Keienburg, M. Krause, K.-H. Mayer, H. Weber: "Langzeitverhalten warmfester Stähle für den Kraftwerksbau - Aufgabenstellung im Wandel der techn. Anford.", VGB-Konferenz "Werkstoffe und Schweißtechnik im Kraftwerk 1980", Essen, Tagungsband, 61-128

(10) K. H. Kloos, H. Diehl: VGB Kraftwerkstechnik 59 (1979), 724-731

(11) J. Ewald, K.-H. Keienburg, K. Kußmaul: "Hinweise auf Mechanismen und Einflußgrößen zur Beurteilung des Bauteilverhaltens im Kriechbereich an Hand von Kleinproben", VDI-Berichte Nr. 354 (1979), 39-57

(12) U. Schieferstein, W. Wiemann: "Anwendung von Bemessungsregeln auf Bauteile mit gleichzeitiger Kriech- und Dehnungswechselbeanspruchung", Chem.-Ing.-Techn. 49 (1977), 726-737

(13) Dehnungswechselkurven, Parameterstudie MPA-Stuttgart, Vorhaben Nr. 224, Forschungsberichte Verbrennungskraftmaschinen, Heft 275 (1980), Frankfurt

(14) K. H. Kloos, J. Granacher, P. Rieth, H. Barth: "Hochtemperaturverhalten warmfester Stähle unter zeitlich veränderter Beanspruchung", VGB Kraftwerkstechnik 64 (1984), 1020ff.

(15) R. Stegmeyer: "Experimentelle und numerische Simulation des Bauteilverhaltens unter Wärmewechselbeanspruchung", Techn.-wiss. Ber. MPA-Stuttgart (1985), Heft 85-01

(16) J. Ewald, K.-H. Keienburg, K. Maile: "Estimation of manufacturing defects in the creep range", Nuclear Engineering and Design 87 (1985), 389-398, North-Holland, Amsterdam

(17) EPRI Report NP-2429-LD, Vol. 1-7, "Steam Turbine Disc Cracking Experience, Research Project 1398-5, Final Report", June 1982

(18) M. O. Speidel, R. M. Magdowski: "Stress Corrosion Cracking of Steam Turbine Steels - An Overview", Proceedings of the Second International Symposium on Environmental Degradation of Materials in Nuclear Power Systems-Water Reactors, Monterey, California, September 9-12, 1985

(19) W. Bertram, P. H. Effertz, L. Hagn, K.-H. Mayer, K. Schleithoff, F. Schmitz, K. Schneider: "Korrosionsverhalten von Werkstoffen für Niederdruck-Turbinenschaufeln im Bereich beginnender Dampfnässe", VGB-Konferenz "Werkstoffe und Schweißtechnik im Kraftwerk 1983", Essen, Tagungsband

(20) H. König, K. Niel, D. Christianus, W. Gysel: "Einfluß von Kohlenstoffgehalt und Wärmebehandlung auf das Zeitstandverhalten von artgleichen Schweißverbindungen an warmfestem Stahlguß GS-17 CrMoV 5 11", 8. Vortragsveranstaltung "Langzeitverhalten warmfester Stähle und Hochtemperaturwerkstoffe", 29. 11. 1985, Düsseldorf, AGW/VDEh, 45-53

(21) H. A. Ziebarth: "Calculation of Turbine Rotors in Secondary Creep Range", Computers & Structures, Vol. 17, No. 5-6 (1983), 809-818, Pergamon Press

(22) C. Dibelius, H. Dinger, H. Jordan: Turbomaschinen-Forschung (1982), Springer-Verlag Berlin

Grundsätze der Auslegung von metallischen Bauteilen des Hochtemperatur-Reaktors

Florian Schubert, Kernforschungsanlage Jülich GmbH, Institut für Reaktorwerkstoffe, 5170 Jülich
Erik Bodmann, Hochtemperatur-Reaktorbau GmbH, 6800 Mannheim

Einleitung

Für Komponenten einer nuklearen Anlage reicht eine "Bemessung" - wird hierunter im wesentlichen die Dimensionierung verstanden - nicht aus, die Versagenssicherheit zu gewährleisten. Auch für bestimmte Komponenten der Hochtemperatur-Reaktoren (HTR) muß ein großflächiges Versagen ausgeschlossen werden. Um dies, HTR-bezogen als Bauteil-Integrität bezeichnet, zu erreichen, sind mehrere Maßnahmen erforderlich. Ein wichtiger Teil dieser Maßnahmen ist die hochqualifizierte Bauteil-Auslegung. Diese beinhaltet die Werkstoffauswahl, die Festlegung der Hauptabmessungen unter dem Gesichtspunkt der Abtragung äußerer Lasten (Dimensionierung), die konstruktive Durchgestaltung und den Festigkeitsnachweis, der alle Belastungen und ggf. deren zeitliche Folge zu berücksichtigen hat. Unter Berücksichtigung des Stellenwertes der jeweiligen Komponente in Bezug auf die Einhaltung des obersten Schutzzieles nach Atomgesetz (1, 2) sowie der erwarteten komplexen Belastungsabfolge des Bauteils wird der Festigkeitsnachweis nach festen Regeln (design by rules) und/oder mit Analysen (design by analysis) erbracht. Weitere Maßnahmen für Reaktorsicherheit und Verfügbarkeit sind die Qualitätssicherung, d. h. weitgehende Vermeidung von Material- und Konstruktionsfehlern, die bruchmechanische Beurteilung von erkannten und postulierten Fehlern für den Ausschluß von spontanem Versagen und ein Konzept zur Betriebsüberwachung. Dieser Beitrag befaßt sich mit der hochwertigen Bauteil-Auslegung als wesentlicher Grundlage der Sicherheit und Verfügbarkeit der Reaktoranlage.

Die heliumgekühlten Hochtemperatur-Reaktoren (HTR) mit kugelförmigen Brennelementen haben im Prinzip folgenden Aufbau: In graphitischem, aus Blöcken gebildetem Hohlraum befindet sich eine Schüttung aus kugelförmigen Brennelementen. Das Brennelement (60 mm Ø) enthält einen Bereich (50 mm Ø), in dem die beschichteten Brennstoffteilchen (ca. 0,5 mm Ø) eingebettet sind. Wegen der günstigen neutronenphysikalischen Eigenschaften, der hohen thermischen Stabilität bei guter Wärmeleitfähigkeit wird Graphit sowohl als Werkstoff für die Brennelement-Matrix als auch für Reflektoren und innere Einbauten benutzt. Die beschichteten Brennstoffteilchen und die graphitischen Bauteile ermöglichen Temperaturen im Kühlgas Helium bis zu 1000 °C.

Beim THTR (3) besteht der Druckbehälter aus Spannbeton, dessen Temperaturen über einen gekühlten Innenliner auf weniger als 80 °C beschränkt bleiben. Reaktoren mit geringer Leistung können, wie z. B. der AVR, auch einen Stahldruckbehälter haben, dessen Dauertemperatur ebenfalls auf unter 400 °C begrenzt werden muß.

Die Komponenten aus metallischen Werkstoffen, für die eine hochqualifizierte Auslegung zu erfolgen hat, sind die der wärmetauschenden Apparate mit Arbeitstemperaturen über 400 °C.

Werkstoffauswahl

Für die Auswahl der Werkstoffe für die wärmetauschenden Apparate sind ausreichende Warmfestigkeit (für zeitunabhängige Auslegung) oder hohe Langzeitkriechbeständigkeit (für zeitabhängige Auslegung) sowie ausreichende Beständigkeit gegen Korrosion in den Arbeitsmedien und ausreichende Langzeitstrukturstabilität (bei Ferriten auch ausreichende Langzeitzähigkeit) gefragt. Zur Herstellung der Komponenten wird eine gute Kalt- und Warmverformbarkeit, Schweißbarkeit und zerstörungsfreie Prüfbarkeit vorausgesetzt.

Bei der Auslegung der Komponenten des THTR /3/ wurde auf Werkstoffe zurückgegriffen, für die bereits ein großer Erfahrungshintergrund vorlag, z. B.: dem warmfesten Stahl 15 Mo 3 für die Beschickungsanlage, dem warmfesten 12 % Chromstahl X 20 CrMoV 12 1 für äußere Systeme des Wasserdampfkreislaufs und dem austenitischen Werkstoff X 10 NiCrAlTi 32 20 (Alloy 800) für Teile des Dampferzeugers und der Überhitzerleitungen.

Als Material für die Hüllrohre der Abschalt- und Regelstäbe wurde der warmkaltverformte stabilisierte austenitische Stahl X 8 CrNiMoNb 16 16 in Anlehnung an Erfahrungen über das Bestrahlungsverhalten von Werkstoffen für natriumgekühlte Schnelle Brutreaktoren ausgewählt.

Für die Anwendungsfälle in einer HTR-Anlage für nukleare Prozeßwärme wurden und werden umfangreiche Werkstoffprogramme zur Ertüchtigung der hochlegierten Eisen-Nickel-Chrom-Legierungen bzw. Nickellegierungen, wie z. B. X 10 NiCrAlTi 32 20 (Alloy 800 H), NiCr 22 Fe 18 Mo (HASTELLOY X) und NiCr 22 Co 12 Mo (Alloy 617) in der Bundesrepublik, aber auch in Japan und in den USA, durchgeführt, um diese Werkstoffe in nuklear beheizten He/He-Wärmetauschern oder Röhrenspaltöfen einsetzen zu können (5, 6).

Für die Bemessung steht also zunächst die ausreichende Zeitstandfestigkeit im Vordergrund. In <u>Bild 1</u> ist die Temperaturabhängigkeit der mittleren 100 000 h-Werte verglichen. Die Bevorzugung des Werkstoffes NiCr 22 Co 12 Mo (Alloy 617) für die Komponenten mit höchsten Arbeitstemperaturen erklärt sich aus seinem Zeitstandfestigkeitsniveau. Zum Vergleich ist auch die Nickelba-

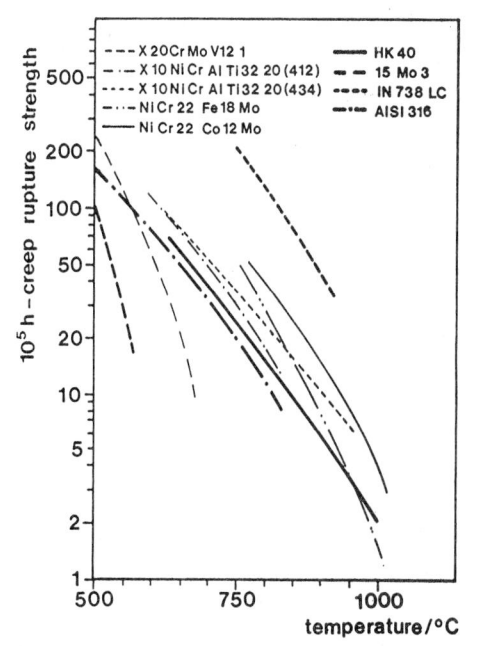

<u>Bild 1</u>: Mittlere 100.000 h-Zeitstandfestigkeit einiger HT-Stähle und Legierungen

sissuperlegierung IN 738 LC für Turbinenschaufeln angegeben, die aber als typische Feingußlegierung nicht für wärmetauschende Komponenten genutzt werden kann.

Eine qualifizierte Auslegung ist dann gegeben, wenn die benötigten physikalischen und mechanischen Kenndaten, einschließlich Langzeitwerte, ausreichend abgesichert sind.

Auszuschließende Versagensarten

Zu den Versagensformen des Temperaturbereiches, in dem gegen zeitunabhängige Werkstoffeigenschaften ausgelegt werden kann (a), treten bei hohen Temperaturen zusätzliche Versagensarten (b) auf; z. B.:

(a) Gewaltbruch,	Ermüdung,	Ratcheting,	Beulen,
(b) Kriechbruch,	Kriechermüdung,	Kriech-Ratcheting,	Kriech-Beulen

(a) übermäßige Verformung,	spontanes Versagen durch Werkstoff-Fehler,
(b) übermäßige Kriechdehnung,	zeitabhängiges Versagen durch Werkstoff-Fehler

Umgebungsbedingtes Versagen ist für alle Temperaturen zu betrachten.

Die Korrosion wird beherrscht durch geeignete Werkstoffauswahl. Für die metallischen Komponenten in einer HTR-Anlage, mit Ausnahme der Abschaltstäbe und core-naher Strukturen, kann der Einfluß der Neutronenbestrahlung vernachlässigt werden. Nachfolgend werden nur solche Versagensarten behandelt, die mit zeitabhängigen Werten auszuschließen sind.

Für die Durchführung von Analysen werden verschiedene Spannungskategorien entsprechend ihren Versagensauswirkungen klassifiziert und teilweise unterschiedlich begrenzt: Primärspannungen als belastungskontrollierte Größen können bereits bei einmaliger Belastung zu Versagen (z. B. Gewaltbruch) führen; Sekundärspannungen als verformungskontrollierte Größen können bei Belastungswechsel zu fortschreitender Deformation (z. B. Ratcheting) führen;

Spitzenspannungen als verformungskontrollierte Größen können bei häufigen Belastungswechseln zum Versagen führen (z. B. Ermüdungsanriß).

Während die Primärspannungen vorwiegend zur Dimensionierung herangezogen werden, müssen mit geeigneten analytischen Methoden die maßgeblichen Belastungen und Belastungsabfolgen spezifiziert werden. Das Spektrum der Annahmen für die verschiedenen Belastungen stellt sich vereinfacht wie folgt dar:

- Bei allen Komponenten muß das Eigengewicht bei allen Betriebszeiten abgetragen werden;
- beim An- und Abfahren sowie Leistungsänderungen kommt es zu Auf- bzw. Abbau von Druckdifferenzen, die aber über die Betriebsperiode konstant bleiben;
- von außen beheizte Rohre, z. B. in einem Spaltrohr einer RSO-Anlage, haben bei konstanter Betriebsfahrweise einen permanenten Temperaturgradienten über die Wand, der zwischen den beiden Wandbereichen konstante Zwängungen bewirkt;
- durch Heißsträhnen im Heizmedium kann es zu Änderungen im Temperaturgradienten über der Wanddicke kommen, die periodische, gelegentlich impulsartige Zwängungen aufbauen;
- durch Turbulenzen im strömenden Gas können in wärmetauschenden Komponenten innerhalb einer Betriebsperiode Schwingungen angeregt werden;
- unvorhergesehene Störungen von außen, z. B. Erdbeben, können kurzzeitige starke Schwingungen mit großen Spannungsimpulsen induzieren.

Dimensionierungs- und Auslegungsdaten

Folgende Kennwerte müssen, abgesichert durch Untersuchungen an mehreren Halbzeugformaten einschließlich Schweißverbindungen bekannt sein: Physikalische Eigenschaften (Dichte, E-Modul, Querdehnungszahl, Wärmeausdehnung, Wärmeleitfähigkeit, Wärmekapazität). Mechanische Eigenschaften (Streck- bzw. 0,2-Grenzen temperaturabhängig, für hohe Temperaturen auch dehnratenabhängig), Zeitdehngrenzen, Zeitstandfestigkeiten, Zeitstandbruchverformungskennwerte, Ermüdungsanrißzahlen bzw. Bruchzahlen, gegebenenfalls bruchmechanische Kennwerte). Daten für Zeitgesetze und Stoffgleichungen (Kriech- und Relaxationsgesetze, Rißfortschrittsgesetze, Form des Stoffgesetzes, werkstofftypische Parameter für die Stoffgleichungen, Korrosionsraten). <u>Lebensdaueranteilregeln</u> für Kriechermüdung bzw. zulässiger Ausnutzungsgrad.

Aus diesen Werten werden die Auslegungskennwerte abgeleitet und damit alle vorgenannten Versagensarten durch Begrenzung der Spannung, der Dehnung, der Einsatzdauer, Belastungszyklen und der bleibenden Verformung ausgeschlossen.

Zur Begrenzung gegen Bruch infolge langzeitiger Belastung (einschließlich bei gestörten Betriebszuständen kurzzeitiger Belastungen bei hohen Temperaturen) dient der <u>zeitabhängige</u> Vergleichswert S_t (7), dem kleinsten der beiden Werte: Min. $R_{m, t}$ (T) : 1,5 bzw. Min. $R_{1\%, t}$ (T). Die Begrenzung der Primärspannung mit nur einem Vergleichswert ist dann konservativ, wenn die Belastung im wesentlichen konstant bei gleichbleibender Temperatur ansteht. Bei variierenden Lasten und Temperaturen, wie es in Kraftwerksanlagen durchaus üblich ist, wird der Ausnutzungsgrad durch Primärspannung bestimmt.

$$U_p = \sum_i \frac{t_i}{t_{io}} \leq 1,0$$

Die Dehnungen aus stationärer und wechselnder Belastung sind begrenzt auf

$$\epsilon_m = 1\ \% \text{ (Membrandehnung)};$$
$$\epsilon_b + \epsilon_m = 2\ \% \text{ (Membran- und Biegespannung)};$$
$$\epsilon_s + \epsilon_b + \epsilon_m = 5\ \% \text{ (lokale Gesamtdehnung)}.$$

Zur Beurteilung des Verbrauchs an zulässiger Betriebsdauer durch temperaturinduzierte Dehnwechselbelastungen bedient man sich der Auslegungskurven, die aus LCF-Versuchen mit einer Sicherheit $\nu = 2$ gegen Dehnungsamplitude und $\nu = 20$ gegen Lastwechselanzahl abgeleitet werden, wobei für jede Zyklenzahl N derjenige Sicherheitsbeiwerte gewählt wird, der die niedrigste Dehnungsamplitude liefert.

Beim ersten Schritt bei der Dimensionierung werden diejenigen Beanspruchungen erfaßt, die sich aus dem Dimensionierungsdruck, der Dimensionierungstemperatur, den zulässigen Dimensionierungslasten und der Dimensionierungszeit ergeben. Zu berücksichtigen sind hierbei alle zu erwartenden Betriebsbedingungen (Stufe A und B) und gestörte Betriebsbedingungen, wobei nicht in allen Fällen ausgeschlossen werden kann, daß postulierte Störfallbelastungen dimensionsentscheidend werden (Stufe C und D).

Festigkeitsnachweis durch Analysen

Bestimmung der zulässigen Betriebsdauer durch Lebensdaueranteilregeln

Bei den Arbeitstemperaturen eines stromerzeugenden HTR wie auch einer nuklearen Prozeßwärmeanlage erscheint eine getrennte Beurteilung von Belastungswechseln und Kriechen eine zunächst praktikable Vorgehensweise (Bild 2). In dieses Schema sind die vorläufigen Auslegungskurven für Zeitstand- und Ermüdungsbelastung mit aufgenommen und jeweils zwei Anhaltswerte markiert.

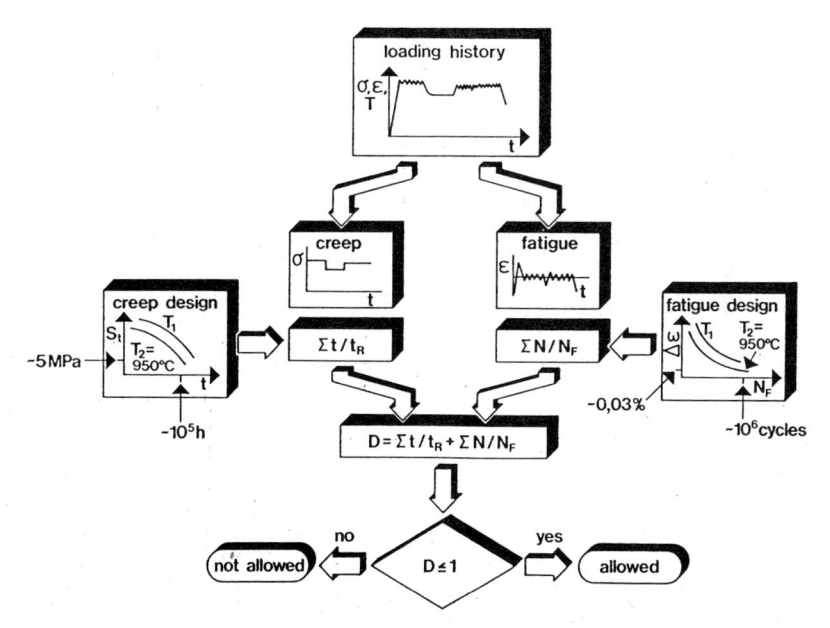

Bild 2: Schema zur Lebensdaueranteilermittlung für Kriech-Ermüdungsbelastung (Werte gelten für NiCr 22 Co 12 Mo)

Aus den Auslegungskurven gegen Ermüdung und den Auslegungskurven gegen Kriechversagen und den Angaben für die zulässigen Ausnutzungsgrade wird für alle Spannungsniveaus bei entsprechender Temperatur der die Ausnutzungsgrade gemäß der Robinson- bzw. Palmgreen-Robinson-Miner-Regel bestimmt.

Beispiel für die Kriechermüdungsanalyse beim THTR-Dampferzeuger

In der Kaverne des Spannbetonbehälters des THTR sind sechs Dampferzeuger um das Core herum angeordnet. Ein Teil dieser 6 Dampferzeuger wird auch zur Nachwärmeabfuhr benutzt. Dies hat zur Folge, daß die Dampferzeuger vor allem bei Reaktorschnellabschaltung hohen Belastungen dadurch ausgesetzt sind, daß die Frischdampftemperatur schnell absinkt, wodurch instationäre Wärmespannungen entstehen können.

Naturgemäß können sich in den dünnwandigen Bauteilen (Heizflächenrohre, Systemleitungen kleinen Querschnitts) bei Transienten keine so großen Temperaturdifferenzen ausbilden, daß die Hauptbelastung dieser Teile aus der Druckdifferenz von ca. 140 bar bei stationärer Temperatur von maximal 650 °C (Wandtemperatur) resultiert. Ferner sind Zwängungen aus unterschiedlicher Wärmeausdehnung bei stationärer Temperaturerhöhung bei den Festigkeitsnachweisen von Bedeutung. Die stationären und transienten Beanspruchungen in diesen Bauteilen sind insgesamt gering genug, so daß unter der Annahme elastischen Verhaltens Spannungen und Dehnungen berechnet und nach einem Verfahren zur Ratchetingabsicherung, das sich an den amerikanischen Code Case N 47 (8) eng anlehnt, als zulässig beurteilt werden können.

Dies gilt nicht für den dickwandigen Frischdampfsammler aus X 10 NiCrAlTi 32 20 (Alloy 800), in dem die Dampfströme eines Dampferzeugers zusammengeführt werden (Bild 3). Bei diesem Bauteil, das stationär durch Innendruck von 180 bar und bei einer Temperatur von 530 °C belastet ist, führt das einfache Nachweisverfahren zum Ausschluß des Kriechratchetingeffektes nach den Vorstellungen um Code Case N 47 nicht zum Erfolg. Als Ausweg ist die inelastische Analyse des Bauteils ausdrücklich vorgesehen. Es wurde also eine aufwendige derartige Analyse in mehreren Stufen durchgeführt; über die Ergebnisse wurde in (9) ausführlich berichtet. Die Analysen ergaben:

Die höchste Beanspruchung tritt erwartungsgemäß in der Innenfläche des Sammlerhauptrohres an der Verschneidungsstelle mit den radial angeordneten Zuführungsstutzen auf. Bemerkenswert ist, daß die totale Dehnungsschwingbreite an dieser Stelle lediglich um 50 % oberhalb der Dehnungsschwingbreite im geometrisch ungestörten Bereich des Sammlerhauptrohres liegt. Die Ermüdung stellt sich als Hauptbeanspruchung heraus; sie wurde nach dem vorbeschriebenen Verfahren zu 15 % ermittelt. Die Kriechschädigung ist von untergeordneter Bedeutung, sie wurde konservativ mit 3 % abgeschätzt.

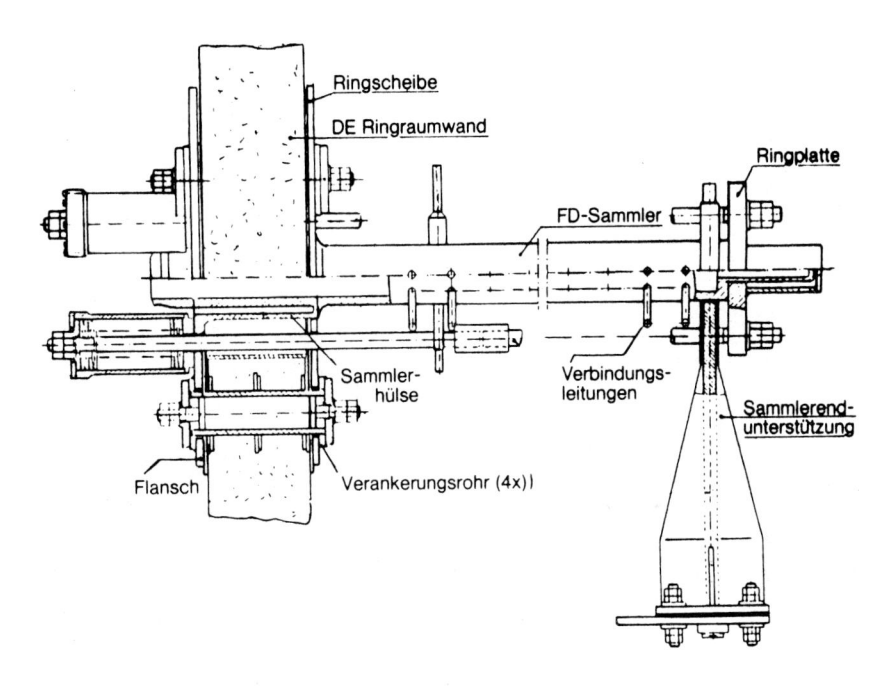

Bild 3: Frischdampfsammler mit Abstützung im THTR

Ein Ratchetingeffekt in seiner eigentlichen Definition, d. h. ein Dehnungsbetrag, um den sich die inelastische Gesamtdehnung von Zyklus zu Zyklus vergrößert, wurde nicht festgestellt. Da nur ein Teil der im Betrieb zu unterstellenden Zyklen aus Aufwandsgründen berechnet werden konnte, liefert eine rein formale Extrapolation Dehnungen, die geringer sind als die zuvor angegebenen Ratchetinggrenzwerte.

Beispiel der Lebensdauerbestimmung durch Analyse eines RSO-Rohres

Mit diesem Beispiel sei auf die Verhältnisse zurückgegriffen, wie sie für Spaltrohre der Methanreformierung im Vorhaben Nukleare Prozeßwärme unterstellt werden (10). Die nominelle maximale Arbeitstemperatur auf der Primärseite beträgt 950 °C, auf der Sekundärseite 875 °C, die Druckdifferenz liegt bei 3 bar. Für die Auslegungsdauer von 140.000 h sind 160 An- und Abfahrzeiten projektiert, dies entspricht einer Zykluszeit von rd. 875 h. Die primäre Spannung aus Eigengewicht, Druckdifferenzen zwischen primärem und sekundärem Kreislauf und Biegemomente werden durch ausreichende Dimensionierung unter 3 N/mm^2 gehalten. Somit werden die zusätzlichen sekundären und Spitzenspannungen lebensdauerbestimmend.

Die Temperaturtransiente beim Aufheizen von rund 300 °C auf Arbeitstemperaturen um 920 °C ist mit 1 °K/min sanft. Oberhalb 700 °C beginnt der chemische Prozeß der Methanreformierung, durch den Verbrauch an Wärme stellt sich ein Temperaturgradient von über der Wand 20 °C ein. Bei Annahme eines elastischen Werkstoffverhaltens zu Beginn des Zyklus stellen sich im ungünstigsten Fall an der Innenseite des Rohres Spannungen von 50 N/mm^2 bei 900 °C und von 40 N/mm^2 bei 920 °C an der Außenseite des Rohres ein. Tatsächlich aber relaxieren die Spannungsspitzen während des Prozesses und führen im Verlauf von 665 h zu dem in Bild 4 (11) angegebenen Verlauf der Spannung und der resultierenden Dehnung.

Nach Kenntnis der zeitabhängigen Spannungsverteilungen kann eine Analyse der "Lebensdauer" oder besser die Prüfung der "zulässigen Betriebszeit" erfolgen, wobei entsprechend der Vorgehensweise im ASME Code, Case N 47 alternativ die Ergebnisse elastischer und inelastischer Berechnungen Verwendung finden können. Die elastische Analyse ist nicht zielführend.

Mit der inelastischen Analyse wird die Spannungsrelaxation berechnet (10), die zeitlich näherungsweise durch folgende Relaxationsgleichung für die maximale Spannung σ beschrieben werden kann.

$$\sigma = \sigma_0' \left(1 + (n-1) y^* E k t_i / \sigma_0^{1-n}\right)^{\frac{1}{1-n}}$$

(hierin sind: σ = Spannung; σ_0 = Anfangsspannung bei Beginn der Relaxation; n, k = Parameter des Norton'schen Kriechgesetzes; E = E-Modul; t_i = Zeitpunkt i; $y^* = 1/(2(1-v))$ Spannungskorrekturgröße).

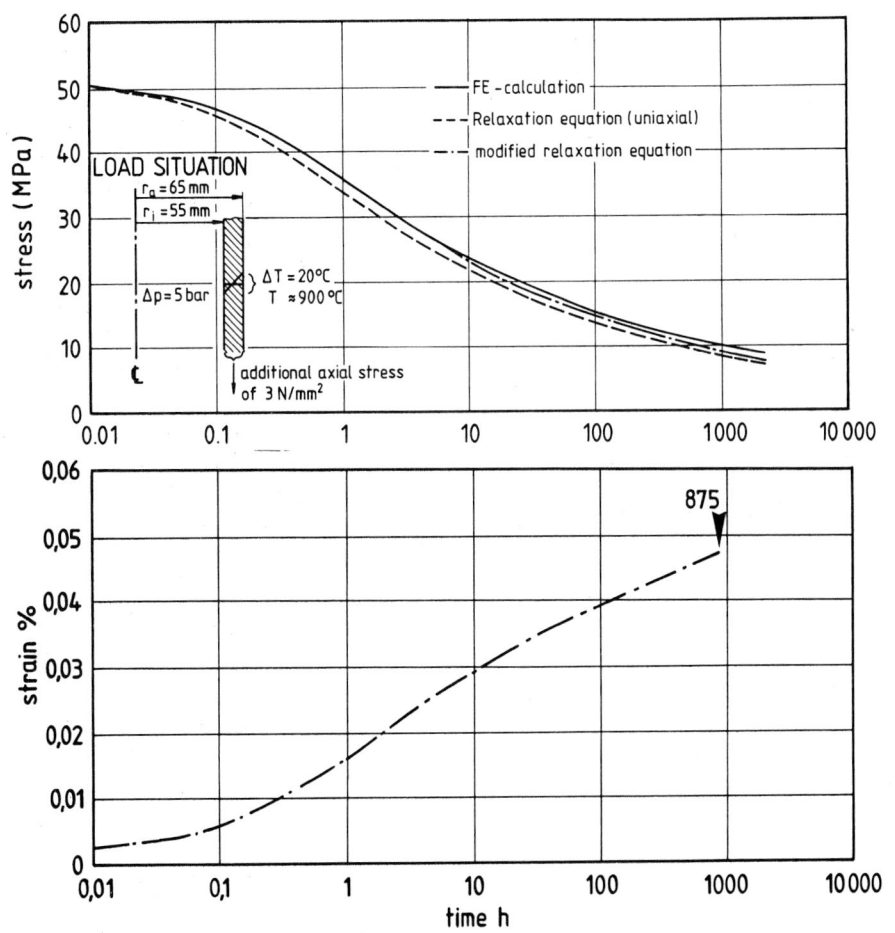

Bild 4: Kriechrelaxation der thermisch induzierten Spannungen und das resultierende Dehnungsverhalten an der Innenseite eines Röhrenspaltofenrohres aus NiCr 22 Co 12 Mo (Alloy 617)

Die Relaxationsgleichung enthält einen elastischen Term und das Norton'sche Kriechgesetz für das stationäre Kriechen. Die Berücksichtigung der Auswirkung des thermischen Spannungsgradienten wird dabei durch die Korrekturgröße y* vorgenommen. Die Punktrelaxation für ein einachsiges Spannungselement zeigt eine gute Übereinstimmung mit einer Finite-Element-Berechnung. Eine Verknüpfung der Relaxationsgleichung mit der Robinson-Regel führt bei einer Zykluszeit von 875 h zu einem Verbrauch an zulässiger Lebensdauer von 0,0022. Für $D_i = 1$ würden somit insgesamt 455 Zyklen erlaubt. Hier geht aber die Annahme ein, daß jeder Zyklus den gleichen Verbrauch an Lebensdauer bewirkt, unabhängig von der zeitlichen Reihenfolge.

Unter der Voraussetzung, daß Kriechen und Relaxation zumindest bei hohen Temperaturen gleiche Gefügeveränderungen (Schädigung), z. B. Kriechporen und Kriechrisse bewirken, wird vorgeschlagen, einen Schädigungsterm entsprechend Kachanov (12) einzuführen. Damit ergibt sich nach Lösung eines gekoppelten Differen- tialgleichungssystems für die Kriechschädigung folgende Beziehung:

$$\sigma = \sigma_0 \, e^{\varepsilon} / (1-D)$$

(hierbei sind: σ_0 = Ausgangsspannung bezogen auf die Ausgangsquerschnittsfläche, ε = wahre Kriechdehnung. $D = A_c/A$ entspricht der rißbehafteten Querschnittsfläche zur gesamten Querschnittsfläche.)

Die Bestimmung des Lebensdauerverbrauchs

	bei 160 Zyklen	für D = 1
mit Relaxationsgleichung:	$D_c = 0,39$	410 Zyklen
mit Kriechschädigungsgleichung:	$D_c = 0,34$	460 Zyklen

ergeben eine gute Übereinstimmung, doch scheint die Kriech-Schädigungsmethode etwas konservativ zu sein. Dieses Ergebnis ist nicht ganz unerwartet, da die Annahme eines "Hoff'schen" verformungsreichen Bruches die Laufzeit leicht überschätzt.

Absicherung gegen Kriechratcheting

In wärmetauschenden Komponenten können neben primären Spannungen auch thermische Spannungen induziert durch stationäre und instationäre Temperaturgradienten bei An- und Abfahrvorgängen oder bei Temperatur-Strähnen in den Arbeitsmedien auftreten.

Wechseln diese überlagerten Temperaturgradienten über der Wand zyklisch und somit auch die resultierenden thermischen Spannungen, so kann sich durch sich wiederholendes Plastifizieren bei zeitunabhängigem Werkstoffverhalten oder Relaxieren aufgrund von Kriechen bei zeitabhängigem Werkstoffverhalten ein strukturelles Verformungsverhalten so entwickeln, daß sich bei jedem Zyklus Dehnungsinkremente in Richtung der maximalen Hauptspannung als Primärbelastung aufaddieren (13). Dieses Verhalten wird Ratcheting, bzw. Kriechratcheting genannt und kann im Vergleich zu reinen Primärbelastungen zu deutlich höheren Verformungen und vorzeitigem Versagen eines Bauteils führen; gegen ein solches Versagen sind beispielsweise wärmetauschende Komponenten von Nuklearanlagen abzusichern.

Für Bauteiltemperaturen bis 750 °C existieren vereinfachte Methoden nach ASME Code Case N 47 zur Absicherung gegen Kriechratcheting. Der Geltungsbereich dieser Verfahren ist auf Fälle beschränkt, bei denen plastisches Ratcheting den Haupteffekt bildet und das Kriechen einen Zusatzeffekt darstellt. Bei Einhaltung der entsprechenden Bedingungen gilt Ratcheting als ausgeschlossen oder ausreichend begrenzt. Bei den dünnwandigen Bauteilen des THTR-Dampferzeugers war es in vielen Fällen möglich, mittels der Tests 2 oder 3 nach ASME Code Case N 47 einen entsprechenden Nachweis zu führen. Das Vorgehen beim dickwandigen Sammler ist zuvor beschrieben worden.

Bei Bauteiltemperaturen oberhalb 750 °C wird der Ratcheting-Vorgang überwiegend oder ausschließlich durch Kriech- bzw. Relaxationsvorgänge bestimmt; in diesem Fall ist eine Nachweisführung nach Code Case N 47 nicht zielführend. Hier muß zur inelastischen Analyse zurückgegriffen werden. Am Beispiel von Experimenten und deren Nachrechnung soll diese Möglichkeit angedeutet werden.

Zur experimentellen Untersuchung der Auswirkung derartiger Temperaturbelastungen an He/He-Wärmetauscherrohren mit einem Außendurchmesser von d = 22 mm, einer Wandstärke von s = 2,2 mm und einer Länge von 760 mm wurde ein Versuchsaufbau gewählt, mit dem sowohl Kriechratchetingversuche als auch, zu Vergleichszwecken, Zeitstandversuche mit gleicher Primärspannung durchgeführt werden konnten (13).

Durch zyklisches Abkühlen der Rohrinnenseite mit Kaltluft wurden die thermischen Beanspruchungen der achsialen Zeitstandbelastung überlagert. Der maximale Temperaturgradient von 45 K und die dazugehörige Absenkung der mittleren Wandtemperatur auf 865 °C während der Einschaltzeit des Luftstromes wird in 2,5 Sekunden erreicht (Bild 5). Danach erfolgte der Temperaturausgleich über die Rohrwand durch Wärmeleitungsvorgänge sowie die Aufheizung des Rohres bis zur oberen Zyklustemperatur T_h = 950 °C durch die Ofenheizung. Aus der maximalen Temperaturdifferenz ΔT = 45 K kann die elastische, maximale Wärmespannung σ_T von 96 MPa ermittelt werden.

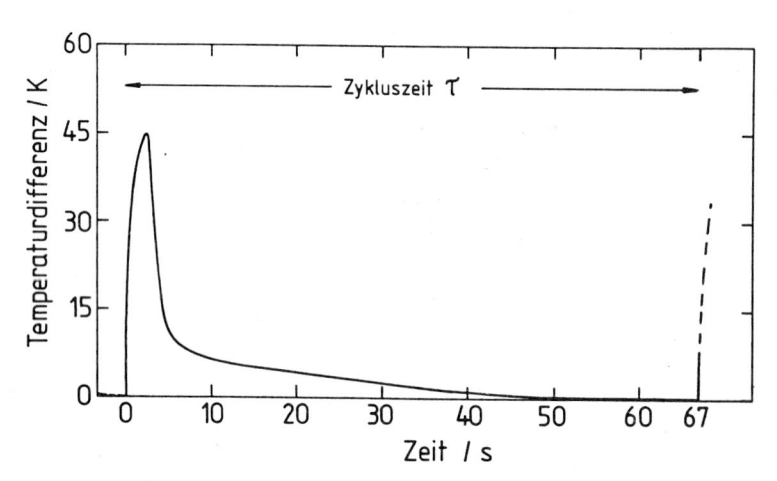

Bild 5: Zyklus der Temperaturdifferenz $\Delta T = T_a - T_i$ bei einem Kriechratchetingversuch

Eine Bewertung des Einflusses dieser zyklischer Temperaturtransienten ergab der Vergleich der Kriechdehnungen in axialer Richtung des mit der Primärspannung zeitstandbelasteten Rohres (Bild 6). Mit steigendem σ_t/σ_p-Verhältnis nimmt der Kriechratchetingeffekt im Vergleich mit den Zeitstandversuchen unter reiner Primärspannung für die entsprechende höchste Zyklustemperatur (950 °C) zu.

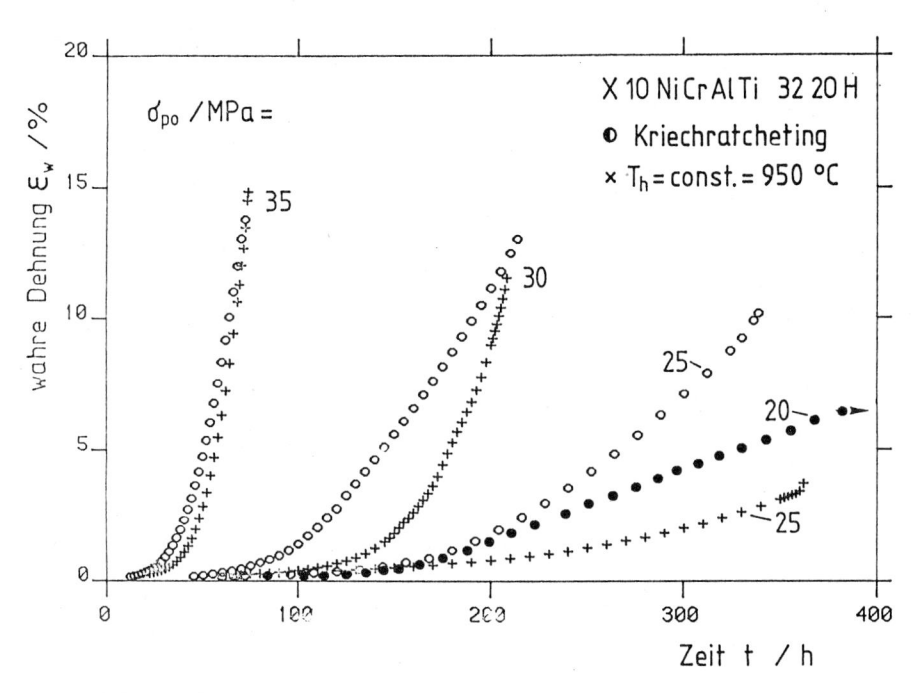

Bild 6: Vergleich des Zeitdehnverhaltens der Versuche mit und ohne Kriechratchetingbelastung

Die Berechnung des Kriechratchetingeffektes mit vereinfachten Methoden und FE-methoden haben diese Beobachtung mit befriedigender Genauigkeit beschrieben, wenn die Form des Zyklus und die Temperaturabhängigkeit der sekundären Kriechrate berücksichtigt wird (13).

Schlußbetrachtungen

Mit den gewählten Beispielen wurde aufgezeigt, in welchem Umfang bei der Auslegung von Hochtemperaturkomponenten in HTR-Anlagen über das einfache "Bemessen" (Dimensionieren) durch feste Regeln hinausgegangen wird. Insbesondere für die Komponenten einer nuklearen Prozeßwärmeanlage muß auf ein "design by analysis" zurückgegriffen werden. Das Beispiel für die Bestimmung der Kriechermüdungsschädigung (RSO-Rohr) und das Kriechratcheting soll die Wirkungsweise verdeutlichen. Einzelne, zu postulierende Störfälle können dimensionsbestimmend sein, typisches Beispiel ist der Heiße Sammler eines He/He-Wärmetauschers, der nicht nur gegen Kriechermüdung, sondern auch gegen Kriechbeulen auszulegen ist.

Bei diesem begrenzten Überblick konnte auf Beispiele für das Kriechbeulen, das weite Themen der Hochtemperaturbruchmechanik und auf Fragen der Behandlung von Schweißnähten nicht eingegangen werden. Doch haben die laufenden theoretischen und experimentellen Untersuchungen auch zu vorgenannten Themen zum Ziel, die Langzeitintegrität der metallischen Komponenten bestmöglich deterministisch nachzuweisen. Die bereits vorliegenden Ergebnisse sprechen für die erfolgreiche Verwirklichung des HTR-bezogenen Konzeptes für die Wahrung der Bauteilintegrität.

Literatur:

(1) Gesetz für die friedliche Verwendung der Kernenergie und dem Schutz gegen ihre Gefahren (Atomgesetz), vom 31.10.1976, BG BL I Nr. 53 vom 28.08.1980
(2) Verordnung über den Schutz von Schäden durch ionisierende Strahlen (20.10.1976), Strahlenschutzverordnung (StrlSchV) vom 27.05.1981
(3) THTR = Thorium Hochtemperatur-Reaktor
(4) AVR = Arbeitsgemeinschaft Hochtemperatur-Versuchsreaktor
(5) Metallische Werkstoffe für HTR, Bd. 14, Schriftenreihe "Energiepolitik in Nordrhein-Westfalen", 1982, Herausgeber: Der Minister für Wirtschaft, Mittelstand und Verkehr des Landes NRW

(6) Nuclear Technology, Special Issue on High Temperature Gas Cooled Reactor Materials, ed. R. G. Post, K. Wirtz, H. Nickel, P. L. Rittenhouse, T. Kondo (1984)

(7) "Erarbeitung von Grundlagen zu einem Regelwerk über die Auslegung von HTR-Komponenten für Anwendungstemperaturen oberhalb 800 °C", Abschlußbericht SR 191 des Bundesministers des Innern, KFA-Jül. Spez. 248 (1984)

(8) ASME Boiler and Pressure Vessel Code, 1983, Code Cases, Nuclear Components, Case N 47, Class 1, Section III, ASME, New York, 1981

(9) F. Kemter, A. Schmidt: "Application of the ASME Code Case N 47 to a Typical Thick Walled Incoloy 800 HTR ccmponent", Nuclear Engineering and Design, Vol. 79 (1983), S. 207-218

(10) H. Nickel, F. Schubert, H.-J. Penkalla: "Stand der Qualifikation der Werkstoffe für den HTR", Vortrag anläßlich VGB-Sondertagung, 16.-19.09.1985

(11) K. Bieniussa, G. Breitbach, H. H. Over, H.-J. Penkalla, F. Schubert, H.-J. Seehafer: "Life-time and Creep Ratcheting Calculations of Two Typical HTR-Components"; Vortrag anl. 2nd International Seminar on Standards and Structural Analysis in Elevated Temperature Applications for Reactor Technology, ENEA-ENEL, Venedig, Italien, 15.-17.10.1986

(12) L. M. Kachanov: "Theorie des Kriechens", Gos. Izdat. Fis. Lit., Moskau (1960)

(13) R. Zottmaier, H. H. Over, F. Schubert, H. Nickel: "Untersuchungen zum Kriechratchetingverhalten von Rohrproben", KFA-Jül. 2019, Sept. 1985

Werkstoffkennwerte und ihre Bedeutung bei Festigkeitsnachweisen im SNR-Reaktorbau

A. Angerbauer, W. Dietz, INTERATOM GmbH, 5060 Bergisch Gladbach

Einleitung

Auf Grund der hohen Anforderungen an die Bauteile kerntechnischer Anlagen müssen in den Festigkeitsnachweisen für die Inbetriebnahme alle wesentlichen Bauteilbelastungen erfaßt sein und eindeutige Aussagen zur Sicherheit gegen Versagen gemacht werden. Wesentliche Voraussetzungen hierfür sind eine hohe Fertigungsqualität (siehe z. B. KTA-Regelwerke), gesicherte Kenntnisse der werkstoffmechanischen Gesetzmäßigkeiten für die verwendeten Strukturwerkstoffe sowie für den Anwendungsbereich geeignete Festigkeitsregeln.

Basis für die Festigkeitsregeln für kerntechnische Anlagen im Bereich erhöhter Temperaturen ist zur Zeit der ASME Code Case N47 (1). Die zur Zeit in Betrieb, Bau und Planung befindlichen Schnellen natriumgekühlten Reaktoren (SNR) in Frankreich (Phenix, Superphenix 1, Superphenix 2), Großbritannien (PFR), USA (EBR II, FFTF), Japan (Jojo, Monju), Deutschland (KNK II, SNR 300, SNR 2) und Italien (PEC) berücksichtigen weitgehend das Grundkonzept des ASME B&PV Code (2).

Hinsichtlich der Bauteilbeanspruchungen ist ein Merkmal natriumgekühlter Reaktoren, daß wegen der guten Wärmeübertragungseigenschaften des Kühlmittels Natrium bei den großen Temperaturtransienten hohe Wärmespannungen auftreten, die unmittelbar eine Ermüdung des Werkstoffes bewirken. Außerdem bewirken bei den erhöhten Temperaturen die länger anstehenden Spannungen (seien es Restspannungen aus vorangegangenen Temperaturtransienten, seien es aus stationären Belastungen resultierende Spannungen) Kriechen des Werkstoffes. Wegen ihrer Wechselwirkung führen Ermüdung und Kriechen zur sogenannten Kriechermüdung; die Kriechermüdungsausnutzung des Werkstoffes spielt somit hier eine besondere Rolle. Für die beim Bau von natriumgekühlten Reaktoren verwendeten Strukturwerkstoffe (3) werden daher weltweit in Materialprogrammen die zur Beschreibung des Kriechermüdungsverhaltens wichtigen Eigenschaften auch unter Berücksichtigung des Einflusses von Natrium und Neutronenbestrahlung untersucht (4,5,6)

Am Beispiel der höchstbeanspruchten Stelle eines Reaktortankstutzens für Nebensysteme des SNR 300 soll unter Verwendung der in den Werkstoffprogrammen ermittelten Daten gezeigt werden, wie eine Kriechermüdungsanalyse als Teil der Festigkeitsnachweise durchgeführt wird. Dabei wird das für SNR-Komponenten vorgesehene Verfahren (7) angewandt.

Randbedingungen für die Kriechermüdungsanalyse

In einer SNR-Anlage gibt es auf Grund der betrieblichen Belastungen zahlreiche Komponenten, bei denen in den Festigkeitsnachweisen eine Kriechermüdungsanalyse durchgeführt wird. Aus den für SNR 300 durchgeführten Analysen hat sich ein Stutzen (siehe Bild 1) am Reaktortank (6700 mm Ø) - beide aus dem austenitischen Stahl X6CrNi1811 (Werkstoff Nr. 1.4948) - als besonders geeignet erwiesen, um die allgemeine Vorgehensweise nach dem heutigen Stand der Technik beispielhaft zu zeigen. Der Stutzen ist Bestandteil des SNR-300-Reaktortanks und ist 225 mm unterhalb des Natriumbetriebsspiegels angeordnet. Die maßgebende Belastung des Stutzenbereiches wird durch den axialen Temperaturgradienten

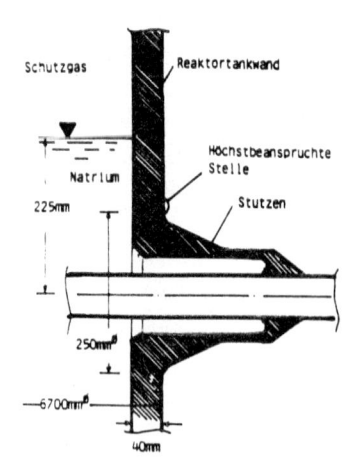

Bild 1: SNR-300-Reaktortankstutzen zum Brennelementschaden-Nachweissystem

in der Reaktortankwand verursacht, der durch schnellere Temperaturänderungen der Struktur im Natriumbereich gegenüber dem Schutzgasbereich hervorgerufen wird. Aus der linear-elastischen Spannungsberechnung geht hervor, daß die höchstbeanspruchte Stelle am Übergang vom Stutzen zur Tankwand liegt.

Für die Kriechermüdungsanalyse ist die Anzahl der Lastfälle wesentlich. Im vorliegenden Beispiel werden in der Berechnung der Kaltstart mit anschließendem Lastwechsel von 30% auf 100% (435x), der Lastwechsel von 100% auf 30% und von 30% auf 100% (4000x), das Abfahren inklusive Schnellabschaltung (435x) sowie der stationäre Leistungsbetrieb bei 30% und 100% berücksichtigt. Die damit verbundenen Temperaturänderungen und die daraus resultierenden Beanspruchungen werden im folgenden behandelt.

Linear-elastische Spannungsberechnung

Für die Berechnung wird eine repräsentative Betriebsperiode festgelegt. Sie setzt sich zusammen aus einem Kaltstart plus Lastwechsel 30%-100%, stationärem Leistungsbetrieb 100%, neun Lastwechseln 100%-30%-100% und einem Abfahren. Diese repräsentative Betriebsperiode wiederholt sich dann 435 mal. Der zeitliche Verlauf der Temperatur der höchstbeanspruchten Stelle während einer repräsentativen Betriebsperiode ist in Bild 2 wiedergegeben. Die Berechnung der Temperaturfelder und der fiktiv-elastischen Spannungen erfolgte mittels Finite-Elemente-Programm. Der Verlauf der elastisch berechneten örtlichen Vergleichsspannung σ^* nach Tresca (Schubspannungshypothese) an der höchstbeanspruchten Stelle ist ebenfalls in Bild 2 dargestellt.

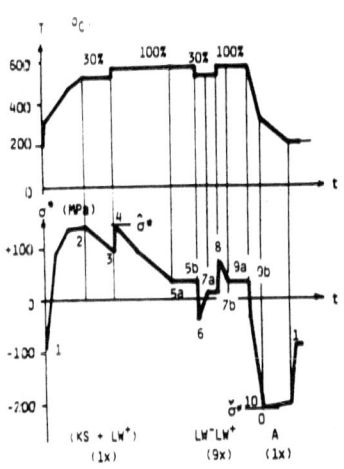

Bild 2: Zeitlicher Verlauf der Temperatur und der elastisch berechneten Spannung während der repräsentativen Betriebsperiode

Bilineare Beschreibung des elastisch-plastischen Werkstoffverhaltens

Aus der elastischen Spannungsberechnung ergibt sich im Querschnitt der höchstbeanspruchten Stelle eine maximale Sekundärspannungsschwingbreite S_n = 293 MPa. Dieser fiktiv-elastische Wert liegt höher als der elastische Einspielbereich $3S_m$ = 237 MPa; die zu erwartenden elastisch-plastischen Dehnungsschwingbreiten sind deshalb um den plastischen Dehnungserhöhungsfaktor K_e größer als die elastisch berechneten. Nach ASME Code (2), NB3228.3, Simplified Elastic Plastic Analysis, ist K_e = 1,80. Damit ergibt sich an der höchstbeanspruchten Stelle die maximale elastisch-plastische Dehnungsschwingbreite aus den elastischen Spannungsextremen $\hat{\sigma}^*$ und $\check{\sigma}^*$ zu

$$\hat{\Delta\varepsilon} = \frac{\hat{\sigma}^* - \check{\sigma}^*}{E} \cdot K_e = \frac{157-(-201)}{164300} \cdot 1{,}8 = 0{,}392 \text{ \%}$$

Die hierzu gehörenden Materialparameter (Mittelwerte) für die bilineare Darstellung des zeitunabhängigen Werkstoffverhaltens für den 10. Zyklus sind für $T_h \cong 570°C$ und $T_c \cong 300°C$ (s. Tabelle 1):

S_{yh} = 107 MPa
S_{yc} = 130 MPa
E_{mh} = 14000 MPa
E_{mc} = 18000 MPa

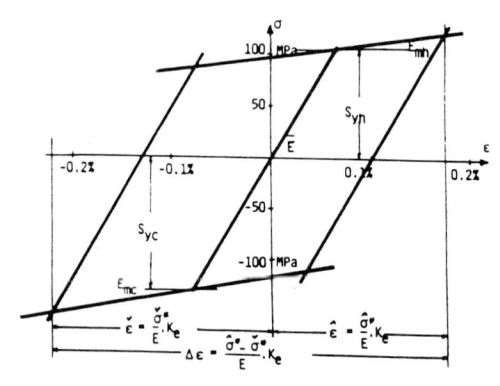

Bild 3: Bilineare Beschreibung des elastisch-plastischen Verhaltens des Werkstoffs 1.4948

Die Dehnungsextremwerte $\hat{\varepsilon}$ und $\check{\varepsilon}$ werden berechnet zu

$$\hat{\varepsilon} = \frac{\hat{\sigma}^*}{E} \cdot K_e = \frac{157}{164300} \cdot 1{,}8 = 0{,}172 \text{ \%}$$

$$\check{\varepsilon} = \frac{\check{\sigma}^*}{E} \cdot K_e = \frac{-201}{164300} \cdot 1{,}8 = -0{,}220 \text{ \%}$$

Das hieraus resultierende bilineare Spannungs-Dehnungs-Diagramm ist in Bild 3 dargestellt.

Verlauf der Spannung über der Dehnung während der repräsentativen Betriebsperiode

Bild 4 zeigt den Verlauf der Spannung über der Dehnung während der repräsentativen Betriebsperiode. Die Bezeichnung der Zeitpunkte entspricht derjenigen in Bild 2.

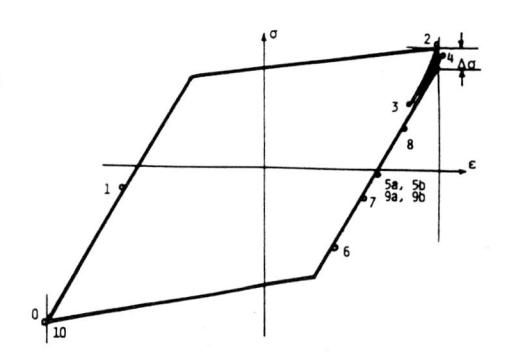

Bild 4: Verlauf der Spannung über der Dehnung während der repräsentativen Betriebsperiode

0 : Spannungs- und Dehnungsminimum während des Abfahrens
1 : Ende des Abfahrens, Beginn des Kaltstarts
2 : Ende des Kaltstarts, Beginn des stationären Leistungsbetriebes 30%
3 : Ende des stationären Leistungsbetriebes, Beginn des Lastwechsels 30%-100%
4 : Ende des Lastwechsels 30%-100%, Beginn des stationären Leistungsbetriebes 100%
5a: Erreichen der stationären Temperaturverteilung in der Struktur während des Leistungsbetriebes 100%
5b: Ende des stationären Leistungsbetriebes 100%, Beginn des Lastwechsels 100%-30%
6 : Ende des Lastwechsels 100%-30%, Beginn des stationären Leistungsbetriebes 30%
7a: Erreichen der stationären Temperaturverteilung in der Struktur während des Leistungsbetriebes 30%
7b: Ende des stationären Leistungsbetriebes 30%, Beginn des Lastwechsels 30%-100%
8 : Ende des Lastwechsels 30%-100%, Beginn des stationären Leistungsbetriebes 100%

9a: Erreichen der stationären Temperaturverteilung in der Struktur während des stationären Leistungsbetriebes 100% (9a ≡ 5a)

8malige Wiederholung 5b bis 9a

9b: Ende des stationären Leistungsbetriebes 100%, Beginn des Abfahrens

10 : Spannungs- und Dehnungsminimum während des Abfahrens (10 ≡ 0)

Berücksichtigung von Kriecheffekten:

Von 0 bis 2 wird Kriechen nicht wirksam, sei es wegen niedriger Temperatur, sei es wegen niedrigen Spannungsniveaus, sei es, daß die Kriechrelaxation nicht groß genug ist, um die Spannung bis unter die Plastizitätslinie zu verringern. Von 2 bis 5a wurde die Kriechrelaxation der Spannung stufenweise berechnet unter Verwendung des Kriechgesetzes nach Blackburn (8), dessen Ergebnisse beispielhaft in Bild 8 wiedergegeben sind, sowie der Dehnungsverfestigungsregel. Von 5a bis 10 wird Kriechen nicht wirksam, sei es wegen niedriger Temperatur, sei es wegen niedrigen Spannungsniveaus.

Ermüdungsausnutzung

Die Ermüdungsausnutzung U_f wird nach der sogenannten Rainflow-Methode (9) und der Miner-Regel bestimmt; die zulässigen Lastspielzahlen werden den Kurven für die ausnutzbare Ermüdungsfestigkeit ohne Haltezeit entnommen. Aus dem Verlauf der Dehnung während der repräsentativen Betriebsperiode (Bild 5) ergeben sich nach

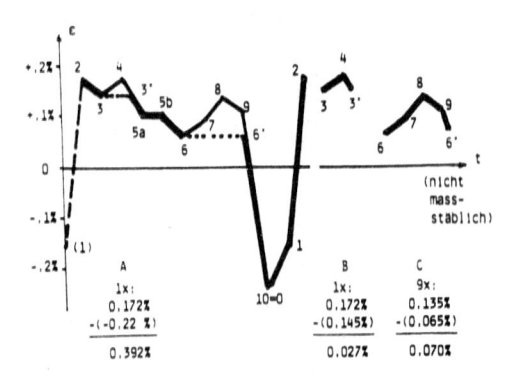

Bild 5: Effektive elastisch-plastische Dehnungszyklen während der repräsentativen Betriebsperiode ("Rainflow"-Methode)

der Rainflow-Methode drei unterschiedliche Lastspiele i, nämlich

i=A: 1× $(\varepsilon_2-\varepsilon_{10})$
i=B: 1× $(\varepsilon_4-\varepsilon_3)$
i=C: 9× $(\varepsilon_8-\varepsilon_6)$

Zur größten Dehungsschwingbreite $\hat{\Delta\varepsilon} = \varepsilon_2 - \varepsilon_{10}$ wird die Dehnung entsprechend der akkumulierten Spannungsrelaxation $\Delta\sigma$ addiert; damit wird der Vergrößerung der Spannungs-Dehnungs-Hysteresisschleife infolge Kriechrelaxation Rechnung getragen:

$$\Delta\varepsilon_A = \hat{\Delta\varepsilon} + \frac{\Delta\sigma}{E} = 0,392 \text{ \%} + \frac{20}{164300} = 0,40 \text{ \%}$$

Nach der Miner-Regel ist die gesamte Ermüdungsausnutzung

$$U_f = \sum_i \frac{N_i}{N_{di}}$$

Darin ist N_i die Anzahl der Lastspiele i mit der Dehnungsschwingbreite $\Delta\varepsilon_i$ und der höchsten Zyklustemperatur T_i; N_{di} ist die sich aus Bild 9 ergebende zulässige Lastspielzahl ((1),Table 1420 1A).

Für die gesamte Betriebszeit ergibt sich folgende Ermüdungsausnutzung:

i	$\Delta\varepsilon_i$	N_{di}	N_i	N_i/N_{di}
A	0,40 %	2200	435	0,20
B	0,027%	∞	435	0
C	0,07 %	∞	4000	0

$$U_f = 0,20$$

Kriechausnutzung

Die Kriechausnutzung U_c wird nach der Zeitanteilsregel bestimmt; als zulässige Spannung werden dabei entsprechend (1) 90% der Mindestzeitstandfestigkeit einschließlich der Reduktion infolge Bestrahlung zugrunde gelegt:

$$U_c = n \times \int_{t_0}^{t_{10}} \frac{dt}{t_r\left(\frac{\sigma(t)}{0,9 \cdot f_{Rmt(irr)}}, T(t)\right)}$$

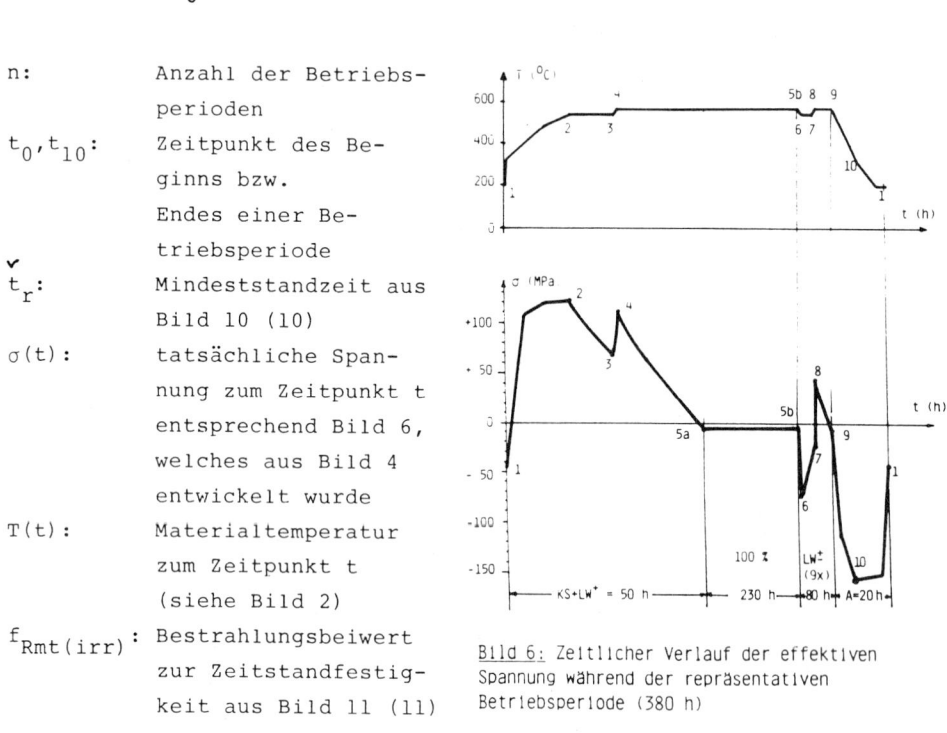

n: Anzahl der Betriebsperioden

t_0, t_{10}:   Zeitpunkt des Beginns bzw. Endes einer Betriebsperiode

t_r: Mindeststandzeit aus Bild 10 (10)

$\sigma(t)$:   tatsächliche Spannung zum Zeitpunkt t entsprechend Bild 6, welches aus Bild 4 entwickelt wurde

$T(t)$:   Materialtemperatur zum Zeitpunkt t (siehe Bild 2)

$f_{Rmt(irr)}$:   Bestrahlungsbeiwert zur Zeitstandfestigkeit aus Bild 11 (11)

Bild 6: Zeitlicher Verlauf der effektiven Spannung während der repräsentativen Betriebsperiode (380 h)

Für n = 435 Betriebsperioden ergibt sich für die höchstbeanspruchte Stelle, die eine Neutronendosis von $1,5 \cdot 10^{18}$ 1/cm² erhält, die Kriechausnutzung zu

$$U_c = 435 \cdot 3,91 \cdot 10^{-4} = 0,17$$

Kriechermüdungsausnutzung

Zur Berücksichtigung der gegenseitigen Beeinflussung von Kriechen und Ermüden werden die Ermüdungsausnutzung U_f und die Kriechausnutzung U_c zur Kriechermüdungsausnutzung U_{cf} zusammengefaßt.

Entsprechend dem bilinearen Interaktionsdiagramm von ASME Code Case N47 (1), T-1420, das in Bild 7 wiedergegeben ist, gilt für die Kriechermüdungsausnutzung

$$U_{cf} = \text{MIN} \begin{vmatrix} U_c + \frac{7}{3} \cdot U_f \\ \frac{7}{3} \cdot U_c + U_f \end{vmatrix} \overset{!}{\leq} 1$$

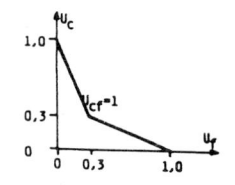

Bild 7: Kriechermüdungs-Interaktion (nach N 47)

Für die höchstbeanspruchte Stelle wird danach

$$U_{cf} = \frac{7}{3} \cdot 0,17 + 0,20 = 0,60$$

Die Kriechermüdungsausnutzung liegt somit innerhalb der zulässigen Grenzen.

Werkstoffkennwerte für die Kriechermüdungsanalyse

In der Kriechermüdungsanalyse finden neben den üblichen physikalischen Kennwerten die in Tabelle 1 und in Bild 8 bis 11 für den im SNR 300 eingesetzten austenitischen Stahl X6CrNi1811, Werkstoff-Nr. 1.4948, exemplarisch dargestellten Werkstoffkennwerte Verwendung.

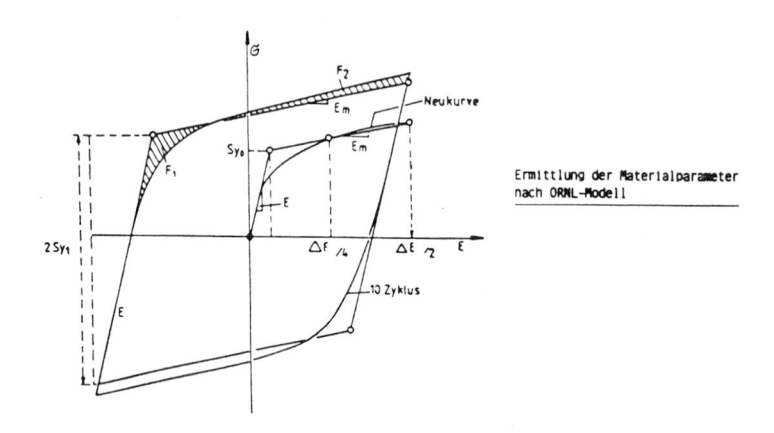

Ermittlung der Materialparameter nach ORNL-Modell

T (°C)	E (MPa)	$\Delta\varepsilon$ (%)	ε_{max} (%)	E_m (MPa)	S_{y0} (MPa)	S_{y1} (MPa)
20	198000	0,4	0,2	23100	155	163
		0,5	0,25	17000	161	170
		0,6	0,3	13700	165	178
450	162000	0,4	0,2	15600	115	115
		0,5	0,25	11900	118	125
		0,6	0,3	9800	121	140
500	158000	0,4	0,2	14900	110	110
		0,5	0,25	11400	114	125
		0,6	0,3	9400	116	140
550	154000	0,4	0,2	14200	106	107
		0,5	0,25	10900	109	125
		0,6	0,3	9000	112	140
600	150000	0,4	0,2	13500	101	107
		0,5	0,25	10400	105	125
		0,6	0,3	8600	107	140

Tabelle 1: Materialparameter für die bilineare Beschreibung des elastisch-plastischen Verhaltens des Werkstoffs 1.4948

KRIECH-KURVEN   ISOCHRONE KURVEN

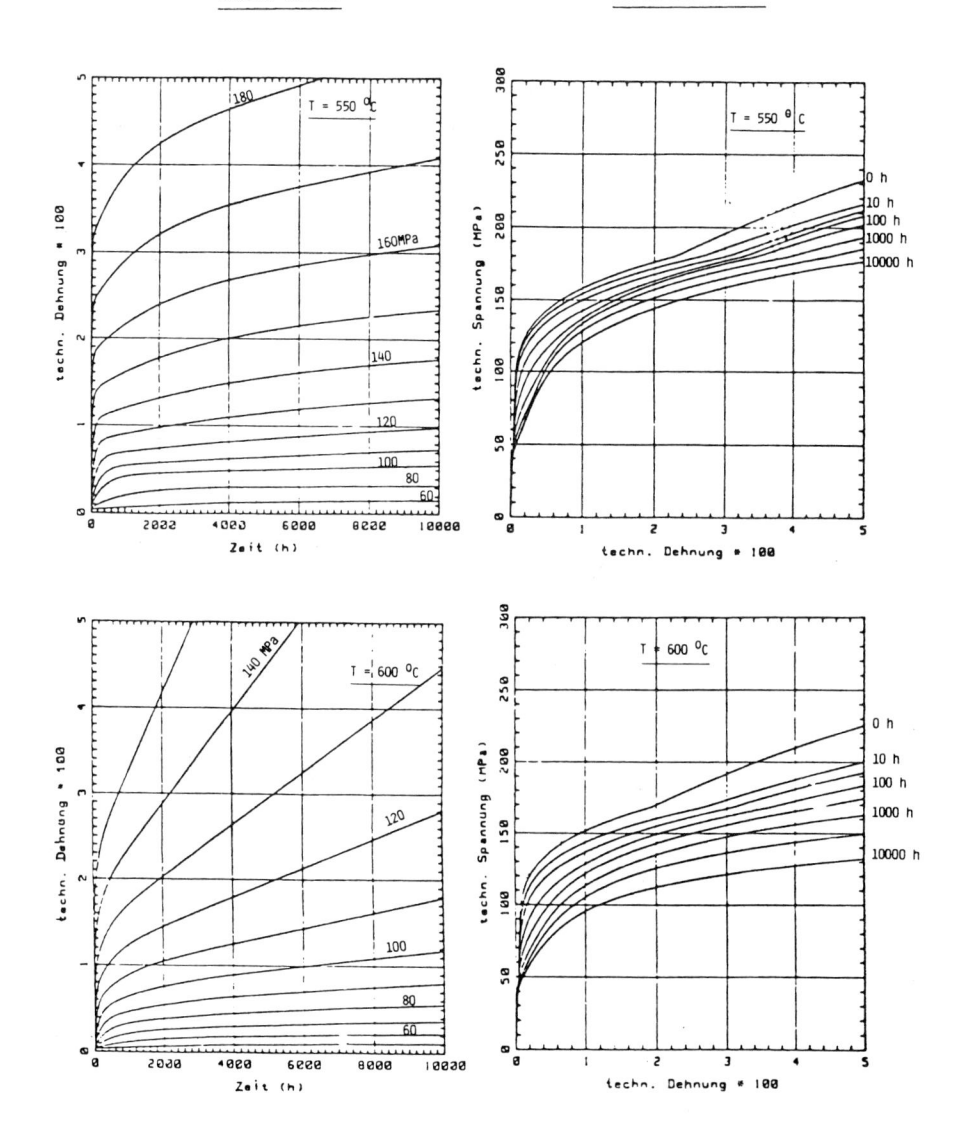

Bild 8: Materialparameter zur Beschreibung des zeitabhängigen Verhaltens des Werkstoffs 1.4948 (Mittelwerte)

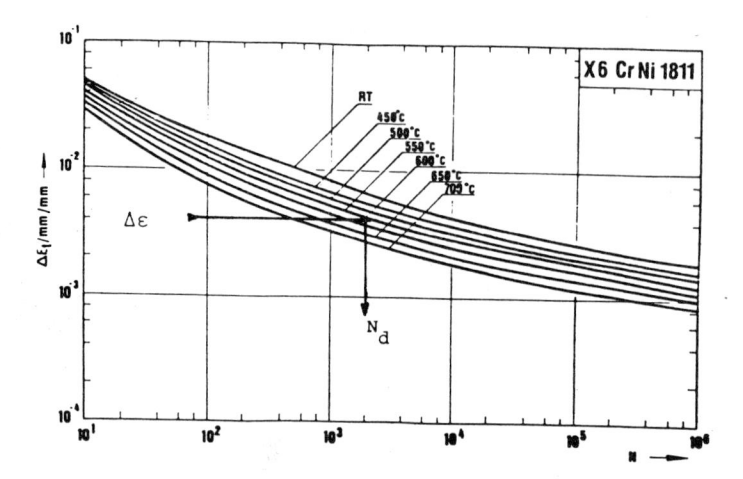

Bild 9: Zulässige Dehnungsschwingbreite ohne Haltezeit für den Werkstoff 1.4948 (Ausnutzbare Ermüdungsfestigkeit)

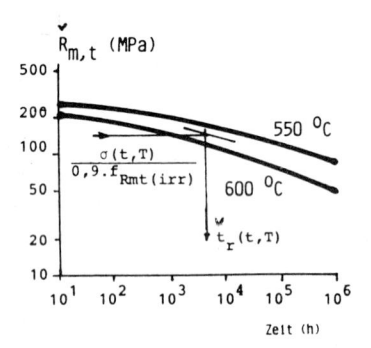

Bild 10: Zeitstandfestigkeit des Werkstoffs 1.4948 (Mindestwerte, unbestrahlt)

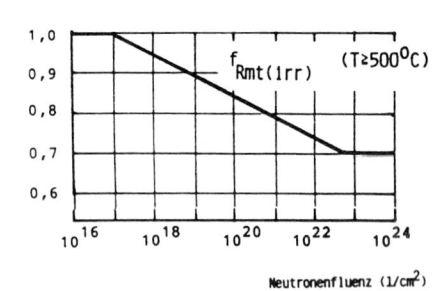

Bild 11: Bestrahlungsbeiwert zur Zeitstandfestigkeit des Werkstoffs 1.4948

Empfindlichkeit der rechnerischen Kriechermüdungsausnutzung gegen die Schwankung von Werkstoffkennwerten

Hier werden diejenigen Werkstoffkennwerte diskutiert, bei denen eine Chargen- oder Halbzeugabhängigkeit beobachtet wird.

Die Schwankung der Werkstoff-Festigkeitskennwerte wirkt sich in eindeutiger Weise auf die rechnerische Kriechermüdungsausnutzung U_{cf} aus.

Eine Erhöhung der Ermüdungsfestigkeit $\Delta\varepsilon_t$ bei gleicher Dehnungsschwingbreite $\Delta\varepsilon$ führt zu einer größeren zulässigen Lastspielzahl N_d (siehe Bild 9) und damit zu einer Verringerung der Ermüdungsausnutzung U_f. Die Kriechausnutzung U_c bleibt unverändert; die Kriechermüdungsausnutzung U_{cf} verringert sich.

Eine Erhöhung der Zeitstandfestigkeit R_{mt} bei gleicher Spannung σ führt zu einer größeren Standzeit t_r (siehe Bild 10) und damit zu einer Verringerung der Kriechausnutzung U_c. Die Ermüdungsausnutzung U_f bleibt unverändert; die Kriechermüdungsausnutzung U_{cf} verringert sich.

Die Schwankung der Kennwerte für das Werkstoff-Verhalten wirkt sich hingegen nicht eindeutig auf die rechnerische Kriechermüdungsausnutzung U_{cf} aus.

Eine Erhöhung der Kriechgeschwindigkeit $\dot{\varepsilon}_c$ bei gleicher Ausgangsspannung σ_o führt zu einer Verstärkung der Spannungsrelaxation $\Delta\sigma$. Dies bedeutet einerseits eine Vergrößerung der Dehnungsschwingbreite $\Delta\varepsilon$ und damit eine Erhöhung der Ermüdungsausnutzung U_f, andererseits aber ein im Durchschnitt niedrigeres Spannungsniveau $\sigma(t)$ und damit eine Verringerung der Kriechausnutzung U_c. Eine Korrelation zwischen $\dot{\varepsilon}_c$ und U_{cf} ist also nicht gegeben.

Eine Erhöhung der Streckgrenze S_y bei gleicher elastisch berechneter Spannung σ* führt wegen der Vergrößerung des elastischen Einspielbereichs zu einer Verringerung des plastischen Dehnungserhöhungsfaktors K_e und der Dehnungsschwingbreite Δε und damit zu einer Verringerung der Ermüdungsausnutzung U_f. Die Auswirkung einer Streckgrenzenerhöhung auf die Kriechausnutzung ist dagegen nicht eindeutig; sie hängt vom Niveau ab, auf das sich durch die Belastungsgeschichte die Spannung an der betrachteten Strukturstelle während der Kriechhaltezeit einstellt *). Eine allgemeine Korrelation zwischen S_y und der Kriechausnutzung U_c und damit auch der Kriechermüdungsausnutzung U_{cf} ist daher nicht gegeben.

In diesem Zusammenhang ist auch die <u>Temperatur</u> anzusprechen, die ein wichtiger Parameter bei der Festlegung von Werkstoffkennwerten ist.

Lag z. B. bei der Messung aller Materialkenngrößen in Wirklichkeit eine höhere Prüftemperatur vor als in der Messung ausgewiesen, so entspricht dies in Wirklichkeit höheren Werten von $\Delta\varepsilon_t, R_{mt}$ und S_y und in Wirklichkeit niedrigeren Werten von ε_c und führt insgesamt zu einer Verringerung der Kriechermüdungsausnutzung U_{cf}.

In Tabelle 2 ist die zahlenmäßige Auswirkung einer relativen Schwankung der diskutierten Einflußgrößen x um 1% auf die Ausnutzungen U_f, U_c und U_{cf} zusammengestellt. Es handelt sich dabei um grobe Anhaltswerte auf Basis des vorliegenden Berechnungsbeispiels mit dem Werkstoff 1.4948 bei ca. 570°C.

---

*) Im vorliegenden Beispiel würde eine Streckgrenzerhöhung zu einem höheren Spannungsniveau σ(t) während der Kriechhaltezeit und damit zu einer Erhöhung der Kriechausnutzung U_c führen.

Einflussgrösse x	$\dfrac{x}{x}$	$\dfrac{U_f}{U_f}$	$\dfrac{U_c}{U_c}$	$\dfrac{U_{cf}}{U_{cf}}$
Ermüdungsfestigkeit R_t	±1%	∓3,7%	0	∓1,3%
Zeitstandfestigkeit R_{mt}	±1%	0	∓6,3%	∓4,2%
Kriechgeschwindigkeit c	±1%	0	∓0,4%	∓0,3%
Fliessgrenze S_y	±1%	∓7,1%	±7,4%	±2,5%
Prüftemperatur $T_{P(R_t)}$	±1%	∓5,8%	0	∓2,0%
Prüftemperatur $T_{P(Rmt)}$	±1%	0	∓22 %	∓15 %
Prüftemperatur $T_{P(c)}$	±1%	0	±9,1%	±6,0%
Prüftemperatur $T_{P(Sy)}$	±1%	0	0	0
Prüftemperatur $T_{P(alle)}$	±1%	∓5,8%	∓15 %	∓12 %

$$U_f = \sum_1 \frac{N_i}{N_{di}} \quad U_c = n \cdot \int_{t_0}^{t_{10}} \frac{dt}{t_r} \quad U_{cf} = MIN \left| \begin{array}{c} U_c + \frac{7}{3} \cdot U_f \\ \frac{7}{3} \cdot U_c + U_f \end{array} \right|$$

Tabelle 2: Empfindlichkeit der rechnerischen Kriech- und Ermüdungsausnutzung gegen die Genauigkeit der Materialkennwerte (Nur für das Berechnungsbeispiel geltende Zahlenwerte)

Schlußbemerkung

Das Ergebnis der Kriechermüdungsanalyse, die Kriechermüdungsausnutzung U_{cf}, gibt für Strukturen im erhöhten Temperaturbereich an, in welchem Verhältnis die geplante Betriebszeit zur zulässigen Betriebszeit steht:

$$U_{cf} = \frac{t_{B(plan)}}{t_{B(zulässig)}}$$

Im vorhergehenden Kapitel wurde gezeigt, daß diese Aussage empfindlich ist gegen eine Schwankung der Werkstoffkennwerte. Für die Werkstoffkunde ergibt sich daher die Möglichkeit, durch eine Einengung der bisher diskutierten Streubänder der Werkstoffdaten mittels einer geeigneten Spezifizierung des Werkstoffes (chemische Zusammensetzung, Wärmebehandlung etc.) sowie einer qualifizierten Prüftechnik die Lebensdauervorhersage der Festigkeit zu verbessern.

Bei der Auslegung von SNR-Reaktoranlagen werden die Mindestwerte der Festigkeitskennwerte $\Delta\varepsilon_t$ (zulässige Dehnungsschwingbreite) und R_{mt} (Zeitstandfestigkeit) zugrunde gelegt, da niedrigere Festigkeitswerte zu einer höheren rechnerischen Ausnutzung führen. Dagegen ist bei den Kennwerten zum Werkstoffverhalten eine Korrelation zur rechnerischen Ausnutzung nicht gegeben. Dies wird auch durch Low-Cycle-Fatigue-Versuche mit Haltezeiten am Werkstoff 1.4948 und am amerikanischen Stahl AISI 304 bestätigt, in denen keine Korrelation zwischen Streckgrenze und Kriechermüdungsfestigkeit beobachtet wurde. In der SNR-Auslegung wird daher die Verwendung der Mittelwerte von $\dot{\varepsilon}_c$ (Kriechdehngeschwindigkeit) und S_y (Streckgrenze) als zutreffend angesehen.

Literatur

(1) ASME Boiler and Pressure Vessel Code Code Case N-47-22 (1984)
(2) ASME Boiler and Pressure Vessel Code, Section III (1983)
(3) W. Dietz, P. Paetz, K. Kummerer: ATW (1986) H.3, 137
(4) H. Huthmann, H.W. Borgstedt: IAEA-IWGFR-49 (1983), 645
(5) H.W. Borgstedt: Z. Werkstofftechnik (1981), H.12, 250
(6) R. Schmitt, W. Scheibe: Trans. SMIRT 8 (1985), Vol.E, 183
(8) L.D. Blackburn: The Generation of Isochronous Stress-Strain Curves, ASME Winter Annual Meeting (1972), 15
(9) H.O. Fuchs, R.I. Stephens: Metal Fatigue in Engineeering (1980), 197
(10) VDTÜV-Werkstoffblatt 313, Hochwarmfester austenitischer Walz- und Schmiedestahl X6CrNi1811 (W.-Nr. 1.4948) (1982)
(11) H. Breitling: IAEA-IWGFR-49 (1983), 801

Neuere Ergebnisse der Verschleißforschung mit praktischer Relevanz

K.H. Zum Gahr, Institut für Werkstofftechnik, Universität Siegen, 5900 Siegen.

1. Einleitung

Nach Schätzungen des BMFT belaufen sich die jährlichen Verluste durch Reibung und Verschleiß auf ca. 35 Milliarden DM in der Bundesrepublik Deutschland, d.h. auf mehr als 2 % des Bruttosozialproduktes (1). Studien (2) gehen davon aus, daß allein durch einen besseren Transfer unseres derzeitigen Wissens über die Grundlagen von Reibung und Verschleiß in die industrielle Praxis ca. 10-15 % der jährlichen Verluste eingespart werden könnten. Eine deutliche Intensivierung der Verschleißforschung (3) ist in den letzten 10 bis 15 Jahren in vielen Industrienationen festzustellen. Diese Bemühungen haben entscheidend dazu beigetragen, unsere Kenntnis über die Verschleißmechanismen sprunghaft zu verbessern. Von besonderem Interesse für die heutigen Forschungen sind Verschleißvorgänge im Gebiet der Mischreibung (Mangelschmierung) oder reiner Festkörperreibung.

Grundlegende Begriffe auf dem Verschleißgebiet sind in den DIN-Normen 50320 bis 50323 niedergelegt. Verschleiß ist nach DIN 50320 der fortschreitende Materialverlust aus der Oberfläche eines festen Körpers, hervorgerufen durch mechanische Ursachen, d.h. Kontakt- und Relativbewegung eines festen, flüssigen oder gasförmigen Gegenkörpers. Man unterscheidet Verschleißarten wie den Gleit-, Wälz-, Schwingungs- oder Furchungsverschleiß und vier Hauptverschleißmechanismen, nämlich die Abrasion, Adhäsion, tribochemische Reaktion und die Oberflächenzerrüttung. Grundsätzlich sind Verschleißvorgänge systemabhängig und eine "Verschleißfestigkeit" als Werkstoffeigenschaft gibt es nicht. Ein und derselbe Werkstoff oder Werkstoffpaarungen können zu voller Funktionsfähigkeit in einer Maschine über eine lange Betriebszeit und zu einem katastrophalen Versagen in einer anderen Maschine führen. Bild 1 zeigt schematisch ein tribologisches System, dessen Aufgabe die Übertragung von Information, Arbeit oder der Transport von Masse ist. Hierbei entstehen Verlustgrößen in Form von Reibung und Verschleiß, was mit Verschleißteilchen, Wärme, Schwingungen etc. verbunden sein kann. Als Möglichkeiten zur Verschleißminderung bieten sich betriebliche, konstruktive, fertigungstechnische, schmierungstechnische und werkstofftechnische Maßnahmen an.

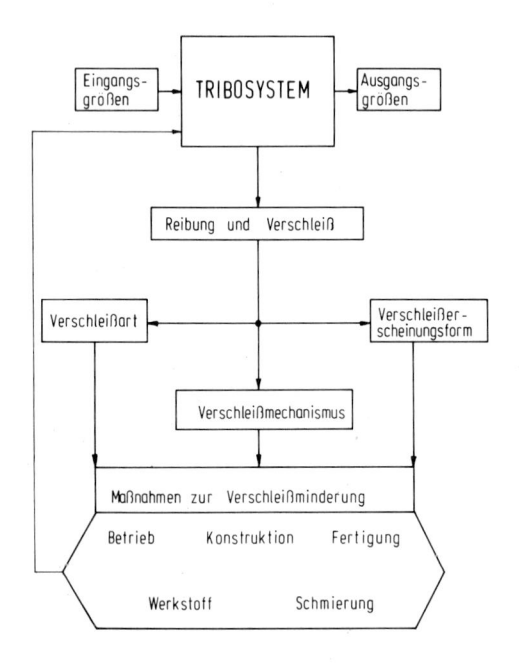

Bild 1: Entwicklung von Maßnahmen zur Verschleißminderung aus der Analyse eines tribologischen Systems.

Die Verschleißprüftechnik hat vielfältige Aufgaben, u.a. die Auslegung oder Optimierung tribologischer Systeme, die Ermittlung der Lebensdauer, die Simulation variabler Betriebsparameter und die Erforschung von Verschleißmechanismen. Betriebsversuche an verschleißbeanspruchten Bauteilen führen zu Ergebnissen, die sich unmittelbar auf die Praxis übertragen lassen. Nachteilig ist jedoch ihr hoher Kosten- und Zeitaufwand sowie die beschränkten Möglichkeiten zur Variation von Beanspruchungsparametern. Aus diesen Gründen und zur Erforschung von Verschleißmechanismen werden häufig Modellversuche im Labormaßstab durchgeführt (DIN 50322). Die Übertragbarkeit der hieraus resultierenden Ergebnisse auf bestimmte Systeme in der Praxis muß von Fall zu Fall überprüft werden.

Im Mittelpunkt der nachfolgenden Ausführungen sollen die werkstofftechnischen Aspekte bei Verschleißvorgängen stehen. Es werden Mechanismen, Modelle und die Einflüsse von Werkstoffeigenschaften am Beispiel des Gleit-, Wälz- und Furchungsverschleißes exemplarisch besprochen.

2. Gleitverschleiß

Führungen, Gleitringdichtungen, Lagerungen oder Umformwerkzeuge sind wichtige Bauteile bei denen Gleitverschleiß auftritt. Diese Verschleißart ist gekennzeichnet durch eine translatorische Relativbewegung technisch glatter Oberflächen, die im kraftschlüssigen Kontakt zueinander stehen. Als Hauptverschleißmechanismen in ungeschmierten Gleitpaarungen kommen die Adhäsion, tribochemische Reaktion und die Oberflächenzerrüttung in Betracht. Nach (4) lassen sich verschiedene Mechanismen im Gleitkontakt metallischer, keramischer und polymerer Werkstoffe unterscheiden (Bild 2). Oberflächenbeschädigungen können durch die Bildung und Trennung adhäsiver Haftverbindungen in der wahren Berührungsfläche von gepaarten Festkörpern verursacht werden (Bild 2a). Materialabtrag entsteht, wenn die Trennung der Haftverbindungen nicht in der ursprünglichen Grenzfläche der beiden Gleitpartner erfolgt. Dies ist der Fall, wenn die Trennfestigkeit der Haftverbindungen größer ist als die Kohäsionskräfte innerhalb eines oder beider Festkörper. Es kommt dann zu Materialausbrüchen oder Materialübertrag von einem auf den anderen Gleitpartner. Die Folge kann der Aufbau einer Zwischenschicht (third body layer) bestehend aus Verschleißpartikeln und/oder Reaktionsprodukten, wie Oxidteilchen, sein (Bild 2b). Die Eigenschaft dieser Zwischenschicht beeinflußt stark das weitere Reibungs- und Verschleißverhalten der Werkstoffpaarung.

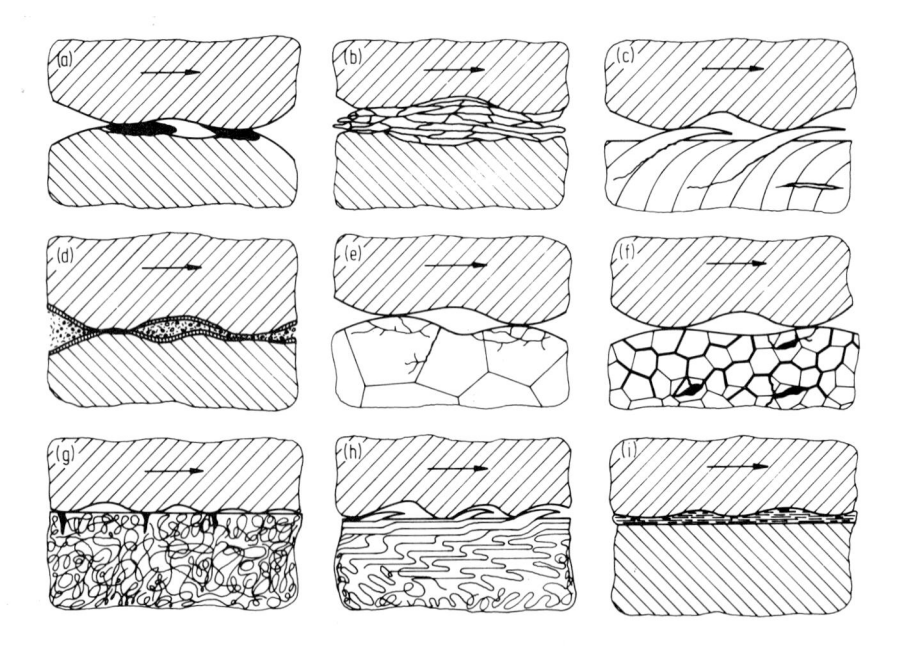

Bild 2: Mechanismen der Oberflächenschädigung beim ungeschmierten Gleitkontakt metallischer, keramischer und polymerer Werkstoffe: (a) adhäsive Haftverbindungen bei Metall, Keramik oder Polymer,(b) Zwischenschichten durch Materialübertrag bei Metall,Keramik oder Polymer,(c) Schuppen und Risse durch Akkumulation plastischer Verformung und/oder Werkstoffermüdung bei Metallen,(d) tribochemische Reaktionsschichten bei Metall und Keramik,(e) Mikrobrechen im Bereich von Oberflächenrauheiten keramischer Werkstoffe,(f) Risse an Kristallgrenzen oder Phasengrenzflächen in spröden keramischen und metallischen Werkstoffen,(g) Risse in amorphen Plastomeren,(h) Streckung, Umorientierung und Herauslösen von Molekülketten in teilkristallinen Plastomeren und (i) Zwischenschicht aus stark orientierten Molekülketten oder geschmolzenem Plastomerwerkstoff.

Reibungsbedingte Tangentialkräfte in der Kontaktfläche bewirken mehr oder minder große plastische Verformungen in duktilen metallischen Werkstoffen (Bild 2c). Wiederholter Reibkontakt führt zur Dehnungsakkumulation bis die Verformungsfähigkeit der beanspruchten Werkstoffoberfläche überschritten wird und lokale Rißbildung einsetzt. Risse können hierbei in oder unterhalb der Oberfläche entstehen. Durch Rißausbreitung bilden sich schließlich dünne, plattenförmige Verschleißteilchen (Schuppen). Abhängig vom Umgebungsmedium und der thermischen und mechanischen Aktivierung in der Kontaktfläche kommt es zum Aufbau tribochemischer Reaktionsschichten (Bild 2d). In normaler Atmosphäre sind dies Oxide auf metallischen Werkstoffen. Bei Gleitpaarungen aus Si_3N_4-Keramik wurde die Bildung einer Reaktionsschicht aus Siliziumoxid in der Gegenwart von Wasser (Luftfeuchtigkeit) beobachtet (5). Keramische Werkstoffe wie SiC, Al_2O_3 oder Si_3N_4 sind aufgrund ihrer Sprödigkeit nicht in der Lage hohe punkt- oder linienförmige Belastungen, z.B. im Mikrokontakt von Oberflächenrauheiten (Bild 2e), durch plastische Verformung abzubauen. Risse können auch in größeren Bereichen an Schwachstellen des Gefüges wie Korngrenzen oder durch Grenzflächenbruch an zweiten Phasen entstehen (Bild 2f). Amorphe Plastomere werden häufig bei Temperaturen unterhalb ihrer Glasübergangstemperatur eingesetzt. Hohe Tangentialkräfte können in diesen eingefrorenen makromolekularen Strukturen zu Oberflächenrissen führen (Bild 2g). Bei Gleitbeanspruchung oberhalb der Glasübergangstemperatur, z.B. im Fall teilkristalliner Plastomere, werden Makromolekülketten in Gleitrichtung ausgerichtet und einzelne Bündel können aus der Oberfläche herausgezogen werden (Bild 2h). Abhängig von dem molekularen Aufbau der Polymerwerkstoffe wurde bei Metall/Polymer- oder Keramik/Polymer Gleitpaarungen Materialübertrag in Form von sehr dünnen Polymerfilmen oder "klumpigen" Polymerteilchen (6) beobachtet. Hohe Gleitgeschwindigkeiten und dadurch hervorgerufene hohe Kontakttemperaturen können zu einem teilweisen oder vollständigen Aufschmelzen von Plastomeren in der Kontaktfläche führen (Bild 2i). Hierdurch bildet sich ein Film aus geschmolzenem Polymerwerkstoff als Zwischenschicht. Hohe Temperaturen im Gleitkontakt werden durch einen Gleitpartner mit geringer Wärmeleitfähigkeit begünstigt.

Häufig tritt in der Praxis nicht einer der vorstehend erläuterten Mechanismen allein, sondern eine Kombination mehrerer auf. Hierdurch wird die analytische Behandlung von Vorgängen des Gleitverschleißes sehr kompliziert. Quantitative Modelle zur Beschreibung einzelner Vorgänge wie die Bildung adhäsiver Bindungen oder reine Oberflächenzerrüttung sind bekannt. Hier wird auf das Schrifttum verwiesen (4).

Aus den dargelegten Modellen (Bild 2) wird deutlich, daß eine direkte Korrelation zwischen Volumeneigenschaften der beteiligten Werkstoffpartner und dem Verschleißbetrag nur in einigen Spezialfällen zu erwarten ist. Die Werkstoffhärte ist zwar ein Maß für die Größe der wahren Berührungsfläche aber reicht zu einer auch nur annähernd sicheren Beschreibung des Verschleißbetrages meistens nicht aus (7). Die Adhäsionsneigung zwischen Gleitpartnern hängt z.B. von den Oberflächenenergien ab, die wiederum durch Adsorptionsschichten oder den Oberflächenrauheiten beeinflußt werden. Ein Zusammenhang zwischen Verschleißbetrag und der Härte wie ihn die Archard'sche Verschleißgleichung (8) angibt kann daher nur einer formalen Beschreibung gerecht werden.

$$W_{l/s} = k_{ab} \frac{p}{H} \qquad (1)$$

Hierbei ist laut Definition (DIN 50321)

$$W_{l/s} = \frac{W_m}{\rho A s} = \frac{dh}{ds} \qquad (2)$$

$W_{l/s}$ ist die lineare Verschleißintensität, p die scheinbare Flächenpressung, H die Werkstoffhärte, W_m der massenmäßige Verschleißbetrag, ρ die Werkstoffdichte, A die Verschleißfläche und s der Verschleißweg. dh/ds bezeichnet den auf den Verschleißweg bezogenen linearen Verschleißbetrag, d.h. die Dickenabnahme eines Bauteils bezogen auf den Verschleißweg. Der Verschleißkoeffizient k_{ab} kann je nach Mechanismus u.a. auch von der Werkstoffhärte H abhängen. Unstetigkeiten im Verschleißverlauf, z.B. durch Änderungen der Verschleißmechanismen mit zunehmender Betriebszeit, können zu drastischen Zu- oder Abnahmen der linearen Verschleißintensität führen.

Das Gefüge der Werkstoffe im Gleitkontakt kann von erheblichem Einfluß auf das Verschleißverhalten sein. Dies wird aus einem Beispiel mit dem Vergleich von grauem Gußeisen mit Lamellengraphit und mit Kugelgraphit deutlich. Rac (9) ermittelte den Verschleißwiderstand von lamellarem und duktilem Gußeisen (Kugelgraphitguß) in Abhängigkeit von der Gleitgeschwindigkeit bei unterschiedlichen Belastungen in einem Stift-Scheibe-Versuch (Bild 3).

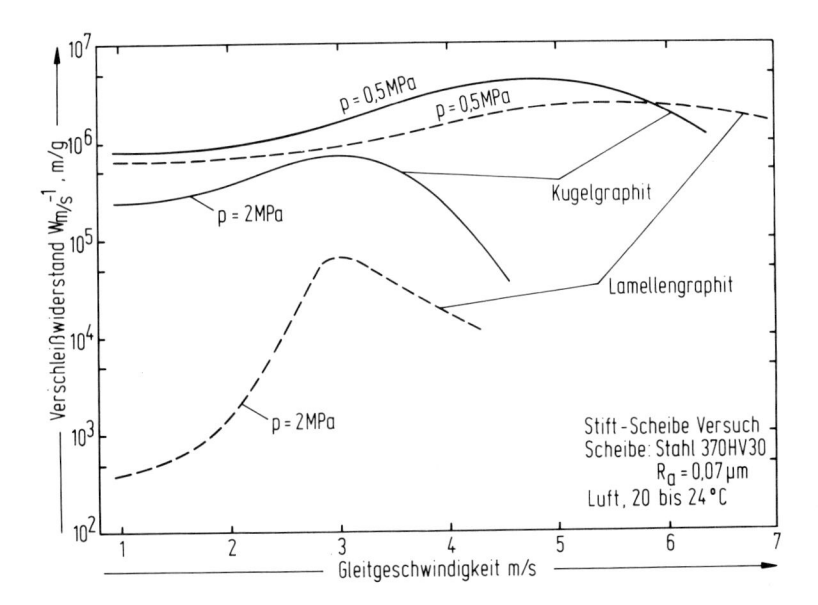

Bild 3: Verschleißwiderstand von grauen Gußeisen mit Lamellen- bzw. Kugelgraphit gemessen im ungeschmierten Gleitkontakt bei verschiedener Flächenpressung (p) in Abhängigkeit von der Gleitgeschwindigkeit. Nach Messungen von Rac (9).

Die Härte des lamellaren Gußeisens betrug 220 bis 240 HV30 und des Kugelgraphitgußeisens 260 bis 280 HV30. Beide Werkstoffe waren perlitisch mit weniger als 10 % freiem Ferrit. Bei einer Flächenpressung von 0,5 MPa verhielten sich beide Gußeisen sehr ähnlich. Oberhalb einer kritischen Belastung, d.h. bei 2 MPa, lag der Verschleißwiderstand des lamellaren Gußeisens um etwa 3 Größenordnungen tiefer, während der Verschleißwiderstand des Kugelgraphitgußeisens nur relativ geringfügig abfiel. Es zeigte sich, daß lamellares Gußeisen bei hohen Gleitgeschwindigkeiten und geringer Belastung vorteilhaft war. Die höhere Wärmeleitfähigkeit von lamellarem Gußeisen kann sich bei hohen Gleitgeschwindigkeiten günstig auswirken. Kugelgraphitgußeisen wies jedoch den höheren Verschleißwiderstand von beiden Gußeisen bei geringerer Gleitgeschwindigkeit und hohen Belastungen auf.

3. Wälzverschleiß

Wichtige Bauteile die dem Wälzverschleiß unterliegen sind Rad/Schiene-Systeme, Zahnradgetriebe und Wälzlager. Zur Beschreibung des Schmierungszustandes wird häufig die spezifische Schmierfilmdicke λ benutzt:

$$\lambda = \frac{h_{min}}{R_q^*} \qquad (3)$$

mit

$$R_q^* = (R_{q1}^2 + R_{q2}^2)^{1/2}$$

Hierbei bezeichnet h_{min} die elastohydrodynamische Schmierfilmdicke (10) und R_q^* einen Kennwert der Oberflächenrauheit der Bauteilpaarung. R_{q1} und R_{q2} sind die Mittenrauhwerte der sich berührenden Oberflächen. Die Lebensdauer von Wälzpaarungen steigt mit zunehmender spezifischer Schmierfilmdicke an. Reibungskoeffizient und Verschleißwiderstand sind im Bild 4 in Abhängigkeit von der spezifischen Schmierfilmdicke dargestellt. Zur vollständigen Trennung der Festkörperoberflächen durch einen Schmierfilm wird in Wälzkontakten eine spezifische Schmierfilmdicke $\lambda > 3$ angestrebt. Mit abnehmender spezifischer Schmierfilmdicke nimmt der Kontakt der Festkörperoberflächen zu und damit der Einfluß der beteiligten Werkstoffe. Von besonderem Interesse sind Wälzverschleißvorgänge im Gebiet von $\lambda < 1$. Als Hauptverschleißmechanismen sind bei sehr kleinen λ-Werten oder ungeschmierten Wälzpaarungen Adhäsion, tribochemische Reaktion und Oberflächenzerrüttung zu erwarten.

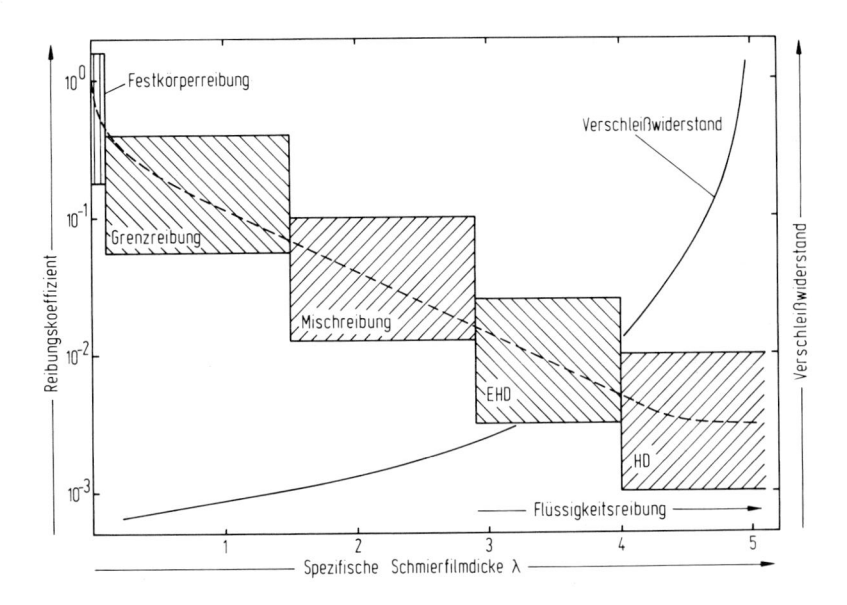

Bild 4: Schematische Darstellung des Reibungskoeffizienten und des Verschleißwiderstandes in Abhängigkeit von der spezifischen Schmierfilmdicke.

Als sekundärer Mechanismus kann die Abrasion durch Verschleißteilchen oder durch große Oberflächenrauheiten auftreten. Oberflächenzerrüttung kann zu Rissen in oder unterhalb der beanspruchten Oberflächen führen. In den letzten Jahren ist die Bedeutung von Rissen unterhalb der Oberfläche durch eine zunehmende Reinheit der eingesetzten Stähle zurückgegangen. Bild 5 zeigt verschiedene Mechanismen der Schädigung von wälzbeanspruchten Oberflächen im ungeschmierten Kontakt oder im Gebiet der Grenzreibung ($\lambda \ll 1$). Eine Wälzbeanspruchung (Rollen mit Gleitanteil) kann bei duktilen metallischen Werkstoffen zu plastischer Verformung und Ablösung von schuppenartigen Verschleißteilchen durch Oberflächenermüdung (Bild 5a) führen.

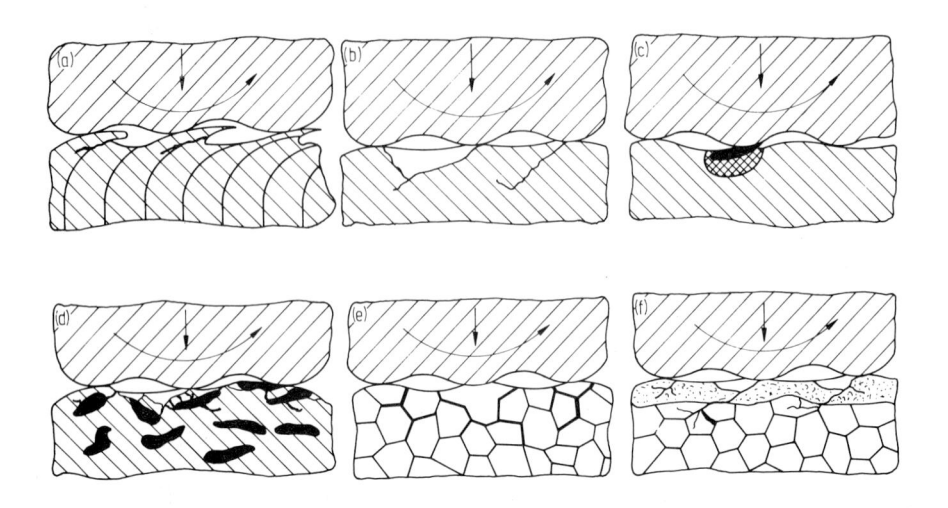

Bild 5: Mechanismen der Oberflächenschädigung durch Wälzbeanspruchung:
(a) Schuppenbildung, (b) Grübchenbildung, (c) Oberflächeneindrücke durch Fremdkörper, (d) Rißbildung an zweiten Phasen, (e) Rißbildung an Kristallgrenzen und (f) Rißbildung an tribochemischen Reaktionsschichten.

Häufig breiten sich Oberflächenrisse unter einem flachen Winkel von 15 bis 30° ins Werkstoffinnere aus und führen zu Grübchen (Pitting-Bildung, Bild 5b). Oberflächeneindrücke durch harte Verunreinigungen oder Verschleißteilchen stellen eine hohe lokale Spannungskonzentration dar (Bild 5c), von der Schädigungen bevorzugt ausgehen, wie z.B. die Bildung von Grübchen. Größere zweite Phasen, wie Karbide oder Einschlüsse, begünstigen durch Teilchen- und/oder Grenzflächenbruch Materialausbrüche (Bild 5d). In spröden Werkstoffen können Schwachstellen im Gefüge, wie Korngrenzen, aufreißen oder bereits vorhandene Risse in Härtungsgefügen bei Stählen oder in keramischen Werkstoffen unterkritisch wachsen und zu Materialausbrechungen durch Ermüdung beitragen (Bild 5e).

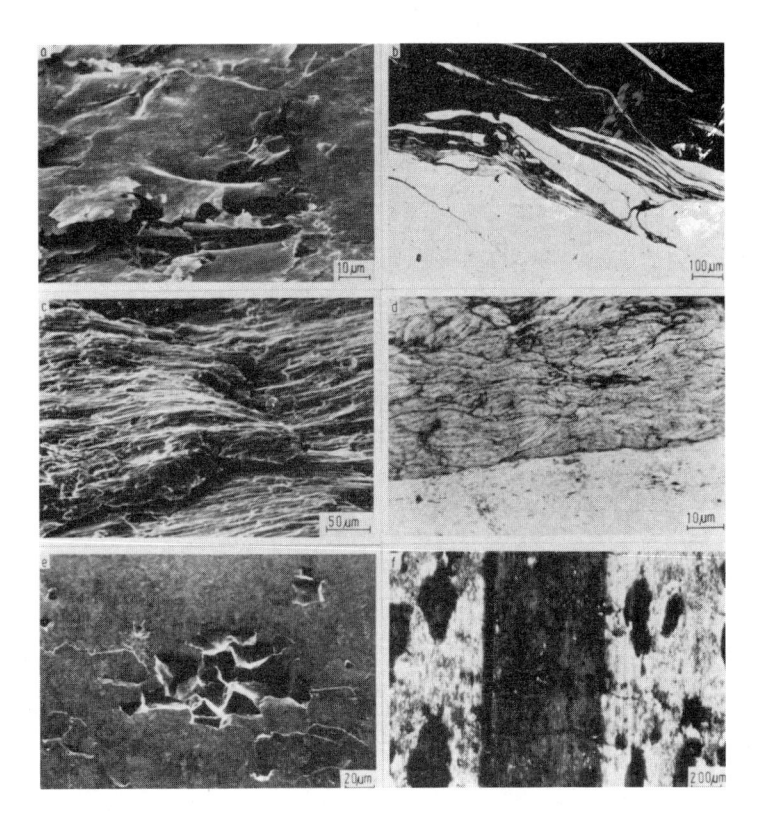

Bild 6: Rasterelektronen- und lichtmikroskopische Aufnahmen von durch Wälzbeanspruchung geschädigten Stahloberflächen (λ= 0,04 Amsler Tribometer A 135, Zweischeiben Prüfstand):(a) Schuppenbildung auf einer Lauffläche und (b) metallographischer Querschliff an martensitischen Gefügen des Stahls 17CrNiMo6, (c) Materialübertrag durch adhäsive Haftverbindungen und (d) metallographischer Querschliff durch die Transferschicht an bainitischen Gefügen des Stahles 17CrNiMo6,(e) Grübchen auf Laufflächen des Stahls 90MnCrV8 durch Rißausbreitung längs ehemaliger Austenitkorngrenzen und (f) tribochemisch gebildete Reaktionsschichten auf der Lauffläche des martensitischen Stahls 90MnCrV8.

Abhängig von den Umgebungs- und Beanspruchungsbedingungen sowie den beteiligten Werkstoffen können Reaktionsschichten tribochemisch gebildet werden (Bild 5f). Festhaftende, dünne Schichten erhöhen bei ausreichender mechanischer Stabilität die Lebensdauer von Wälzpaarungen.

Bild 6 zeigt rasterelektronen- und lichtmikroskopische Aufnahmen von Verschleißerscheinungsformen beim Wälzverschleiß. Der schon beim Gleitverschleiß besprochene Materialübertrag zwischen den Gleitpartnern aufgrund starker Adhäsionsneigung bei unzureichender Schmierung ist im Bild 6c erkennbar. Ein metallographischer Querschliff durch die Zwischenschicht, bestehend aus metallischen und oxidischen Verschleißteilchen, ist im Bild 6d wiedergegeben. Man erkennt die hohe Anzahl von Poren und Rissen, die auf den nur losen Zusammenhalt der Verschleißpartikel in der Übertragungsschicht hinweisen.

In einem Zweischeiben-Prüfstand der Bauart Amsler A 135 wurden Wälzverschleißversuche mit 10% Schlupf an einem Stahl 17 CrNiMo6 durchgeführt. Hierzu wurden bainitische (isotherm umgewandelt) und martensitische Gefüge gleicher Härte hergestellt. Die experimentellen Bedingungen wurden so gewählt, daß sich eine maximale Hertz'sche Pressung von 1221 MPa und eine spezifische Schmierfilmdicke beim Beginn der Versuche von $\lambda = 0,028$ ergab. Allgemein kann der Ausfall von Wälzpaarungen durch unterschiedliche Kriterien bedingt sein, z.B. durch das Überschreiten von Grenzwerten der prozentualen Grübchenfläche, der Massenabnahme oder eines Schwingungspegels. Im Bild 7 ist die relative Lebensdauer der Wälzpaarungen des Stahls 17 CrNiMo6 in Abhängigkeit von den Gefügehärten dargestellt. Als Ausfallkriterium wurde das Überschreiten eines Schwingungspegels (Pegelwächter) bzw. eine Massenabnahme der Probenpaare von 200 mg gewählt. Die Ergebnisse zeigen für beide Ausfallkriterien daß die Lebensdauer bei den martensitischen Rollenpaaren in erster Näherung linear mit der Gefügehärte zunahm. Im Gegensatz hierzu war bei den bainitischen Prüfrollen kein Einfluß der Gefügehärte erkennbar. Das weichere bainitische Gefüge wies die gleiche oder sogar eine höhere Lebensdauer auf als das härtere bainitische Gefüge.

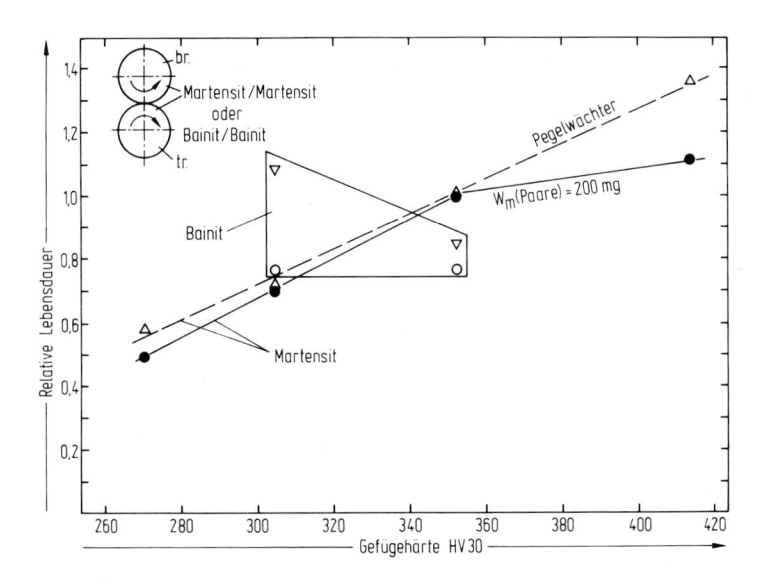

Bild 7: Relative Lebensdauer im Zweischeiben-Wälzversuch bei Mangelschmierung (Amsler Typ A 135, λ = 0,028, p_{max}= 1221 MPa, 10% Schlupf) in Abhängigkeit von der Härte bainitischer und martensitischer Gefüge des Stahles 17CrNiMo6.

Bild 8 zeigt bremsende und treibende Prüfrollen mit martensitischem und bainitischem Gefüge nach ihrem Ausfall. Aus den Verschleißerscheinungsformen geht hervor, daß unterschiedliche Mechanismen zum Ausfall der jeweiligen Prüfrollen führten. Die martensitischen Gefüge versagten durch Schuppenbildung (Bild 5a und 6a), die bainitischen Gefüge dagegen durch Materialübertrag aufgrund von adhäsiven Haftverbindungen (Bilder 2a,2b und 6c,6d). Nach der isothermen Zwischenstufenumwandlung der bainitischen Gefüge kann ein merklicher Restaustenitanteil vorliegen. Röntgenographische Untersuchungen zeigten, daß das härtere bainitische Gefüge einen Restaustenitanteil von ca. 10 % aufwies, während bei allen anderen Gefügen röntgenographisch kein Restaustenit nachweisbar war. Unter den gewählten Versuchsbedingungen (λ = 0,028) führte der Restaustenit zu erhöhter Adhäsionsneigung und setzte dadurch die Lebensdauer (Bild 7) im Vergleich zu gleichharten martensitischen Gefügen herab.

Bild 8: Martensitische (a bis d) und bainitische (e bis h) treibende (c,d,g,h) und bremsende (a,b,e,f) Prüfrollen des Stahles 17CrNiMo6 nach Ausfall im Zweischeiben- Wälzversuch (Amsler Typ A 135) bei Mangelschmierung (λ = 0,028).

Dieses Beispiel veranschaulicht, daß ein deutlicher Einfluß der Gefügehärte auch bei Wälzpaarungen nicht generell erwartet werden kann, sondern abhängig ist vom jeweiligen Verschleißmechanismus.

4. Furchungsverschleiß

Mischer, Rührer, Extruderschnecken in der Kunststoffverarbeitung, Rutschen, Baggerzähne, Prall- und Backenbrecher sind Beispiele für Bauteile und Anlagen, die dem Furchungsverschleiß unterliegen. Diese Verschleißart wird bestimmt durch den Verschleißmechanismus der Abrasion. Ein hartes Teilchen (Mineral, Verschleißteilchen, Fremdkörper) dringt in die Oberfläche des Grundkörpers ein und erzeugt durch die Relativbewegung eine Verschleißfurche.

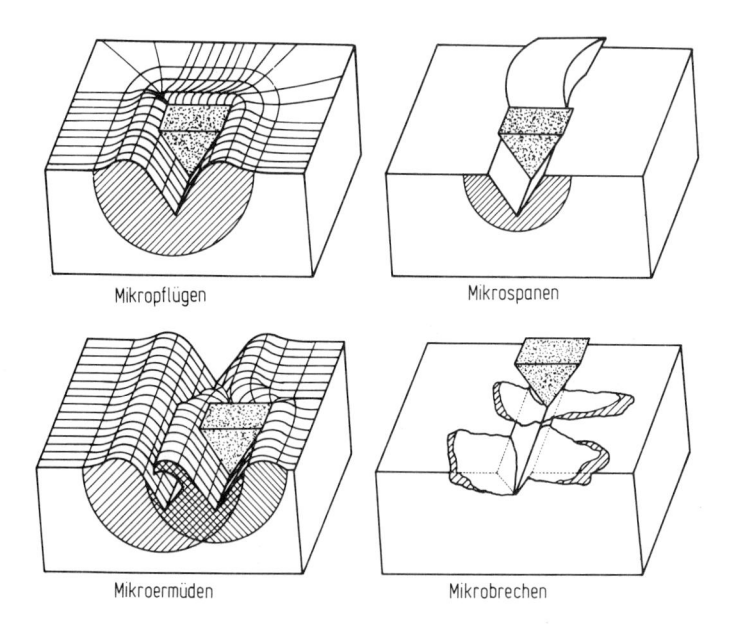

Bild 9: Wechselwirkung zwischen einem abrasiv wirkenden Teilchen und einer Werkstoffoberfläche beim Furchungsverschleiß (a) Mikropflügen, (b) Mikrospanen, (c) Mikroermüden und (d) Mikrobrechen.

Man unterscheidet nach Bild 9 vier verschiedene Wechselwirkungen zwischen den abrasiv wirkenden Teilchen und dem verschleißenden Werkstoff. Das Mikropflügen ist dadurch gekennzeichnet, daß der Werkstoff unter der Wirkung des abrasiven Teilchens stark plastisch verformt und zu den Furchungsrändern aufgeworfen wird. Beim idealen Mikropflügen tritt bei einmaliger abrasiver Beanspruchung durch ein einzelnes abrasives Teilchen kein Werkstoffabtrag auf. Infolge von Werkstoffermüdung durch eine wiederholte mikropflügende Beanspruchung der Oberfläche durch viele abrasive Teilchen kann jedoch ein Materialabtrag erfolgen. Beim Mikrospanen bildet sich vor dem gleitenden abrasiven Teilchen ein

Span, dessen Volumen im Idealfall gleich dem Volumen der entstehenden Verschleißfurche ist. Das Mikrobrechen tritt bei spröden Werkstoffen, z.B. gehärteten Stählen oder technischer Keramik, auf. Oberhalb einer kritischen Belastung kommt es durch Rißbildung und Rißausbreitung zu größeren Materialausbrüchen längs der Verschleißfurche.

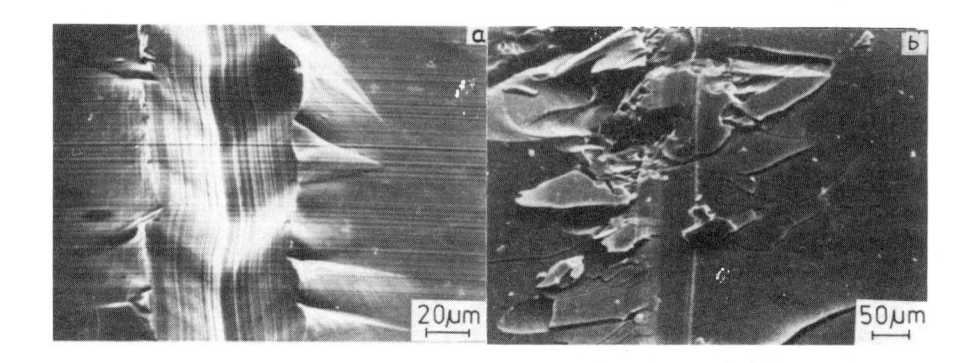

Bild 10: Verschleißspuren durch abrasive Furchung auf (a) austenitischem Stahl und (b) keramischem Glas.

Bild 10 zeigt Verschleißfurchen auf einem duktilen austenitischen Stahl und einem spröden keramischen Glas. Mikropflügen und Mikrospanen waren bei dem austenitischen Stahl und Mikrospanen und Mikrobrechen bei dem keramischen Glas wirksam.

Allgemein wird die Härte des verschleißenden Werkstoffs als entscheidendes Kriterium für den Widerstand gegen Furchungsverschleiß angesehen. Eine wirksame Methode einer Verschleißminderung ergibt sich, wenn die Härte der verschleißenden Werkstoffoberfläche erhöht werden kann, so daß sie die Härte des angreifenden Minerals übersteigt. Hierdurch kann es zu einem Übergang von einer Verschleißhochlage in eine Tieflage kommen. Leider ist die Möglichkeit in vielen praktischen Fällen nicht gegeben, da z.B. gehärtete Stähle weicher sind als das in der Natur häufigste

Mineral, nämlich Quarz. Viele Untersuchungen haben gezeigt, daß die Werkstoffhärte allein nicht zur Beschreibung des Widerstandes gegen Furchungsverschleiß ausreicht (11,12). Eine Kaltverfestigung oder Ausscheidungshärtung kann die Werkstoffhärte stark erhöhen, hat jedoch keinen oder nur einen sehr mäßigen Einfluß auf den Verschleißwiderstand gegen ein hartes Mineral. Die Härte des verschleißenden Werkstoffs bestimmt zwar die Eindringtiefe des abrasiven Gegenkörpers, sie erfaßt jedoch nicht die Vorgänge der Materialabtragung. Bild 11 zeigt Verformung und Materialabtragung vor einem gleitenden abrasiven Gegenkörper an verschiedenen Werkstoffen.

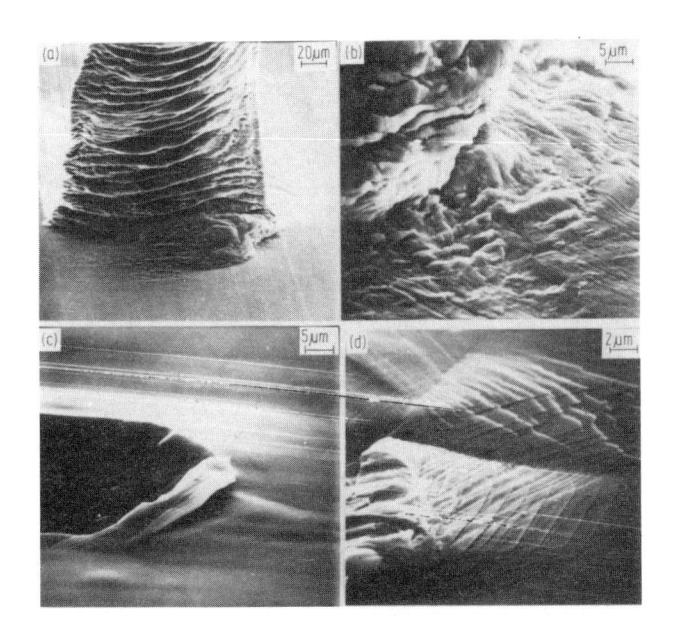

Bild 11: Furchung durch einen Diamantreiter belastet mit 2N auf (a,b) Zink und (c,d) Ti-8,5 Al.

Während auf Zink Materialaufwerfungen an den Furchungsrändern verbunden mit ausgeprägter plastischer Verformung sichtbar waren, kam es an der Titanlegierung leicht zur Spanbildung. Entscheidend für den Widerstand gegen Furchungsverschleiß ist neben der Härte die jeweilige Wechselwirkung (Bild 9), wobei in der Praxis bei duktilen Werkstoffen eine Kombination von Mikropflügen und Mikrospanen auftritt (Bild 10).

Die relativen Anteile von Mikropflügen und Mikrospanen können durch den f_{ab}-Wert (Bild 12) erfaßt werden.

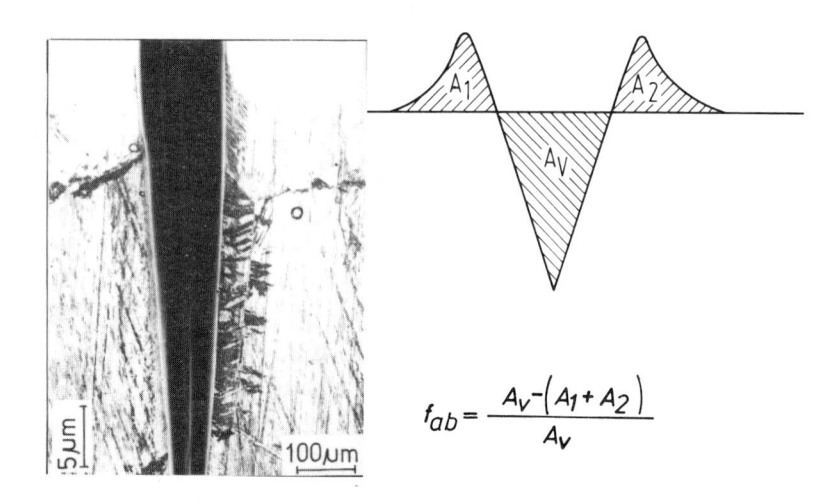

$$f_{ab} = \frac{A_v - (A_1 + A_2)}{A_v}$$

Bild 12: Metallographische Schrägschliffe (2 bis 3°) durch Verschleißfurchen auf Messing und Definition des f_{ab}-Wertes.

f_{ab} nimmt den Wert 0 beim idealen Mikropflügen und den Wert 1 beim idealen Mikrospanen an. $f_{ab} > 1$ tritt beim Mikrobrechen auf. Der f_{ab}-Wert wurde an einer großen Anzahl von duktilen, metallischen Werkstoffen, mit Hilfe von metallographischen Schrägschliffen durch Verschleißfurchen, experimentell bestimmt (13,14). Ein theoretisches Modell, das quantitativ die Größe des f_{ab}-Wertes angibt wurde in (4) veröffentlicht. Hiernach ist der f_{ab}-Wert gegeben durch:

$$f_{ab} = 1 - \exp\left[-\frac{2}{\beta} \ln\left(\frac{\varphi_s}{\varphi_{lim}}\right)\right] \tag{4}$$

φ_s gibt die effektive Oberflächenverformung, φ_{lim} die Verformungsfähigkeit des Werkstoffs unter der gegebenen Beanspruchung und ß die Abnahme der Verformung unterhalb der beanspruchten Oberfläche an. ß hängt damit im wesentlichen von der Werkstoffverfestigung ab. In einem gegebenen Beanspruchungssystem wird der f_{ab}-Wert hauptsächlich durch die Verformungsfähigkeit des verschleißenden Werkstoffs bestimmt. Hohe Verformungsfähigkeit unter der abrasiven Beanspruchung führt zu niedrigen f_{ab}-Werten. Unter Benutzung dieses Modells errechnet sich der Verschleißbetrag durch Furchung (Mikropflügen/Mikrospanen) aus:

$$W_{l/s} = \Phi \cdot f_{ab} \cdot \frac{p}{H_{def}} \qquad (5)$$

wobei Φ von der Geometrie der abrasiven Teilchen abhängt. H_{def} beschreibt die Härte des verschleißenden Werkstoffs im verformten Zustand (Härte von Verschleißteilchen) und p die scheinbare Flächenpressung.

Bild 13 macht deutlich, daß das f_{ab}-Modell zu einem wesentlichen Fortschritt im Verständnis des Furchungsverschleißes beiträgt. Die Verschleißwiderstände verschiedener reiner Metalle, eines austenitischen Stahls, eines Kaltarbeitsstahls, eines martensitisch aushärtbaren Stahls und verschiedener Gefüge von Manganhartstählen lassen sich nicht durch die Werkstoffhärte HV30 kennzeichnen (Bild 13a). Einen nahezu gleichen Verschleißwiderstand wiesen der weiche austenitische Stahl X5CrNi18 8 und der Kaltarbeitsstahl 90MnCrV8 unter den gewählten experimentellen Bedingungen auf, obwohl die Härte sehr unterschiedlich war. Auch die Härte im verfestigten Werkstoffzustand ergab keine entscheidende Verbesserung. Benutzt man jedoch entsprechend der Gleichung 5 das Verhältnis aus der Härte von Verschleißteilchen und dem f_{ab}-Wert, so ergibt sich in guter Näherung ein linearer Zusammenhang (Bild 13b). Hierbei ist noch zu berücksichtigen, daß die f_{ab}-Werte aus Ritzversuchen mit einem Diamanten experimentell ermittelt wurden. Dies stellt nur eine Näherung zu den Vorgängen im Schleifpapierverfahren dar.

Bild 13: Abrasiver Verschleißwiderstand ein- und mehrphasiger Werkstoffe im Schleifpapierverfahren gegen 80er SiC in Abhängigkeit von (a) der Gefügehärte und (b) dem Quotienten aus der Härte von Verschleißteilchen und dem f_{ab}-Wert (Ritzversuch mit einem Diamanten).

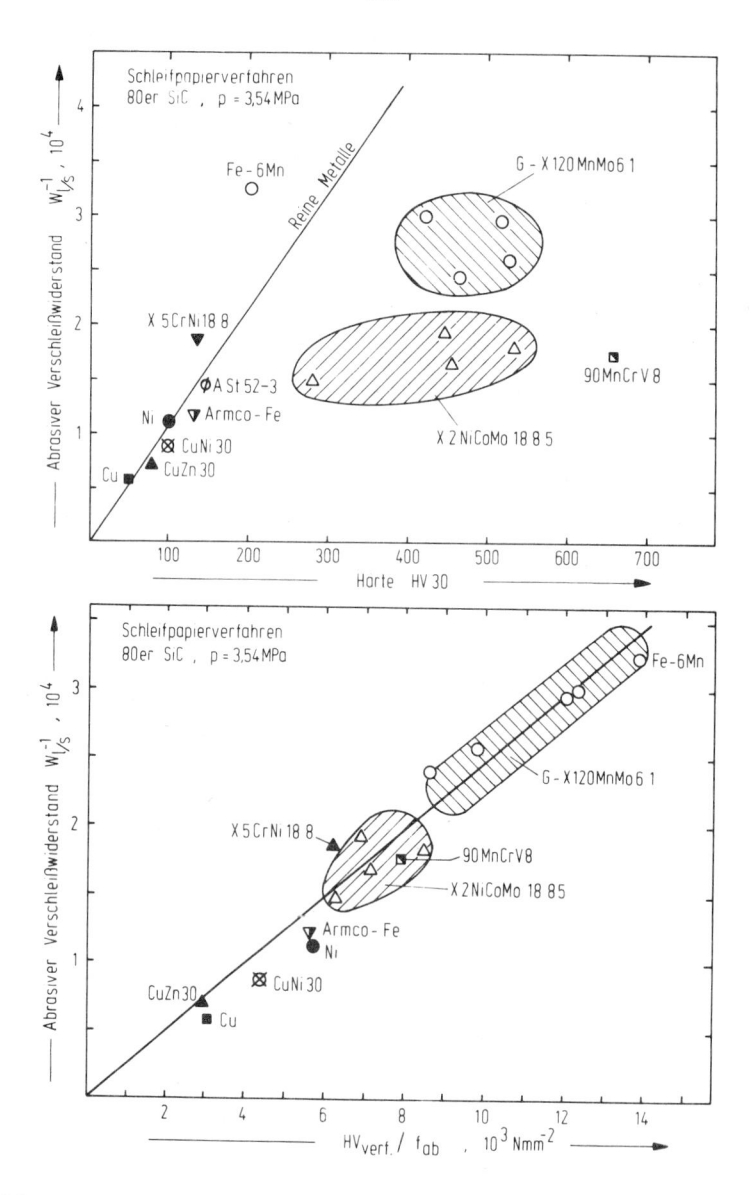

φ_s gibt die effektive Oberflächenverformung, φ_{lim} die Verformungsfähigkeit des Werkstoffs unter der gegebenen Beanspruchung und ß die Abnahme der Verformung unterhalb der beanspruchten Oberfläche an. ß hängt damit im wesentlichen von der Werkstoffverfestigung ab. In einem gegebenen Beanspruchungssystem wird der f_{ab}-Wert hauptsächlich durch die Verformungsfähigkeit des verschleißenden Werkstoffs bestimmt. Hohe Verformungsfähigkeit unter der abrasiven Beanspruchung führt zu niedrigen f_{ab}-Werten. Unter Benutzung dieses Modells errechnet sich der Verschleißbetrag durch Furchung (Mikropflügen/Mikrospanen) aus:

$$W_{1/s} = \Phi \cdot f_{ab} \cdot \frac{p}{H_{def}} \qquad (5)$$

wobei Φ von der Geometrie der abrasiven Teilchen abhängt. H_{def} beschreibt die Härte des verschleißenden Werkstoffs im verformten Zustand (Härte von Verschleißteilchen) und p die scheinbare Flächenpressung.

Bild 13 macht deutlich, daß das f_{ab}-Modell zu einem wesentlichen Fortschritt im Verständnis des Furchungsverschleißes beiträgt. Die Verschleißwiderstände verschiedener reiner Metalle, eines austenitischen Stahls, eines Kaltarbeitsstahls, eines martensitisch aushärtbaren Stahls und verschiedener Gefüge von Manganhartstählen lassen sich nicht durch die Werkstoffhärte HV30 kennzeichnen (Bild 13a). Einen nahezu gleichen Verschleißwiderstand wiesen der weiche austenitische Stahl X5CrNi18 8 und der Kaltarbeitsstahl 90MnCrV8 unter den gewählten experimentellen Bedingungen auf, obwohl die Härte sehr unterschiedlich war. Auch die Härte im verfestigten Werkstoffzustand ergab keine entscheidende Verbesserung. Benutzt man jedoch entsprechend der Gleichung 5 das Verhältnis aus der Härte von Verschleißteilchen und dem f_{ab}-Wert, so ergibt sich in guter Näherung ein linearer Zusammenhang (Bild 13b). Hierbei ist noch zu berücksichtigen, daß die f_{ab}-Werte aus Ritzversuchen mit einem Diamanten experimentell ermittelt wurden. Dies stellt nur eine Näherung zu den Vorgängen im Schleifpapierverfahren dar.

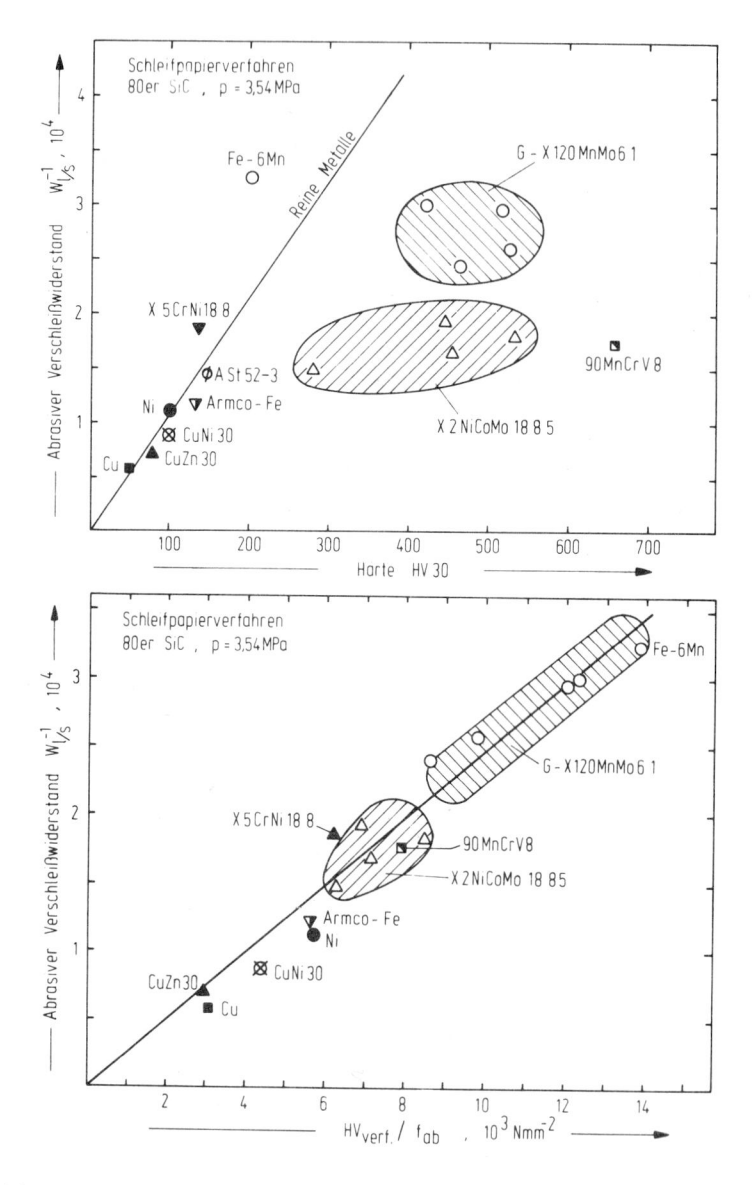

Bild 13: Abrasiver Verschleißwiderstand ein- und mehrphasiger Werkstoffe im Schleifpapierverfahren gegen 80er SiC in Abhängigkeit von (a) der Gefügehärte und (b) dem Quotienten aus der Härte von Verschleißteilchen und dem f_{ab}-Wert (Ritzversuch mit einem Diamanten).

Bild 14 zeigt, daß der Widerstand von Polymerwerkstoffen gegen Furchungsverschleiß nicht durch ihre Kugeleindruckhärte beschrieben werden kann. Die derzeitig vorliegenden Ergebnisse deuten darauf hin, daß das Produkt aus der Furchungstiefe und dem f_{ab}-Wert eine sinnvolle Kenngröße zur Beschreibung des Furchungsverschleißes von Polymerwerkstoffen sein könnte.

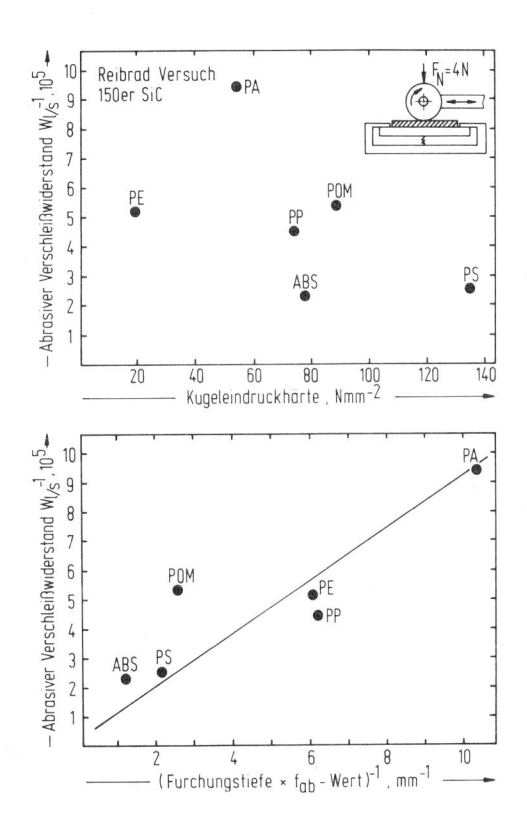

Bild 14: Widerstand von Polymerwerkstoffen gegen Furchungsverschleiß (Erichsen Reibradversuch) aufgetragen über (a) Kugeleindruckhärte und (b) dem Produkt aus der Furchungstiefe und dem f_{ab}-Wert.

Aus dem f_{ab}-Modell ergibt sich ein neues Verständnis (Bild 15) über die Mechanismen und Einflußfaktoren beim Furchungsverschleiß in der Verschleißhochlage,d.h. gegen ein hartes Mineral.Neben der Werkstoffhärte ist die Verformungsfähigkeit des verschleißenden Werkstoffs zu berücksichtigen. Werkstoffe mit hoher Verformungsfähigkeit (reine Metalle) weisen einen geringen f_{ab}-Wert auf und liegen im Bild 15 auf einer Geraden mit großer Steigung, d.h. eine geringe Zunahme in der Werkstoffhärte führt zu einem erheblichen Gewinn im Verschleißwiderstand. Spröde Werkstoffe wie gehärtete Stähle oder technische Keramik liegen auf einer Geraden mit geringer Steigung.

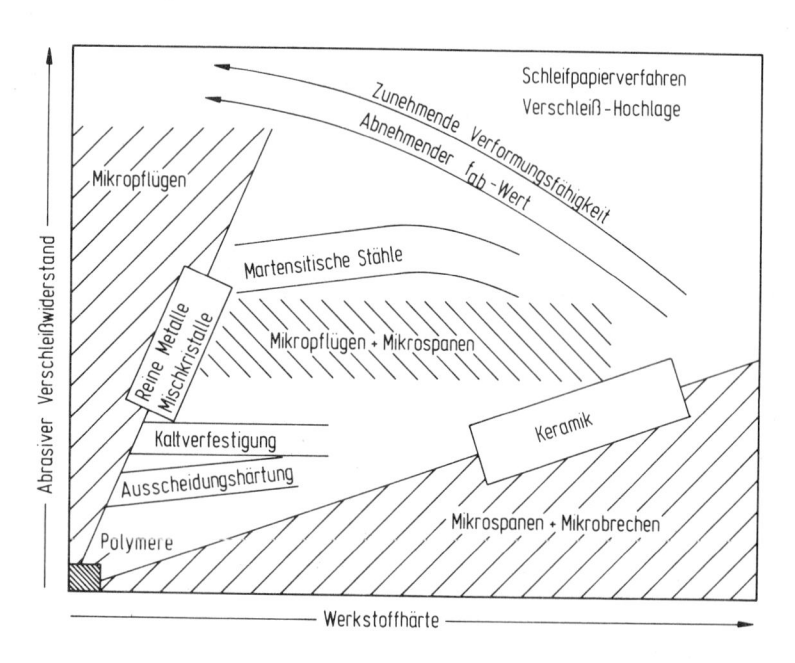

Bild 15: Schematische Darstellung des abrasiven Verschleißwiderstandes in der Hochlage und der Verschleißmechanismen verschiedener Werkstoffe aufgetragen über die Werkstoffhärte.

Mit zunehmender Sprödigkeit des verschleißenden Werkstoffs besteht die Gefahr, daß Mikrobrechen oberhalb einer kritischen Belastung auftritt. Diese kritische Belastung läßt sich in einfachen Systemen abschätzen (12):

$$P_{crit} = C_1 \cdot \frac{\lambda^* \cdot K_{IIc}^2}{D_{ab}^2 \cdot H \cdot \mu^2} \tag{6}$$

Die lineare Verschleißintensität durch Mikrobrechen ist gegeben durch:

$$W_{1/s} = C_2 \cdot A_f \cdot D_{ab}^n \cdot \frac{p^{3/2} \cdot H^{1/2}}{K_{Ic}^2} \cdot \mu^2 \cdot \Omega \tag{7}$$

mit

$$\Omega = [1-\exp(-\sqrt{\frac{p}{p_{crit}}})]$$

Hierbei sind C_1 und C_2 Faktoren, welche von der Geometrie der abrasiven Teilchen abhängen und von der Form der entstehenden Risse. λ^* ist die mittlere freie Weglänge zwischen inneren Kerben (Poren, Risse, versprödete Korngrenzen, Graphitteilchen). A_f ist der Flächenanteil oder die Dichte von inneren Kerben, μ der Reibungskoeffizient, D_{ab} die Größe der abrasiven Teilchen und K_{Ic}, K_{IIc} die Bruchzähigkeit des verschleißenden Werkstoffs entsprechend den Belastungsarten I oder II. Der Exponent n wird 1 in dem Fall von Rissen und 3 in dem Fall von Korngrenzen als innere Kerben. Es ist nicht das Ziel dieser quantitativen Beziehungen exakt die kritische Belastung und den Anteil durch Mikrobrechen an der Verschleißintensität in komplexen Tribosystemen anzugeben. Die Gleichungen sollen vielmehr die wichtigsten Einflußgrößen und ihre Bedeutung für das Mikrobrechen aufzeigen.

Eine qualitative Überprüfung dieser Modelle wurde an Härtungsgefügen des Kaltarbeitsstahls 90MnCrV8 vorgenommen. Bild 16 zeigt die unterschiedliche Verteilung von Härtungsrissen an Martensitlamellen bzw. an ehemaligen Austenitkorngrenzen. Die Rißdichte wurde durch geeignete thermische und thermomechanische Behandlungen variiert. Der Verschleiß wurde gegen zwei unterschiedliche Mineralgrößen (220er und 80er SiC) und bei zwei unterschiedlichen

Belastungen (p = 2,32 MPa und p = 9,26 MPa) im Schleifpapierverfahren ermittelt (Bild 17).

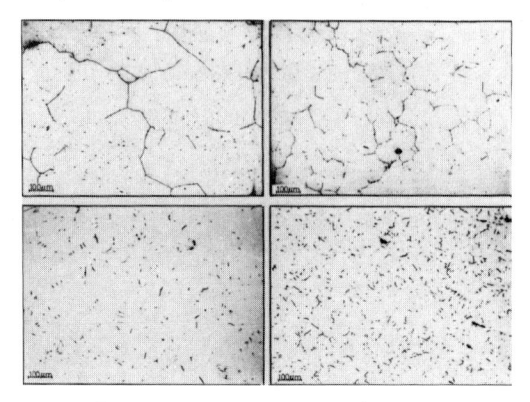

Bild 16: Unterschiedliche Rißverteilung an Martensitnadeln und ehemaligen Austenitkorngrenzen nach Härtung des Kaltarbeitstahls 90MnCrV8.

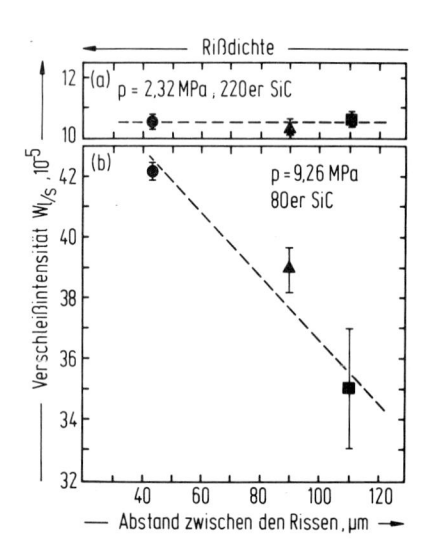

Bild 17: Abrasive Verschleißintensität rißbehafteter Gefüge (s. Bild 16) des Stahles 90MnCrV8 im Schleifpapierverfahren unter (a) milder und (b) schwerer Beanspruchung in Abhängigkeit von dem Abstand zwischen Mikrorissen (bzw. der Rißdichte).

Im Fall der geringeren Flächenpressung und des feineren Minerals wurde kein Einfluß der Rißdichte auf den Verschleißbetrag festgestellt. Wurde die Belastung jedoch erhöht, d.h. die kritische Belastung (Gl.6) wurde überschritten, so nahm der Verschleißbetrag mit abnehmender Rißdichte bzw. zunehmendem Abstand zwischen den Rissen deutlich ab. Dieses Ergebnis ist in Übereinstimmung mit den theoretischen Modellen.

5. Auslegung verschleißbeanspruchter Bauteile

Für die Funktionsfähigkeit vieler technischer Anlagen ist die Abschätzung der Lebensdauer verschleißbeanspruchter Bauteile von großer Wichtigkeit. Bild 18 zeigt, daß nur für den Verschleißmechanismus der Abrasion, wie er beim Furchungsverschleiß duktiler Werkstoffe auftritt, ein linearer Verschleißverlauf zu erwarten ist.

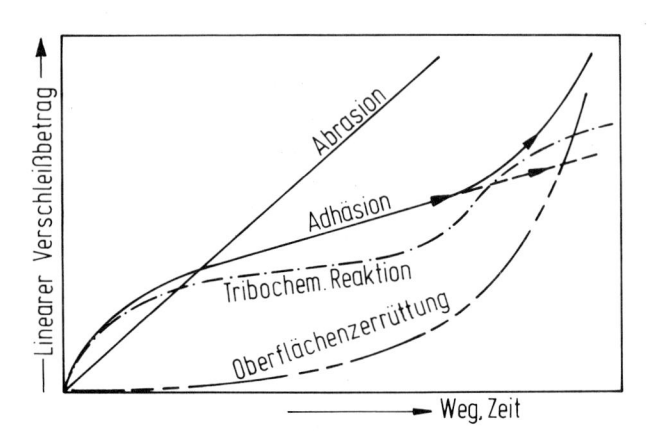

Bild 18: Verschleißbetrag als Funktion der Betiebszeit oder des Verschleißweges für die vier Hauptverschleißmechanismen.

Die Oberflächenzerrüttung, z.B. beim Wälzverschleiß, setzt erst nach einer mehr oder minder ausgeprägten Inkubationsphase ein. Häufig schreitet der Verschleiß dann jedoch progressiv fort und führt zu einem relativ raschen Ausfall des Bauteils. Bei Gleitpaarungen beobachtet man in der Praxis vielfach einen erhöhten Verschleiß in der Einlaufphase, die durch eine stationäre Phase mit annähernd linear ansteigendem Verschleißbetrag abgelöst wird. Der Ausfall einer Gleitpaarung kann plötzlich eintreten, wenn eine Änderung im Mechanismus, z.B. durch Fressen als Folge adhäsiver Haftverbindungen, erfolgt. Eine Änderung im Verschleißmechanismus kann durch viele Faktoren mit zunehmender Beanspruchungszeit eintreten, u.a. durch eine Zunahme der Oberflächenrauheit, eine Erwärmung der Oberfläche, eine Erhöhung der Belastung, durch Werkstoffinhomogenitäten, durch eine Änderung der Umgebungsbedingungen oder durch Alterung von Schmierstoffen als Folge chemischen Abbaus oder Verunreinigungen. Bild 19 zeigt für den Furchungsverschleiß die Zunahme der Verschleißintensität mit der Flächenpressung.

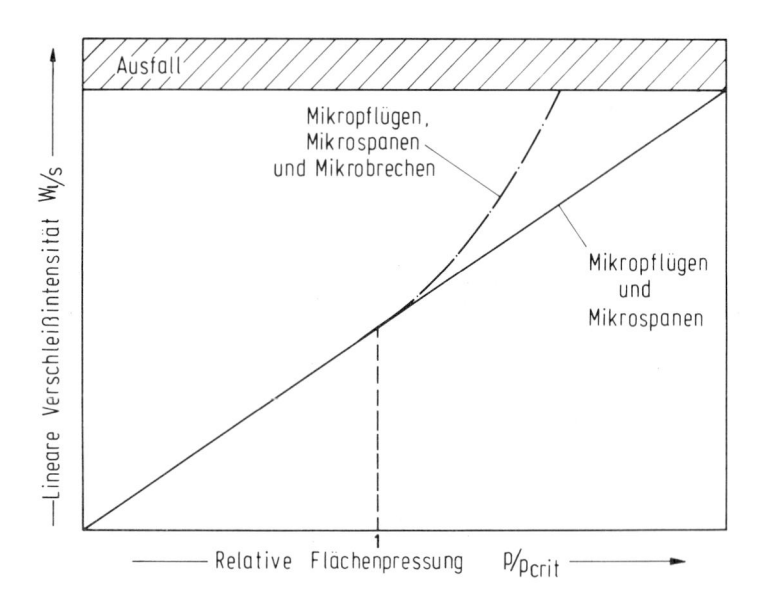

Bild 19: Zunahme der Verschleißintensität mit der Flächenpressung bei verschiedenen Mechanismen des Furchungsverschleißes.

Unterhalb der kritischen Belastung steigt die Verschleißintensität linear mit zunehmender Belastung an. Das Überschreiten der kritischen Belastung führt jedoch zu einem drastischen Anstieg der Verschleißintensität und damit zum Ausfall des Bauteils. Ähnliche Vorgänge kann man bei metallischen Gleitpaarungen beobachten, wenn tribochemisch gebildete Reaktionsschichten durch eine zunehmende Belastung mechanisch versagen und ein rein metallischer Kontakt zum Fressen führt.

Zu den wichtigen Aufgaben der Verschleißforschung gehört es, Beiträge zu einem besseren Verständnis und zu einer möglichst quantitativen Abschätzung dieser Übergänge in den Verschleißmechanismen zu liefern. Die möglichen Änderungen in den Verschleißmechanismen mit zunehmender Betriebszeit und die dadurch bedingten Unstetigkeiten im Verschleißverlauf gefährden die sichere Auslegung verschleißbeanspruchter Bauteile.

6. Literatur

(1) BMFT-Report: Damit Rost und Verschleiß nicht Milliarden fressen. BMFT, Bonn 1984.
(2) BMFT: Tribologie. Forschungsbericht BMFT-FBT 76-38, München 1976.
(3) H. Czichos: Tribologie - internationaler Stand von Forschung und Entwicklung. Tribologie + Schmierungstechnik, 33 (1986) 2-9.
(4) K.H. Zum Gahr: Microstructure and Wear of Materials. Elsevier, Amsterdam 1987.
(5) T.E. Fischer and H. Tomizawa: Interaction of tribochemistry and microfracture in the friction and wear of silicon nitride. Wear, 105 (1985) 29-45.
(6) B.J. Briscoe and D. Tabor: The sliding wear of polymers: a brief review, in Fundamentals of Tribology. Suh, N.P. and Saka, N., eds., MIT Press, Cambridge 1980, pp. 733-765.
(7) K.H. Habig: Verschleiß und Härte von Werkstoffen. Hanser Verlag, München 1980.
(8) F. Archard: Contact and rubbing of flat surfaces. J. Appl. Phys., 24 (1953) 981-988.

(9) A. Rac: Influence of load and speed on wear characteristics of grey cast iron in dry sliding-selection for minimum wear. Tribol. Int., 18(1985) 29-33.

(10) D. Dowson and G.R. Higginson:Elastohydrodynamic Lubrication. Pergamon Press, Oxford 1966.

(11) M.A. Moore: The relationship between the abrasive wear resistance hardness and microstructure of ferritic materials. Wear, 28 (1974) 59-68.

(12) K.H. Zum Gahr: Abrasiver Verschleiß metallischer Werkstoffe. Fortschr.-Ber. VDI Reihe 5, Nr. 57, Düsseldorf 1981.

(13) D. Mewes and K.H. Zum Gahr:Abrasivverschleiß duktiler Metalle, in Werkstoffprüfung 1984, DVM, Berlin 1985, S.403-415.

(14) D. Mewes: Einfluß der relativen Anteile von Mikrospanen zu Mikropflügen auf den abrasiven Verschleißwiderstand duktiler Metalle. Fortschr.-Ber. VDI Reihe 5, Nr. 101, Düsseldorf 1986.

Metallkundliche Aspekte des Verschleißverhaltens von Bauteilen im Kraftfahrzeugbau

K. H. Matucha und Th. Steffens, Metall-Laboratorium der Metallgesellschaft AG, Frankfurt (M)

1. Einleitung

Wenn man mit einem Kraftfahrzeug fährt, merkt man praktisch nicht, daß während der Fahrt eine Reihe von Bauteilen des Kraftfahrzeugs auf Verschleiß beansprucht wird. Obwohl die Bauteile nach DIN 50 320 "einem fortschreitenden Materialverlust" unterworfen sind, bleiben sie dennoch über lange Zeiten funktionstüchtig. Den Werkstoffentwicklern und Bauteilherstellern ist es offenbar gelungen, auch für hochbeanspruchte Teile geeignete Werkstoffe zur Verfügung zu stellen und gemeinsam mit den Konstrukteuren problemspezifische, d. h. bauteilspezifische Lösungen zu finden. Diese sind erforderlich, weil die verschiedenen Verschleißteile sehr unterschiedlichen Belastungskollektiven ausgesetzt sind.

Welche metallkundlichen Aspekte des Verschleißverhaltens dabei eine Rolle spielen, soll im folgenden behandelt werden. Dies geschieht beispielhaft für zwei Bauteile. Es sind dies Gleitlager und Synchronringe für PKW-Schaltgetriebe. Für beide Beispiele sollen die folgenden Fragen behandelt werden:

- Welche Anforderungen werden an das Bauteil gestellt?
- Durch welche metallkundlichen Aspekte sind die Anforderungen erfüllbar?
- Durch welche konstruktiven Maßnahmen werden die Anforderungen erfüllt?

Dabei werden zunächst im praktischen Betrieb bewährte Werkstoffe behandelt. Abschließend wird auf zukünftige Entwicklungen hingewiesen.

2. Gleitlager

2.1 Anforderungen an Gleitlager

Die Anforderungen an Gleitlager lassen sich zweckmäßig durch eine Systemanalyse erläutern (1)(2). Dabei ist das Gleitlager ein Element, der Grundkörper, eines tribologischen Systems. Zwischen Körper und Gegenkörper, der Welle, befindet sich bei geschmierten Lagern als Zwischenstoff der Schmierstoff. Umgebungsmedium ist üblicherweise Luft.

Die Schmierung hat die Aufgabe, die Oberfläche von Lager und Welle durch eine Schmierstoffschicht zu trennen. Je nach Dicke dieser Schicht lassen sich verschiedene Arten der Schmierung unterscheiden, die anhand der Stribeck-Kurve diskutiert werden können (Bild 1). Hier ist der Reibungsbeiwert f in Abhängig-

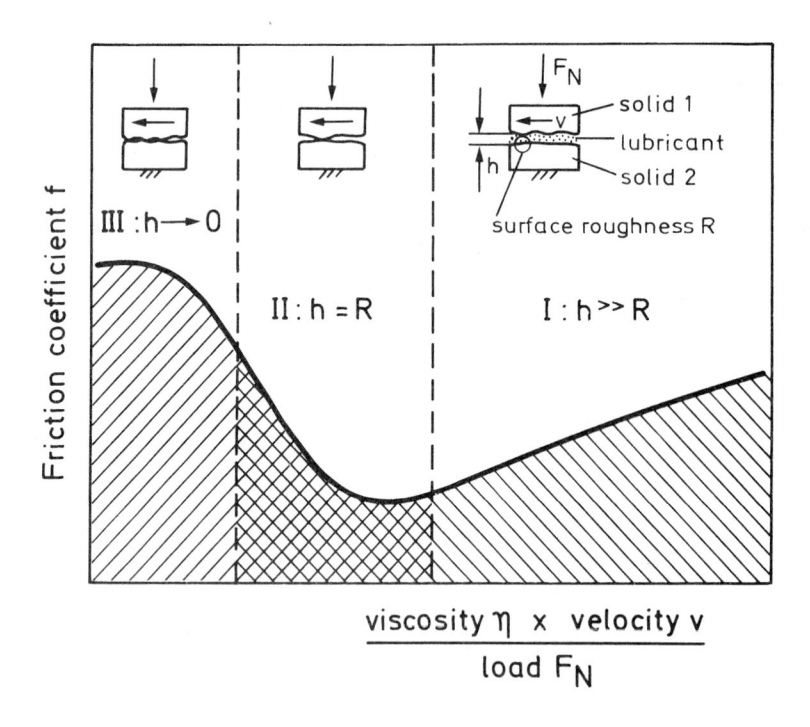

Bild 1: Stribeck-Kurve und Bereiche der Schmierung (schematisch) (1)

keit von $v \cdot \eta \cdot F_N^{-1}$ dargestellt. Dabei ist v die Gleitgeschwindigkeit, F_N die Normalkraft und η die i. a. temperaturabhängige Viskosität des Schmierstoffes. Abhängig von den Betriebsbedingungen (v, η, F_N), den Oberflächenrauhigkeiten R und der Schmierfilmdicke h lassen sich drei Bereiche der Schmierung unterscheiden:

Im Bereich I sind Welle und Lager durch einen Schmierfilm getrennt, dessen Dicke deutlich größer als die Summe der Oberflächenrauhigkeiten ist. Zwischen

Welle und Lager besteht daher kein Festkörperkontakt. Mit Ausnahme von Oberflächenermüdung, Kavitation, Erosion durch eventuelle Schmutzpartikel und Korrosion durch den Schmierstoff werden die Gleitlagerwerkstoffe verschleißmäßig nicht beansprucht.

Nimmt im Bereich I bei konstanter Last und Schmierstoffviskosität die Gleitgeschwindigkeit v ab, so wird die Schmierstoffschicht h dünner, und bei $h \approx R$ treten die ersten Rauhigkeitsspitzen in Kontakt. Der Bereich der Mischreibung ist erreicht. Hier können im Prinzip alle Verschleißmechanismen wie z. B. Abrasion wirksam werden. Bei noch kleineren Gleitgeschwindigkeiten wird der Schmierfilm immer dünner, bis er nur noch aus einigen Molekülllagen besteht (Bereich III). In diesem Bereich bestimmen vor allem die Wechselwirkungen zwischen den Festkörpern und dem Schmierstoff Reibung und Verschleiß.

Obwohl hydrodynamisch geschmierte Lager für den Betrieb im Bereich I ausgelegt sind, lassen sich die Bereiche II und III z. B. beim Anfahren und Abstoppen von Maschinen nicht vermeiden. Metallische Gleitlagerwerkstoffe müssen daher verschleißfest gegenüber allen Verschleißmechanismen, korrosionsfest gegen (gealterte) Schmierstoffe und mechanisch hinreichend hoch belastbar sein.

Die mechanische Belastung der Gleitlager ergibt sich dabei aus der Größe der zu übertragenden Kräfte und der für das Lager zur Verfügung stehenden Einbaugröße. Dies führt zu spezifischen Belastungen, die statisch und dynamisch von den Gleitlagerwerkstoffen aufgenommen werden müssen. Die dazugehörigen mechanischen Spannungen überstreichen mehrere Größenordnungen und erreichen Maximalwerte über 100 N/mm^2. Diese Spannungen müssen außerdem in Zusammenhang mit den Gleitgeschwindigkeiten gesehen werden, die ebenfalls über einen weiten Bereich variieren können (2).

Die Anforderungen an Gleitlagerwerkstoffe zeichnen sich durch eine große Mannigfaltigkeit aus. Dazu gehören u. a. neben einem hohen Verschleißwiderstand eine hohe mechanische Belastungsgrenze, Anpassungsfähigkeit, Einbettfähigkeit, ein gutes Einlauf- und Notlaufverhalten, eine gute Korrosionsbeständigkeit, eine gute Schmierstoffbenetzbarkeit sowie die Freßunempfindlichkeit und der Riefenbildungswiderstand. Bei diesen Begriffen handelt es sich überwiegend um Systemeigenschaften, die zahlenmäßig nicht zu erfassen sind. Zu ihrer Beurteilung werden daher im üblichen Sprachgebrauch benutzte Begriffe (sehr gut, gut, usw.) verwendet.

Je nach Lagerstelle und Anwendungsfall ist das Belastungskollektiv sehr unterschiedlich. Dies hat dazu geführt, daß es neben unterschiedlichen Ausführungsformen der Lager (3)(4) eine Vielzahl von metallischen Gleitlagerwerkstoffen gibt (2).

2.2 Metallkundliche Aspekte von Gleitlagerwerkstoffen

Unter metallkundlichen Aspekten lassen sich die Gleitlagerwerkstoffe zunächst nach dem Schmelzpunkt des Basismetalls ordnen. Allgemein nehmen Härte und Elastizitätsmodul mit zunehmendem Schmelzpunkt zu, während der lineare thermische Ausdehnungskoeffizient abnimmt. Darüber hinaus lassen sich besonders die mechanischen Eigenschaften durch das Gefüge beeinflussen. Dieses hängt von der Legierungszusammensetzung und dem Fertigungsweg der Lagerwerkstoffe ab. Die meisten Lagerwerkstoffe sind heterogen aufgebaut. Versucht man unter dem Gesichtspunkt des Gefügeaufbaus eine Ordnung dieser Werkstoffe, so lassen sich die Gleitlagerwerkstoffe in drei Gruppen einteilen: Gruppe I enthält Legierungen, bei denen die lichtmikroskopisch sichtbaren Phasen weicher sind als die Matrix. Bild 2 zeigt ein Beispiel. Das in Kupfer nicht lösliche Blei ist heterogen als weiche Phase in der durch Zinn mischkristallgehärteten Matrix eingelagert. In der II. Gruppe sind die Einlagerungen härter als die Matrix. Die

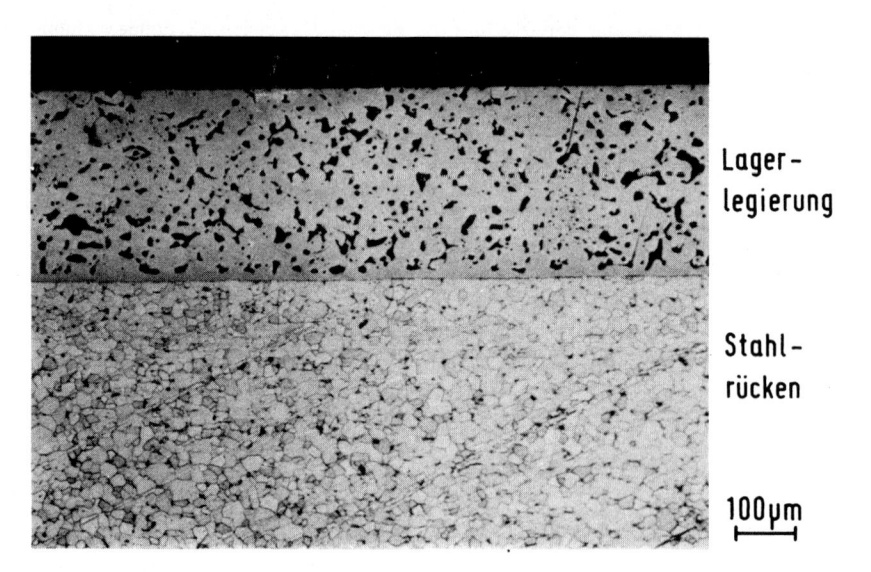

Bild 2: Gefüge von KS 989 S (CuPb10Sn10). Weiche Bleipartikel (dunkel) in der mischkristallgehärteten Matrix (2)

Legierung PbSb15Sn10 (Bild 3) ist hierfür ein Beispiel. Anhand der Mikrohärteeindrücke erkennt man, daß die eutektische Grundmasse weicher ist als die würfelförmigen SnSb-Partikel.

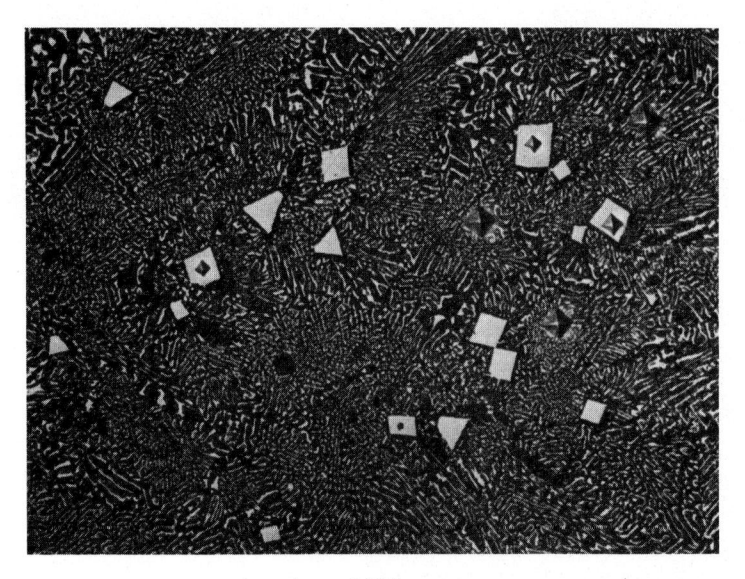

⊢———⊣ 100 µm

Bild 3: Gefüge von KS 904.1 (Weißmetall 10). Harte kuboide SbSn-Partikel in einer weichen, eutektischen Matrix (2)

Die dritte Gruppe enthält Legierungen mit harten und weichen Phasen. Ein Beispiel ist in Bild 4 zu sehen: In dieser Aluminiumlegierung bilden Silizium und Aluminiumsilizide die harte Phase, während Blei feinverteilt als weiche Phase vorliegt.

Welche Auswirkungen haben die unterschiedlichen Gefüge auf die Gleitlagereigenschaften? Während die zur mechanischen Festigkeit beitragenden Mechanismen metallkundlich gut verstanden werden, können zur Wirkung der harten bzw. weichen Gefügebestandteile nur qualitative Aussagen gemacht werden. Weiche Gefügebestandteile verbessern die Einbettfähigkeit, das Einlaufverhalten und das Notlaufverhalten. Harte Phasen verbessern den Verschleißwiderstand. Dabei werden allerdings mit zunehmendem Anteil harter Phasen die Einbettfähigkeit

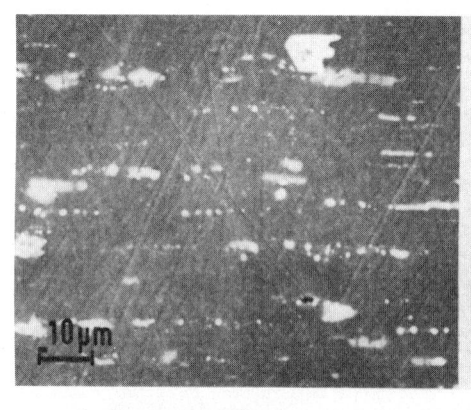

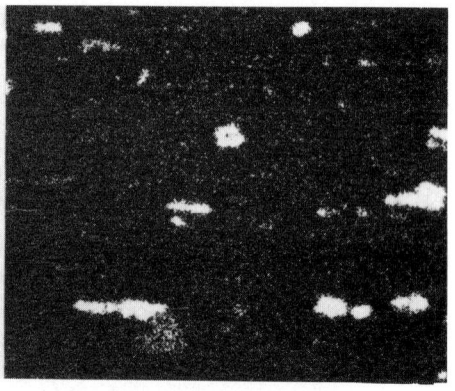

a) Elektronenbild   b) Si-Verteilung

c) Pb-Verteilung

Bild 4: Mikrosondenuntersuchungen an KS 960 (AlZn5SiCuPb). Harte, Si-haltige Phasen und Pb als weiche Phase (2)

und das Notlaufverhalten verschlechtert (5). Insgesamt geht der günstige Einfluß harter und weicher Phasen auf Kosten der mechanischen Belastbarkeit, so daß bei den Eigenschaften der Gleitlagerwerkstoffe häufig auf Kompromisse eingegangen werden muß (6).

2.3 Konstruktive Aspekte und Werkstoffeigenschaften

Auslegung, Konstruktion, Werkstoffwahl und Schmierung sollen zu betriebssicheren Gleitlagern führen. Nach Vogelpohl (7) arbeiten Gleitlager betriebssicher, wenn sie 1. nicht heißlaufen und 2. keinen unzulässigen Verschleiß aufweisen. Um diese Forderungen zu erfüllen, sind für hydrodynamisch geschmierte Lager eine Reihe von Gesichtspunkten zu beachten. Dazu gehören z. B. die Auswahl geeigneter Schmiermittel, um ausreichend hohe Öldrücke zur Lastaufnahme zu er-

reichen, konstruktive Maßnahmen zur Erzeugung und Erhaltung einer geeigneten
Schmierspaltform, um den erforderlichen Druckaufbau zu ermöglichen, sowie die
Sicherstellung eines ausreichenden Schmierstoffangebotes zur Wärmeabführung
aus dem Lager. Auf die hieraus ableitbaren Aufgaben an Konstruktion, Auslegung
und Fertigung kann nicht eingegangen werden. Dazu wird auf die entsprechende
Fachliteratur verwiesen (3)(4).

Es soll jedoch beispielhaft versucht werden, für einige Gleitlagereigenschaften zu zeigen, durch welche metallkundlichen bzw. konstruktiven Maßnahmen sie
begünstigt werden können (Tabelle 1).

Eigenschaft	begünstigt	
	"metallkundlich"	"konstruktiv"

Anpassungsfähigkeit
  E-Modul klein
  Fließgrenze klein
	Basismetall mit
	niedrigem Schmelz-
	punkt T_S
		genaue Passung von
		Lager und Welle

therm. Ausdehnung klein	Basismetall mit hohem T_S	
Mech. Belastbarkeit Ermüdungsfestigkeit	Basismetall mit hohem T_S; Vermeidung harter und weicher Phasen	Vermeidung von Kan- tenpressungen, Dimensionierung
Verschleißwiderstand	"hartes" Basismetall oder: weiches Basismetall mit harten Phasen	Anpassung der Oberflächen- geometrie
Einbettfähigkeit Notlaufverhalten	"weiches" Basismetall oder: hartes Basismetall mit weichen Phasen	Sicherstellung der Schmierung, Vermei- dung von Schmutz und Abrieb (Filter)

Für die Anpassungsfähigkeit sind ein kleiner Elastizitätsmodul, eine kleine
Fließgrenze und ein - im Vergleich zum Wellenwerkstoff aus Stahl - geringer
thermischer Ausdehnungskoeffizient erforderlich. Metallkundlich begünstigt
werden ein kleiner E-Modul und eine kleine Fließgrenze durch die Wahl eines

Basismetalls mit niedrigem Schmelzpunkt, während für eine geringe thermische
Ausdehnung ein Basismetall mit hohem Schmelzpunkt erforderlich ist.

Die hohe mechanische Belastbarkeit und die Ermüdungsfestigkeit bei erhöhter
Temperatur erfordern ein Basismetall mit hohem Schmelzpunkt, wirksame Härtungsmechanismen und die Vermeidung harter bzw. weicher Phasen. Harte Phasen
sind jedoch wichtig, wenn ein weiches Basismetall verschleißfest sein soll.
Weiche Phasen in "harten" Metallen werden andererseits zur Erzielung von guter
Einbettfähigkeit und gutem Notlaufverhalten benötigt.

Begünstigende konstruktive Maßnahmen sind die Dimensionierung, die exakte
Passung von Lager und Welle, Vermeidung von Kantenpressung, Anpassung der
Oberflächengeometrie, Sicherstellung der Schmierung und Vermeidung von Schmutz
sowie Abrieb durch Filter.

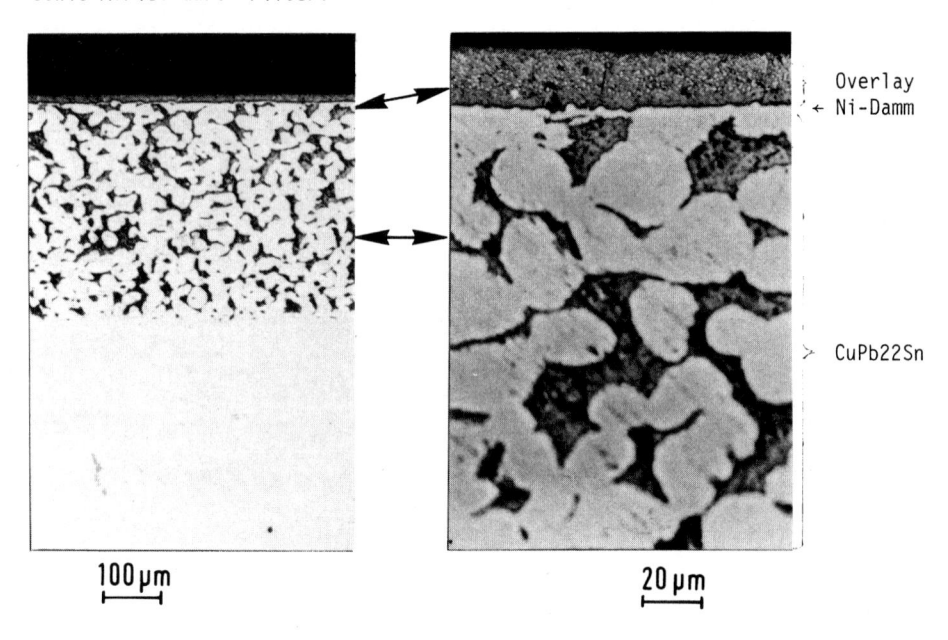

Bild 5: Gefüge des Mehrstofflagers KS 941.1 S (CuPb22Sn) mit Gleitschicht
(Overlay aus PbSn10Cu2) (6)

Man erkennt unmittelbar die widersprüchlichen Anforderungen an die metallkundlichen Aspekte. Daher ist es nicht verwunderlich, daß für hochbeanspruchte
motorische Lager ein Werkstoff allein die Anforderungen nicht erfüllen kann.

Es müssen Verbundlager eingesetzt werden. Bild 5 zeigt als Beispiel ein Dreischichtlager. Auf einer die mechanische Beanspruchung aufnehmenden Stahlstützschale befindet sich zunächst eine dünne Schicht aus einer Lagerlegierung (Bleibronze). Ihr folgt eine etwa 2 µm dicke Ni-Zwischenschicht, auf die eine etwa 20 µm dicke Schicht aus PbSn20Cu aufgebracht wurde. Dieses sehr dünne Overlay ist mechanisch hinreichend hoch belastbar, anpassungsfähig und einbettfähig. Die Ni-Zwischenschicht dient als Diffusionssperre für Sn, so daß sich in der Bleibronze keine versprödenden Phasen bilden können. Durch die Lagermetallschicht bleibt das Lager auch nach stärkerem Verschleiß gebrauchsfähig. Die verschiedenen Schichten übernehmen damit unterschiedliche Aufgaben, so daß auch für hohe Anforderungen Gleitlager "maßgeschneidert" herstellbar sind.

3. Synchronringe für PKW-Schaltgetriebe

Bild 6 zeigt einen Synchronring mit dem dazugehörigen Gegenkörper. Zwischen Synchronring und Konus befindet sich als Zwischenstoff und Umgebungsmedium Öl.

Bild 6: Synchronring und Gegenkörper (8)

Die Anforderungen an Synchronringe lassen sich aus der Funktion des Tribosystems ableiten (8). Vor dem Synchronisierungsvorgang, d. h. vor dem Schalten, haben Ring und Konus unterschiedliche Rotationsgeschwindigkeiten. Zur Synchronisierung taucht der Ring in den Konus ein. Die Oberflächengestaltung des Ringes sorgt nun dafür, daß das Zwischenmedium, das Öl, schnell von den Reibflächen verdrängt werden kann. Infolge des Reibmoments wird der schneller rotierende Körper rasch abgebremst. Die Geschwindigkeiten werden gleich, und es kann geschaltet werden.

Bei diesen Schaltvorgängen wird der Bereich der hydrodynamischen Schmierung bis zur Mischreibung bzw. Grenzreibung durchlaufen. Der Ring wird auf Verschleiß beansprucht. Bei jedem Eintauchen des Konus in den Ring erfährt dieser eine mechanische Spannung in tangentialer Richtung. Dieser mechanischen Wechselbeanspruchung überlagern sich wechselnde Öltemperaturen z. B. Schalten nach Kaltstart oder nach längerem Fahrbetrieb sowie gegebenenfalls korrosive Einflüsse durch alte bzw. minderwertige Schmierstoffe.

Für Synchronringe bzw. Synchronringwerkstoffe ergeben sich damit die folgenden Anforderungen:

- hohe Ermüdungsfestigkeit gegenüber tangentialen Spannungen;
- hoher Verschleißwiderstand besonders im Mischreibungsgebiet;
- hoher Reibungsbeiwert in Kombination mit dem Gegenkörper;
- korrosionsfest gegenüber gealterten Schmierstoffen.

Als Werkstoffe für Synchronringe in PKW-Schaltgetrieben werden überwiegend Sondermessinge vom Typ CuZn40Al2 angewandt. Diese enthalten als weitere wichtige Legierungselemente Si, Mn und Fe. Die lichtmikroskopische Gefügeaufnahme (Bild 7) zeigt längliche, einander parallel verlaufende Eisen-Mangan-Silizide. Diese harten Phasen erhöhen den Verschleißwiderstand. Die mechanische Festigkeit wird durch Mischkristallhärtung und Korngrenzenhärtung erzielt.

Wie bei den Gleitlagerwerkstoffen muß auch hier ein Kompromiß zwischen dem positiven Einfluß der harten Phasen bezüglich des Verschleißwiderstandes und dem negativen Einfluß der inneren Kerbwirkung der harten Phasen gefunden werden. Konstruktiv wird die Funktionsfähigkeit der Getriebe durch Vermeidung von Kerbwirkungen und die Gestaltung der Reibflächen gewährleistet.

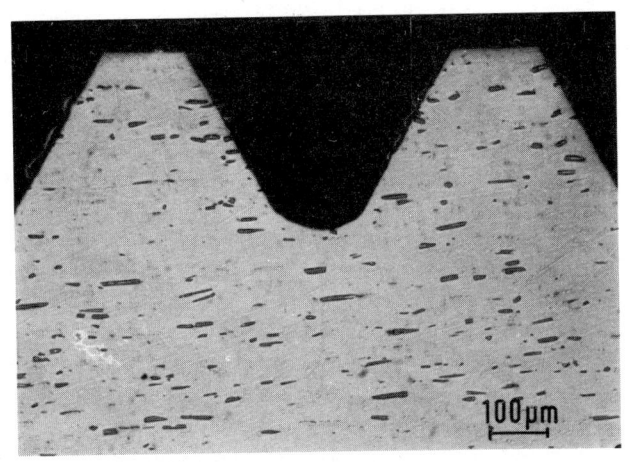

Bild 7: Metallographische Gefügeaufnahme
Synchronring nach Prüflauf
Werkstoff CuZn40Al2

Für hochbeanspruchte Synchronringe finden Mo-beschichtete Werkstoffe ihre Anwendung. Hier hat - in Analogie zu den Verbundlagern - das mechanisch hochbelastbare Grundmaterial die Aufgabe, die mechanischen Beanspruchungen aufzunehmen, während die Mo-Beschichtung als Gleit- und Reibschicht wirkt.

4. Diskussion

Die beiden Beispiele haben gezeigt, daß das Belastungskollektiv für verschleißbeanspruchte Bauteile im Kraftfahrzeugbau sehr kompliziert sind. Im Zusammenspiel von Werkstoff-Fachleuten, Bauteil-Herstellern und Konstrukteuren waren technisch ausgereifte Lösungen möglich. Dabei war es häufig erforderlich, unumgängliche Kompromisse bei der Werkstoffauswahl durch konstruktive Maßnahmen zu ermöglichen. Für hochbeanspruchte Verschleißteile haben sich Werkstoffverbunde bewährt.

Die Entwicklung in der Motorenindustrie zu höheren Drehzahlen, höheren Zünddrücken, längeren Wartungsintervallen und zu längeren Lebensdauern wird nicht ohne Auswirkungen auf die Werkstoffentwicklung bleiben. So wird es erforderlich sein, neue Oberflächentechniken anzuwenden und bis zur Serienreife zu entwickeln. Verbesserte Werkstoffe und neuartige Werkstoffkombinationen müssen erprobt werden. Auf der Basis des steigenden Verständnisses des Verschleißverhaltens können jedoch auch bereits vorhandene Werkstoffe optimiert werden, wie das folgende Beispiel zeigt (9). Allein die Veränderung der Herstellbedingungen, nämlich eine langsame Abkühlung beim Erstarren, führt zu erheblichen Gefügeveränderungen im Werkstoff CuZn40Al2 (vgl. Bild 8). Verändert man außerdem

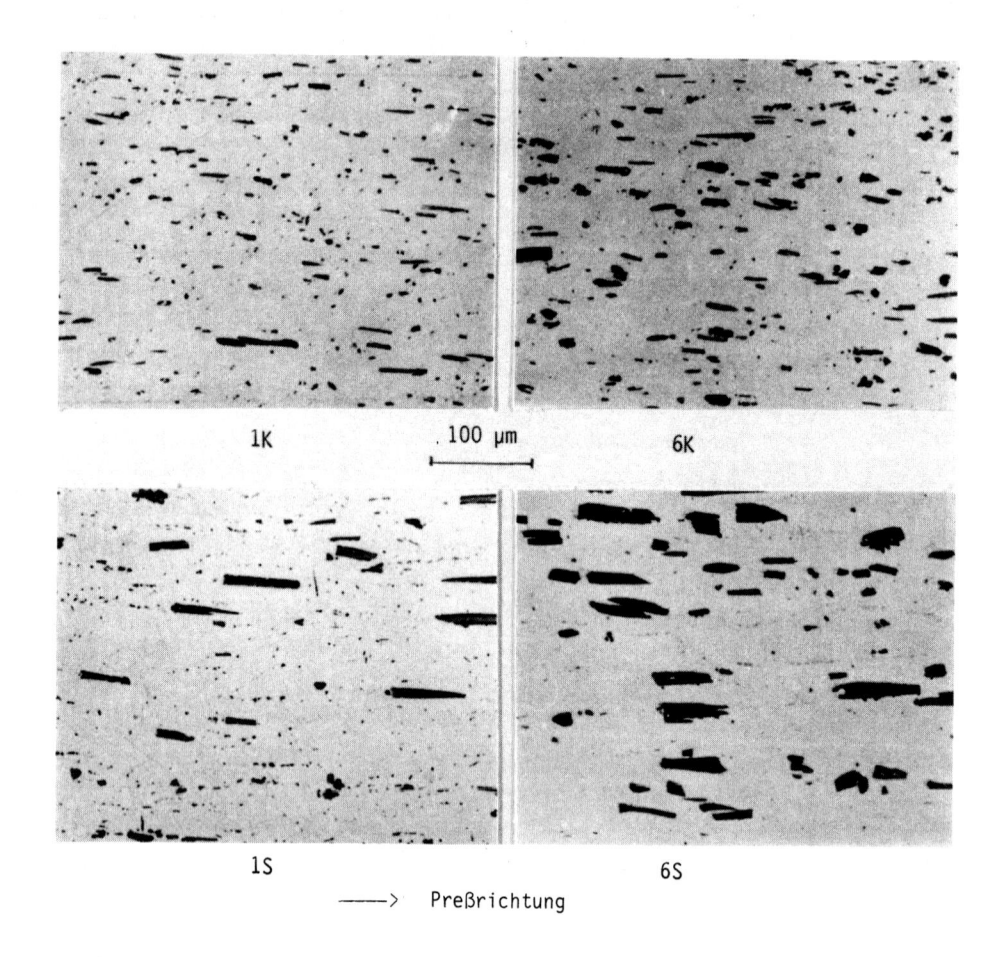

1K   100 µm   6K

1S   6S

———> Preßrichtung

<u>Bild 8:</u> Längsschliffe aus Preßrohren der Legierungen 1 und 6
   Legierung 1: CuZn36Al1,6Mn1,9Si0,8
   Legierung 6: CuZn36Al1,6Mn2,8Si1,6
         K: Kokillenguß
         S: Sandguß

durch geringfügiges Zulegieren von Si und Mn die chemische Zusammensetzung, so kann der Mengenanteil der harten Mangan-Silizide erhöht werden. Die Prüfung der mechanischen Eigenschaften ergab für diese Variante 6K (Bild 8) keine Verschlechterung. In einem praxisähnlichen Prüfstand, in dem Schaltvorgänge simuliert werden, erwies sich dieser neue Werkstoff mit guten Schalteigenschaften verschleißfester als der bisherige Werkstoff (Bild 9). Betrachtet man nämlich den Axialverschleiß, d. h. die Eintauchtiefe des Prüfkonus in Abhängigkeit von

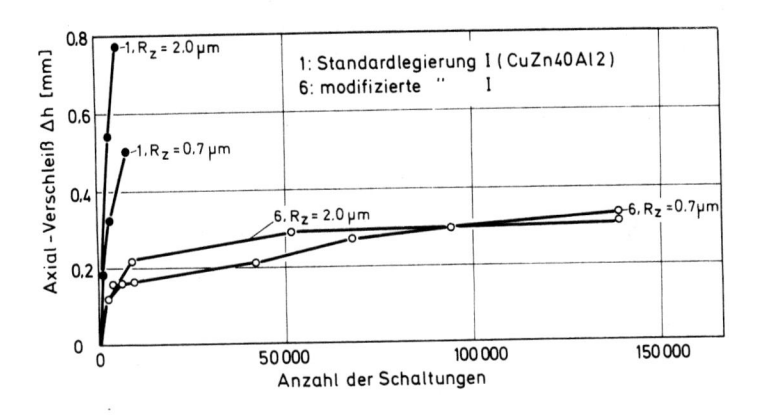

Bild 9: Axialverschleiß von Synchronringen in Abhängigkeit von der Anzahl der Schaltungen (nach (9))

der Anzahl der Schaltungen, so erkennt man, daß der neue Werkstoff bis zu großen Schaltzahlen verschleißfest war. Der übliche Werkstoff versagte unter den hier gewählten verschärften Prüfdauern nach kurzen Zeiten.

Die auf metallkundlichen Aspekten aufbauenden Werkstoffentwicklungen, der Einsatz neuartiger Werkstoffkombinationen und die Bemühungen der Konstrukteure werden dazu führen, daß auch für steigende Anforderungen an Verschleißteile Lösungen erarbeitet werden. Auch in der Zukunft wird man beim Autofahren nicht merken, daß "ein fortschreitender Materialverlust" stattfindet.

Literatur:

(1) H. Czichos: Tribology Series 1, Elsevier, Amsterdam-Oxford-New York 1978.

(2) H. Pfestorf, F. Weiß, K. H. Matucha, P. Wincierz: "Bearing Materials" in Ullmann's Encyclopedia of Industrial Chemistry, Vol. 3A, 399 VCH Verlagsgesellschaft mbH, Weinheim 1985.

(3) M. J. Neale (ed): Tribology Handbook, Newness-Butterworth, London 1975.

(4) W. J. Bartz et. al: Gleitlagertechnik, Teil I und Teil II, Expert Verlag Grafenau 1981, 1985.

(5) R. Weber: Metall 29 (1975) 447.

(6) H. Pfestorf, F. Weiß, K. H. Matucha, P. Wincierz: DGM-Symposium "Metallkundliche Aspekte von Reibung und Verschleiß" 1986 (demnächst).

(7) G. Vogelpohl: Betriebssichere Gleitlager, Springer Verlag, Berlin 1967.

(8) K. H. Matucha, M. Rühle: Verschleißuntersuchungen in der Werkstoffprüfung in DVM (Hrsg.) Werkstoffprüfung 1984.

(9) K. H. Matucha, K. Heil, H. J. Becker, B. Mittelbach: ATZ 83 (1981) 227.

Bedeutung von Prüfmethoden für die Auslegung verschleißbeanspruchter Bauteile

R. Heinz, Robert Bosch GMBH, Stuttgart

Einleitung

Verschleißprobleme unterscheiden sich von den meisten Festigkeitsproblemen durch zwei besondere Tatsachen.

o   Verschleißprozesse laufen auf der Bauteiloberfläche ab, wobei vielseitige Wechselwirkungen mit dem Gegenkörperwerkstoff, dem Zwischenmedium und der Umgebung stattfinden. Maßgebend sind nicht die Werkstoff-Volumeneigenschaften eines Bauteiles, sondern die zeitlich veränderlichen Oberflächeneigenschaften der Kontaktflächen des Systems Körper, Gegenkörper, Zwischenmedium und Umgebungsmedium.

o   Wegen der Komplexität der tribologischen Systeme können Verschleißprobleme nicht in der Konstruktionsphase entdeckt und gelöst werden, sondern in der Regel erst in der Erprobungsphase der ersten Muster oder noch später.

Daher ist die Prüfung verschleißbeanspruchter Bauteile von besonderer Bedeutung.

Prüfsysteme

Nach dem Normentwurf DIN 50322 kann die Vielzahl der Verschleißprüfsysteme in 6 verschiedene Kategorien (Bild 1) eingeteilt werden. Wesentlich ist, daß bis zur Kategorie 3 die Systemstruktur des Aggregates erhalten bleibt und nur das Beanspruchungskollektiv vereinfacht wird. Vorteil bei II und III gegenüber I ist das reproduzierbare Beanspruchungskollektiv. Ab Kategorie IV bis herunter zur Kategorie VI wird auch die Systemstruktur immer stärker verändert, mit dem Nachteil sinkender Sicherheit der Übertragbarkeit der Meßergebnisse auf die Auslegung des Erzeugnisses.

Vorteile bei der Benutzung von Bauteil- oder Modellversuchen sind aber der meßtechnisch immer besser zugängliche Tribokontakt, die geringeren Kosten und die kürzeren Prüfzeiten.

Kategorien	Art des Versuches		Symbol
I	Betriebs- bzw. betriebsähnliche Versuche	Betriebsversuch (Feldversuch)	
II		Prüfstandsversuch	
III		Prüfstandsversuch mit Aggregat oder Baugruppe	
IV	Versuche mit Modellsystem	Versuch mit unverändertem Bauteil oder verkleinertem Aggregat	
V		Beanspruchungsähnlicher Versuch mit Probekörpern	
VI		Modellversuch mit einfachen Probekörpern	

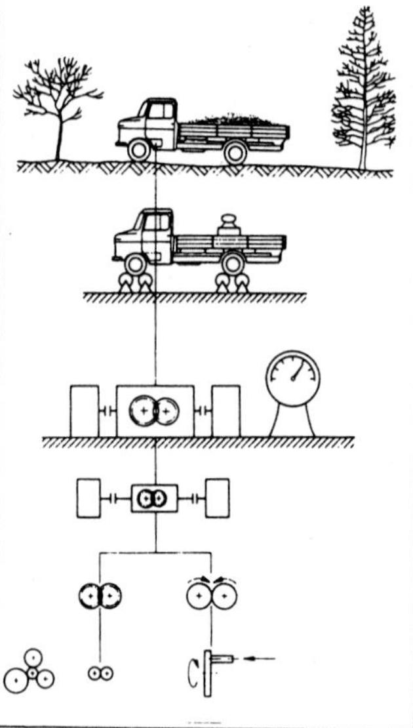

Bild 1:   Tribologische Prüfkategorien nach DIN 50 322 (Entwurf August 1984) am Beispiel eines Kfz-Getriebes

Man kann nun bei den verschiedenen Prüfsystemen unterschiedliche Prüfmethoden anwenden, was auf die Möglichkeiten der Beurteilung des Verschleißverhaltens von großer Bedeutung ist. Unter einem Prüfsystem wird in erster Linie der Prüfstand verstanden, unter der Prüfmethode die Art und Weise, wie damit geprüft wird.

Die Prüfung mit Erzeugnissen

Ein Erzeugnis kann im Feld geprüft werden, was aber infolge der nicht zu vermeidenden großen Streuungen, insbesondere des Beanspruchungskollektivs, dazu zwingt, möglichst viele Erzeugnisse zu prüfen.

Solche Prüfungen sind teuer, sie können daher nur Abschlußprüfungen darstellen und dienen zur Bestimmung der tatsächlichen Lebensdauer.

Die Erzeugnisprüfung findet daher meist auf Prüfständen statt, welche im idealen Fall bestimmte gemessene Feldbeanspruchungen simulieren. Meist wird durch Verschärfung des Beanspruchungskollektivs eine Zeitraffung durchgeführt, was in vielen Fällen zu Unsicherheiten in der Deutung der Verschleißergebnisse führen kann. Die Verschleißmessung erfolgt hierbei meist nur auf indirektem Wege, d.h. der Verschleiß aller die Funktion des Erzeugnisses bestimmender Verschleißteile wird z.B. während des Betriebes nur über Veränderungen in den Funktionsgrößen der Erzeugnisse bestimmt. Absolute Verschleißgrößen können erst nach dem Versuch durch Vermessen oder Wiegen der Teile bestimmt werden. Diese diskontinuierliche Verschleißmessung ist ein großer Nachteil von Prüfungen mit dem Erzeugnis.

Einen großen Fortschritt bei der Erzeugnisprüfung bedeutet die Möglichkeit der kontinuierlichen Verschleißmessung mit Hilfe der Radionuklidtechnik (RNT) /2/. Mit dieser Verschleiß-Meßmethode können z.B. stark lebensdauerverändernde Betriebszustände am laufenden Erzeugnis schnell erfaßt werden. Aber auch bei der RNT-Meßmethode muß man längere Laufzeiten einhalten, da Einlaufeffekte und Ermüdungsprozesse Laufzeit benötigen. Auch erhöhen sich bei zu kurzer Laufzeit die Streuungen. Man muß allgemein von Aggregat zu Aggregat (z.B. Verbrennungsmotor) mit $\pm$ 20 % Streuung der Ergebnisse rechnen.

Durch Beanspruchungsänderungen von z.B. Drehzahl und Drehmoment entstehen stets neue Einlaufzustände mit entsprechend erhöhtem Verschleiß. Dadurch verkürzt sich die Prüfzeit. Deshalb werden heute bei Erzeugnissen nicht so sehr Dauerläufe auf Prüfständen mit konstantem Beanspruchungskollektiv gefahren, sondern immer häufiger Prüfprogramme mit dynamischem Beanspruchungskollektív angewendet.

Die Prüfung mit Bauteilen

Die Bauteilprüfung kann sowohl zur Funktionsoptimierung als auch zur Werkstoffvorauswahl eingesetzt werden. Zur Lebensdauerbestimmung ist sie nur in Sonderfällen geeignet. Die Bauteilprüfung hat den Vorteil der besseren meßtechnischen Zugänglichkeit gegenüber dem Erzeugnis, bei gleichzeitiger Wahrung der Originalabmessungen, wie z.B. Flächengröße und Spiel. Weiterhin sind die Rauhigkeit und die Eigenspannungen der Oberflächenzonen im Originalzustand vorhanden. Je nach Bauteiltyp sind auch noch die realen Energie- und Stoff-Flüsse im Bauteil gewährleistet.

Ein Beispiel, welches den Einfluß des Stofftransportes auf den Verschleiß zeigt, ist in den folgenden Bildern (Bild 2 und Bild 3) an einem Axiallager dargestellt. Der Verschleiß der Polymerschicht ist stark abhängig von der Nutenzahl, da die Verschleißpartikel in der Lauffläche eine Verschleißerhöhung bewirken. Nur durch frühzeitigen Abtransport der Verschleißpartikel kann diese verschleißerhöhende Wirkung vermindert werden.

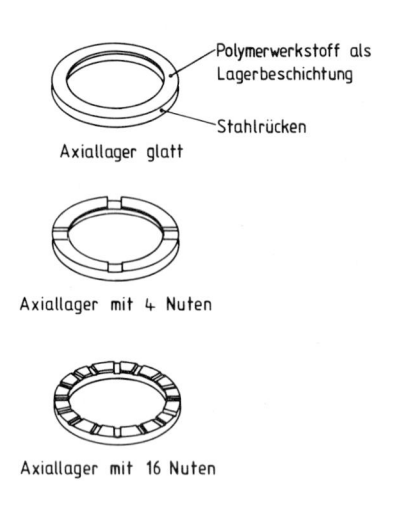

Bild 2: Axiallager mit unterschiedlichen Radialnuten

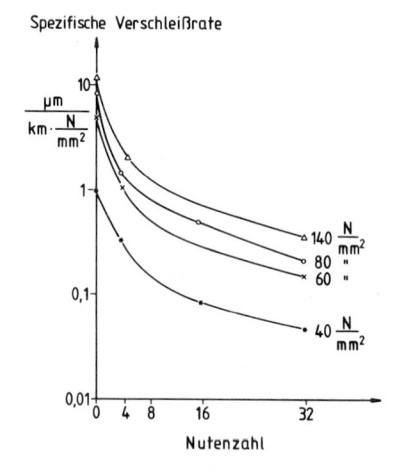

Bild 3: Auswirkung der Nutenzahl auf den Verschleiß

Die Prüfung mit einfachen Probekörpern

Will man mit einfachen Probekörpern den Verschleiß in Erzeugnissen simulieren, so müssen die geeignete Struktur des Ersatzsystems und dessen Beanspruchungskollektiv gewählt werden. Dabei ist eine möglichst hohe Korrelation in den Verschleißergebnissen zwischen Ersatzsystem und Erzeugnis anzustreben.

Wegen der Vielzahl von Einflußgrößen und deren starken Wechselwirkungen ist allerdings bei tribologischen Systemen eine quantitativ richtige Übertragbarkeit von Ergebnissen aus Modellversuchen auf das Erzeugnis selten möglich.

Nach /5/ kann aber zumindest eine qualitativ gesicherte Übertragbarkeit erreicht werden (die Reihenfolge der Bewährungen muß stimmen), wenn für das Ersatzsystem zusammenfassend folgende Größen mit dem Originalsystem identisch sind:

- Stoffidentität
- Bewegungs-Identität
- Beanspruchungsidentität
- Temperaturidentität
- Reibungszustandsidentität

Diese allgemeine Forderung nach Identität, d.h. praktisch die Gleichheit zwischen Ersatzsystemen und Original-System ist damit begründet, daß im Einzelfall bereits kleine Abweichungen zu großen Verschleißänderungen führen können. Damit ist die Wahlfreiheit für Ersatzsysteme bei strenger Beachtung der Identitätsforderungen für die Praxis sehr eingeschränkt.

Das Variationsprinzip

Prüft man mit Modellsystemen, so sollte man, wenn immer es zeitlich und finanziell geht und sofern es die Prüfmaschine ermöglicht, wesentliche Parameter variieren. Es haben sich in der Praxis bei der Modell-Prüfung folgende Regeln als sehr nützlich herausgestellt:

1. <u>Variation</u> einzelner Parameter in einem dem Anwendungsfall entsprechenden oder überschreitenden Bereich.

2. Unter 1 zusätzliche <u>Fixierung</u> einer bestimmten Parameterkombination für die Prüfung jeder neuen Werkstoffkombination zum Zwecke einer Bewährungsfolgen-Sammlung und schneller Kurzbeurteilung neuer Werkstoffe.

3. <u>Erweiterte Variation</u>: Treten im Erzeugnis dynamische Beanspruchungsverläufe auf, so sollen diese auch in der Modellprüfung berücksichtigt werden.

Zu 1.: Variation

Einerseits hat man meist keine ausreichend genauen und sicheren Informationen über das Beanspruchungskollektiv (insbesondere für lokale Beanspruchungen) und andererseits laufen die Verschleißvorgänge im Modell immer etwas anders ab als im Erzeugnis. Es ist daher bereits wegen der Anpassung der Modell-Prüfung an das Erzeugnis empfehlenswert, wichtige Beanspruchugsparameter zu variieren.

Das folgende Beispiel stammt aus dem Bereich der Schwingungsverschleiß-Prüfung.

Bild 4 zeigt die spezifische Verschleißrate von PA 66 gegen 100 Cr6H in Abhängigkeit von der Schwingungsweite /4/. Man erkennt, daß die spezifische Verschleißrate dieses Systems unabhängig von der Schwingungsweite ist. Die Schwingungsweite selbst muß daher gegenüber dem Erzeugnis nicht sehr genau simuliert werden. Bei großen Schwingungsweiten und insbesondere bei Gleitverschleiß ist allerdings der Einfluß der Rauhigkeit zu beachten.

Dies darf aber nicht verallgemeinert werden, wie das nächste Beispiel deutlich zeigt (Bild 5). Füllt man zum PA 66 noch 20 % Kohlefaser, so wirken diese abrasiv auf 100 Cr6H. Die abrasive Wirkung führt bei kleinen Schwingungsweiten zur Aufrauhung des Stahles (Verschleißhochlage nach einer bestimmten Laufzeit: Zahlen in Bild 5 sind die Laufzeit in h). Bei sehr kleinen Schwingungsweiten geht die Verschleißrate wegen erschwertem Verschleißabfluß etwas zurück. Prüft man bei hohen Schwingungsweiten (Gebiet des reversierenden Gleitverschleißes), so führt die abrasive Wirkung der Kohlefaser zu einer Glättung des 100 Cr6H und daher zu einer kleinen Verschleißrate.

Hätte man beide Systeme nur bei $\Delta x = 7$ mm geprüft, so wäre man zu dem Schluß gekommen, daß beide Werkstoffpaarungen gleiches Verschleißverhalten haben, was aber nach Bild 5 nur für diese besondere Beanspruchungsbedingung gilt. Für die System-Klasse Polymerwerkstoff + abrasivem Füllstoff ist daher die Schwingungsweite Δx im Modellversuch der im Erzeugnis vorhandenen Schwingungsweite sehr genau nachzubilden. /4/.

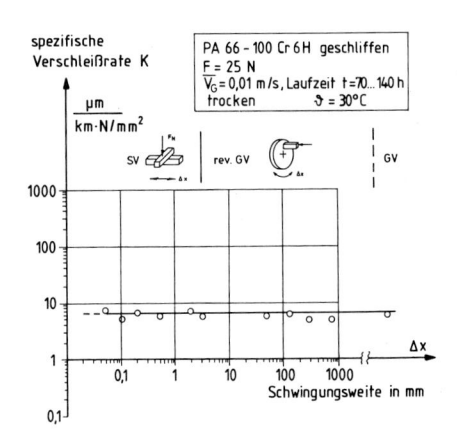

Bild 4: Schwingungsverschleiß
bei PA 66 - 100 Cr6H

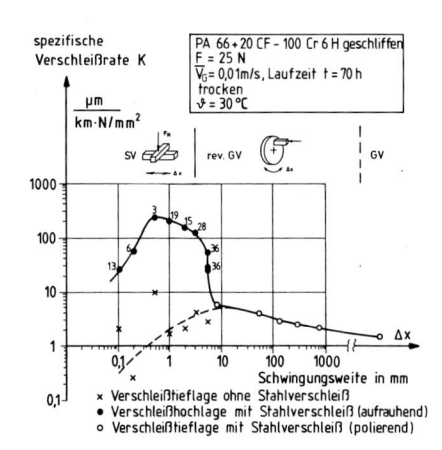

Bild 5: Schwingungsverschleiß
bei PA 66 + 20 CF -
100 Cr6H

× Verschleißtieflage ohne Stahlverschleiß
● Verschleißhochlage mit Stahlverschleiß (aufrauhend)
○ Verschleißtieflage mit Stahlverschleiß (polierend)

Zu 2: Parameterfixierung

Führt man bei jeder neuen Aufgabe auch einen Versuch unter fixierten Standardbedingungen durch, so erhält man im Laufe der Zeit eine Sammlung von Reibungs- und Verschleißergebnissen der verschiedensten Werkstoffe, welche man wegen der gleichen Versuchsbedingungen untereinander vergleichen kann. Man erhält eine Bewährungsfolge-Sammlung. Mit Hilfe der elektronischen Datenerfassung, automatischer Auswertung und flexiblem Bibliotheksprogramm (relationale Datenbank) wird z.B. beim Verfasser zur Zeit eine tribologische Datenbank aufgebaut.

Zu 3: Erweiterte Variation

Treten im Erzeugnis die Beanspruchungen in dynamischer Form auf, so sollte man bei einer Simulation mit einfachen Prüfkörpern diese dynamischen Beanspruchungen ebenfalls nachbilden. In vielen Fällen ist eine Korrelation der Versuchsergebnisse erst dadurch erreichbar, daß man z.B. dynamisch belastet und die Gleitgeschwindigkeit variiert.

Bild 6 zeigt das Beispiel der Benspruchungs-Simulation einer unter Kraftstoff laufenden Kontaktstelle bei Schwingungsverschleiß. Erst durch die schlagende Belastung und Schwingungsbewegung in zwei Richtungen konnte eine Korrelation der Verschleißverläufe zwischen Erzeugnis und Modell erreicht werden (Bild 7).

Die Prüfkette

Die Vorteile der einzelnen Prüfkategorien macht man sich zunutze, wenn man die Messungen in einer sogenannten Prüfkette (Bild 8) durchführt.

Nach /3/ müssen innerhalb einer Prüfkette folgende Korrelationsprüfungen durchgeführt werden:

1. Vergleich der Schadensbilder bzw. Verschleißmechanismen
2. Vergleich der Verschleißraten
3. Vergleich der Bewährungsfolgen von Werkstoffen, Schmierstoffen und der konstruktiven Varianten

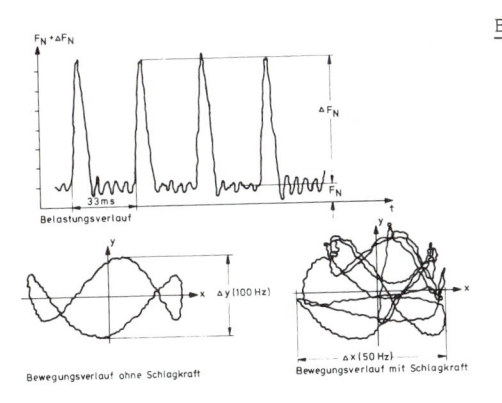

Bild 6 : Variation von Last und Bewegung entsprechend der Erzeugnisbeanspruchung

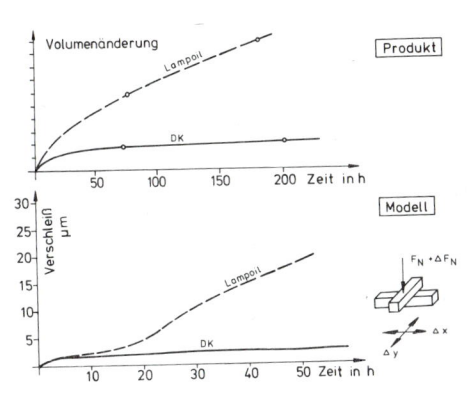

Bild 7 : Indirekter Verschleißverlauf an einer Kontaktstelle im Erzeugnis (Produkt) und direkter Verschleißverlauf im Modell für zwei verschiedene Kraftstoffe (D = Dieselkraftstoff, Lampoil = Petroleum)

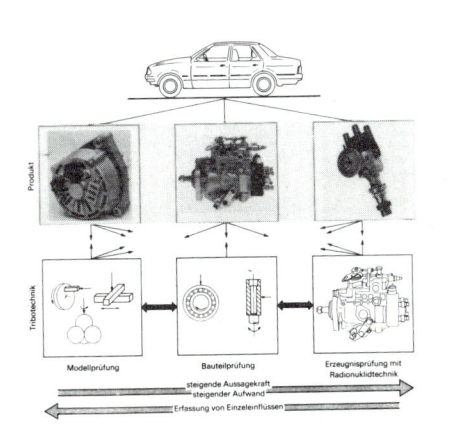

Bild 8 : Die Prüfkette muß für alle typischen Verschleißfälle, in der Regel sogar für jeden speziellen Verschleißfall, entwickelt und durch die erwähnte Korrelationsprüfung abgesichert werden.

Mit dem Konzept der oben beschriebenen tribologischen Prüfkette liegen positive Erfahrungen vor

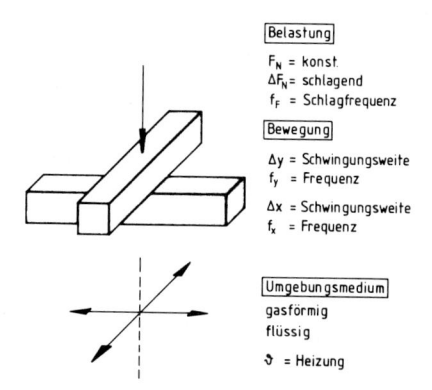

Bild 9 : Prüfkörper (Stäbchen) für Schwingungs-
verschleißversuche

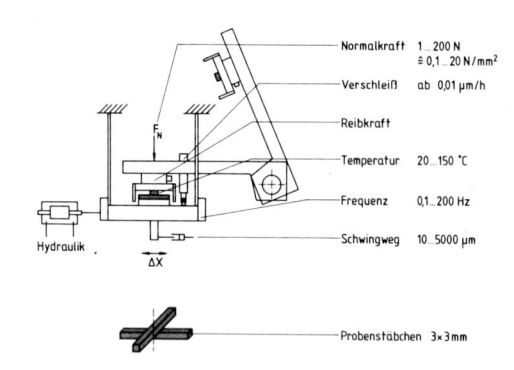

Bild 10 : Prinzip der Schwingungsverschleiß-Modell-
Prüfstände mit mechanischer Lagerung des
unteren Probetisches durch Pendelstäbe
und mechanischer Belastung des schwenk-
baren oberen Probehalters

Zum Beispiel wurden mit Stäbchen-Schwingungsverschleiß-Prüfmaschinen
(Bild 9 , 10,) Versuchsbedingungen erarbeitet, mit denen eine
schnelle Vorauswahl von Werkstoffen und Beschichtungen für das
jeweilige Erzeugnis getroffen werden kann.

7. Zusammenfassung

Die Praxis hat gezeigt, daß der erfolgreiche Einsatz von Reibungs- und Verschleißprüftechniken in engem Zusammenhang steht mit dem Fachwissen und der Erfahrung des Benutzers. Neben den modernen Analysemethoden können insbesondere die Modellprüfstände durch die Variation der Parameter zur Analyse der Wechselwirkungen und der Verschleißprozesse im Tribosystem beitragen. Mit diesen Erkenntnissen, der zweckentsprechenden Auswahl und dem richtigen Einsatz von Erzeugnis-, -Bauteil- und Modellprüfständen, gepaart mit der kritischen Beurteilung der Meßergebnisse, kann man heute in der Praxis zu treffsicheren Ergebnissen in der Reibungs- und Verschleißprüfung gelangen.

Schrifttum

/1/ Braun, E.D.: Möglichkeiten der Theorie der physikalischen Modellierung beschleunigter Reibungs- und Verschleißversuche.
Schmierungstechnik 7 (1976) Heft 5, S. 134 - 137.

/2/ Gervé, A.: Zur Früherkennung von Verschleißschäden und Funktionsüberwachung laufender Maschinenanlagen. Kap. 9 in Czichos, H. (Hsg.): Reibung und Verschleiß von Werkstoffen, Bauteilen und Konstruktionen. Grafenau: Expert Verlag 1982.

/3/ Heinke, G.: Verschleiß - eine Systemeigenschaft, Auswirkung auf die Verschleißprüfung.
Z. Werkstofftechnik (1975) Heft 6, S. 164 - 169.

/4/ Heinke, G.; Heinz, R.: Die Vorgänge beim Schwingungsverschleiß in Abhängigkeit von Beanspruchung und Werkstoff. Tribologie Band I, Berlin: Springer-Verlag 1981.

/5/ Krause, H.; Senuma, T.: Übertragbarkeit von Verschleißversuchsergebnissen in die Praxis.
Tribologie + Schmierungstechnik 30 (1983) Heft 6, S. 340 - 347.